电子信息工程系列教材

光纤通信技术

王加强 编著

武汉大学出版社

图书在版编目(CIP)数据

光纤通信技术/王加强编著. —武汉:武汉大学出版社,2007.8(2014.7 重印)

电子信息工程系列教材

ISBN 978-7-307-05630-5

Ⅰ.光… Ⅱ.王… Ⅲ.光纤通信 Ⅳ.TN929.11

中国版本图书馆 CIP 数据核字(2007)第 074770 号

责任编辑:林 莉　　责任校对:黄添生　　版式设计:詹锦玲

出版发行:武汉大学出版社　　(430072　武昌　珞珈山)

(电子邮件:cbs22@whu.edu.cn　网址:www.wdp.com.cn)

印刷:湖北省荆州市今印印务公司

开本:787×1092　1/16　印张:17.5　字数:438 千字

版次:2007 年 8 月第 1 版　　2014 年 7 月第 4 次印刷

ISBN 978-7-307-05630-5/TN·23　　定价:32.00 元

版权所有,不得翻印;凡购买我社的图书,如有质量问题,请与当地图书销售部门联系调换。

电子信息工程系列教材

编 委 会

主　　任　王化文
编　　委　（以姓氏笔画为序）
　　　　　王代萍　王加强　李守明　余慎武　殷小贡　唐存琛
　　　　　章启俊　焦淑卿　熊年禄
执行编委　黄金文

内容简介

本书内容分为两大部分：

第一部分从光纤通信基本原理着手，系统介绍了光纤通信的发展、特点与应用领域；光纤传输系统的构成及其相关指标；光纤的类别、基本参数、传输特性与应用；实用光缆的结构、标识及其在不同敷设条件下的选用；光信号的发送、接收与光放大器件以及光无源器件等相关技术。

第二部分全面讲述了光纤网络建设的工程技术，包括：光缆线路敷设；光纤接续与成端；设备的安装与调试；线路与系统指标的测试与验收；光纤网络的维护方式与应急抢修流程等。

随着光纤传输在电力、铁道、高速公路等行业的广泛应用，本书对电力线路光缆 OPGW、ADSS 敷设与气吹光缆敷设等施工工艺作了介绍。本教材内容突出了工程实践性。

为使读者对光纤通信技术的应用、光通信网络的建设与维护有更深入的了解，本书对光缆工程设计作了简要介绍。

同时，为方便读者使用，对光纤通信技术中涉及的常用单位、符号、常用产品的性能、规格与应用场合也在附录中详细列出。

本书将光纤通信理论与工程实际紧密结合，内容全面，结构合理，系统性强。可作为高等学校通信与电子信息专业教材，亦可作为通信工程技术人员参考用书。

作者简介

王加强：男，毕业于北京邮电大学。信息产业部武汉邮电科学研究院高级工程师，中国通信学会会员，光纤通信专业技术资格认证培训师。20世纪80年代开始从事光纤通信技术研究与教学工作。为中国电信、移动、联通等通信运营商，广电、电力、铁道等部门担任光纤传输工程技术培训。

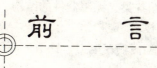

朋友，当你手握话机与远隔千里的亲友倾心交谈的时候；当你通过电话或传真进行商务交流的时候；当你在电视机前欣赏着色彩艳丽、丰富多彩的电视节目的时候；当你坐在电脑前轻击鼠标，浏览着互联网上浩如烟海、无所不有的信息或发送 E-mail 的时候，你可曾想到，所有这些来来往往、转瞬即至的声音、图像或数据信息中，有 80%以上是通过一对细如发丝的玻璃纤维——光纤来传送的。以光波作为信息的载体，将语音、图像或数据等信号进行调制与电—光变换，然后"加载"到光波中通过光导纤维构成光缆敷设的传输线路进行传送的通信方式，即是我们耳熟能详的光纤通信。

光纤通信以其独特的优越性成为当今信息传输的主要手段。20 世纪 70 年代，中国武汉邮电科学研究院在国内率先研制出实用化的通信光纤光缆与光传输设备，并于 80 年代初在武汉电信市话网建设并开通了我国第一个光纤传输系统。此后 20 多年来，我国在光纤通信技术研究、光通信产品开发、各通信运营商的光纤网络建设等诸方面都有了突飞猛进的发展：从光纤市话局间中继到长途光缆干线；从骨干光网络到光纤城域网、用户接入网；从传统电信运营商到各行业、各部门专用光纤传输网，我国大规模地开展了光纤通信网络建设。光缆在干线上已取代传统电缆，与卫星通信、数字微波通信共同支撑着全球通信网。未来，光纤网络将延伸到我们身边（FTTO、FTTH），为我们个人通信提供足够的信息通道。光波分复用技术已极大地提高了光纤网络的传输容量，而全光传送网与自动交换光网络（ASON）将是光纤通信技术的发展与应用方向。

随着我国国民经济建设的持续、快速发展，通信业务的种类越来越多，信息传送的需求量越来越大。我国光通信的产业规模亦不断壮大，产品结构覆盖了光传输设备、光纤与光缆、光器件以及各类施工、测试仪表与专用工具。可以展望：光纤通信作为一门高新技术产业，将以更快的速度发展，光纤通信的实用技术将逐步普及，光纤通信的应用领域将更加广阔。

光纤网络的建设规模与水平体现了国家的综合实力。光缆工程的施工、光缆线路与设备的测试与维护，必须严格管理、精细组织，并应符合相关工程规范，方能保证通信工程的建设质量与通信网络的稳定安全。随着各行业、部门光纤网络规模的发展与应用的普及，掌握光纤网络的施工、测试与维护技术，培养高素质的施工、维护、管理人员队伍，将成为一项重要任务。

《光纤通信技术》全书分为两大部分共十一章。

第一部分为前五章，主要讲述光纤通信原理与相关技术。

第一章帮助读者概括性了解光纤通信的发展趋势及其特点、光纤通信的应用类型、光纤传输系统中涉及的主要产品。

第二章介绍光纤传输系统构成及光通信系统主要性能指标。

第三章全面介绍了组成光网络的传输介质光纤与光缆，包括光纤的分类及其性能特点与应用、工程实用光缆的构造分类及敷设应用场合、光缆型号命名与识别、光缆出厂检验项目等。

第四、五两章介绍光纤传输系统中的光有源器件、光无源器件等。包括系统中信号发送的光源、信号接收的探测器、光放大器以及种类繁多的各类光无源器件的结构、性能与应用。

第二部分为后六章，全面介绍光缆通信工程施工技术。

第六章介绍了光缆线路的常用敷设方式。随着光缆传输在电力、铁道、高速公路等行业的应用，也对OPGW线路敷设与气吹光缆敷设等施工作了介绍。

第七章讲述了光缆线路的连接、光纤熔接机与光纤接续操作，对光纤接续的要求以及出现的不量接头现象与可能原因进行了分析，并介绍了光缆线路与局、站设备的成端方式。

第八章讲述了光缆线路的工程测试，光缆中继段的测试项目与方式。介绍了重要测试仪表OTDR的操作以及测量误差的应对。

第九章对传输设备的安装施工、测试，包括光缆线路在内的系统开通步骤与验收方式等作了介绍。

第十章对光缆线路的维护与应急抢修等内容作了较详细介绍。光缆系统传输容量巨大，线路阻断将造成重大经济损失。为保证系统安全稳定工作，光缆线路的日常维护与线路障碍的快速、准确定位并修复非常重要。

第十一章简要介绍了光缆工程设计的相关问题，以帮助读者对光传输系统与施工维护有较深入、全面的了解。

为方便读者在光纤通信工程设计、施工与维护中的应用，本书在附录中列出了光纤通信系统中常用单位、符号以及常用产品与器材的名称、规格、性能与应用。

本书在系统地介绍光纤通信原理与相关技术的同时，突出了实用性与工程实践性。强调光纤通信技术理论与工程实际的结合，注重实际施工与操作能力的培养。本书可作为高等学校通信与电子信息工程专业教材，亦可作为通信专业技术人员参考用书。

由于作者水平与经验所限，本书疏漏、错误之处在所难免，恳请专家与读者指正。

作　者

2007年3月于武汉·中国光谷

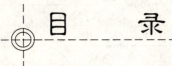

第一部分 光纤通信原理

第一章 光纤通信概述 3
1.1 光纤通信发展简史 3
1.2 光纤通信的特点 5
1.3 光纤通信应用类型 7
1.4 光纤通信系统涉及的产品 8
1.4.1 光传输设备 9
1.4.2 光纤光缆及附件 9
1.4.3 光电器件 9
1.4.4 测试仪器与专用工具 9
复习与思考 9

第二章 光纤传输系统与相关指标 11
2.1 光纤传输系统的基本构成 11
2.2 传输辅助系统 11
2.2.1 监控告警系统 11
2.2.2 公务联络系统 12
2.2.3 主备倒换系统 13
2.2.4 供电系统 14
2.3 光纤传输系统的主要性能指标 14
2.3.1 系统参考模型 14
2.3.2 误码特性 15
2.3.3 抖动与漂移性能 19
2.4 光收发接口指标 20
2.4.1 光发送接口指标 20
2.4.2 光接收接口指标 23
2.5 光传输线路指标 24
2.5.1 光缆（光纤）的衰减系数（dB/km） 24
2.5.2 光缆（光纤）的色散系数 24
2.5.3 中继段线路总衰减 25
复习与思考 25

第三章 光纤与光缆 26
3.1 光纤结构与制备工艺 26
3.2 光纤的分类及其导光原理 27
3.2.1 光纤的分类 27
3.2.2 光纤的导光原理 32
3.3 光纤的基本参数与测量 35
3.3.1 几何尺寸 35
3.3.2 截面形状误差 36
3.3.3 相对折射率差 36
3.3.4 数值孔径 36
3.3.5 模场直径 36
3.3.6 规一化频率与截止波长 37
3.4 光纤的传输特性 38
3.4.1 光纤的衰减特性 38
3.4.2 光纤的色散特性 41
3.4.3 光纤的非线性效应 44
3.5 光缆类型、结构与材料 47
3.5.1 光缆的分类方式 47
3.5.2 光缆的结构类型 48
3.5.3 光缆构造材料 53
3.5.4 光缆出厂检测项目与标识 56
3.6 光缆型号命名方式（YD/T908-2000） 56
3.6.1 型号命名的格式 56
3.6.2 光缆型号示例 58
3.6.3 OPGW（光纤复合地线光缆）代号 58
复习与思考 59

第四章 光发送接收与放大 60
4.1 光源 60
4.1.1 对光源性能的基本要求 60
4.1.2 一般光源的类型与应用特点 61
4.1.3 半导体光源的发光机理与工作特性 62
4.1.4 垂直腔面发射激光器（VCSEL） 67
4.1.5 光源的调制与驱动 68
4.2 光电探测器 70
4.2.1 探测器的工作机理与类型 71
4.2.2 光电探测器的特性 72
4.3 光收发组件与模块 74
4.3.1 光发射组件 74
4.3.2 光收发一体模块 75

4.3.3 光收发一体模块的封装结构 76
4.4 光再生中继器与光放大器 77
　4.4.1 光再生器的作用与构成 77
　4.4.2 光放大器 78
　4.4.3 光纤喇曼放大器（FRA） 82
复习与思考 84

第五章　光无源器件 85
5.1 光纤活动连接器 85
　5.1.1 活动连接器的基本结构与类型 85
　5.1.2 活动连接器插针端面 89
　5.1.3 光纤跳线类型与连接性能指标 89
5.2 光耦合器 90
5.3 光衰减器 91
5.4 光隔离器 92
5.5 光波分复用器 93
　5.5.1 熔锥光纤型 93
　5.5.2 介质膜干涉型 93
　5.5.3 光栅型 94
　5.5.4 平面波导型 95
　5.5.5 波分复用器的主要参数 95
5.6 光环行器 95
　5.6.1 环行器的结构 96
　5.6.2 光环行器的应用与性能指标 96
5.7 光器件应用前景展望 97
复习与思考 97

第二部分　光缆工程技术

第六章　光缆线路敷设 101
6.1 路由复测 102
6.2 光缆的检验、配盘与搬运 103
　6.2.1 光缆的检验 103
　6.2.2 光缆配盘与预留 104
　6.2.3 光缆盘的搬运与放置 104
　6.2.4 光缆敷设的一般规定 105
6.3 直埋光缆的敷设 105
　6.3.1 开沟与沟底处理 105
　6.3.2 光缆布放与回填 106

	6.3.3	特殊路段的保护	107
	6.3.4	线路标石	108
6.4	管道光缆的敷设		109
	6.4.1	敷设前的管道清理	109
	6.4.2	光缆的过孔保护	110
	6.4.3	布放张力估算	110
	6.4.4	牵引方式	111
	6.4.5	子管道的应用	112
	6.4.6	保护措施	112
6.5	架空光缆的敷设		112
	6.5.1	杆路与吊线	113
	6.5.2	吊挂式架设	115
	6.5.3	缠绕式架设	115
	6.5.4	架空光缆的接地保护	117
6.6	水底光缆的敷设		118
	6.6.1	水底光缆敷设条件	118
	6.6.2	光缆过河地段的选择	119
	6.6.3	埋深与挖沟	119
	6.6.4	水底光缆的布放	120
	6.6.5	岸滩余留和固定	122
	6.6.6	水线标志	123
6.7	局内光缆的敷设		123
	6.7.1	局内光缆的布放	123
	6.7.2	局内光缆的安装和固定	123
6.8	长途管道气送光缆敷设		125
	6.8.1	放缆系统	125
	6.8.2	吹缆机工作原理	126
	6.8.3	操作步骤	126
6.9	架空复合地线光缆（OPGW）敷设安装		127
	6.9.1	OPGW 安装准备	127
	6.9.2	OPGW 布放与紧线	128
	6.9.3	OPGW 配套金具及附件	129
	6.9.4	OPGW 金具安装	130
	6.9.5	防震锤在线路上的安装距离	131
复习与思考			132

第七章　光缆接续与线路成端 133

7.1	光纤接续损耗		133
7.2	光纤熔接机		136
	7.2.1	光纤熔接机的种类	136

  7.2.2 光纤熔接机的结构参数 ··· 137
  7.2.3 光纤熔接机的操作（实例） ·· 139
 7.3 光缆接续工艺 ·· 143
  7.3.1 光缆接续的一般要求 ·· 143
  7.3.2 光缆接头护套处理 ·· 145
  7.3.3 光缆接续步骤 ·· 148
 7.4 多芯带状光纤熔接 ·· 150
  7.4.1 带状光纤熔接机 ·· 150
  7.4.2 多芯光纤带熔接工艺步骤 ·· 151
 7.5 光缆线路成端 ·· 153
  7.5.1 无人中间站的光缆成端 ·· 153
  7.5.2 局内光缆的成端 ·· 153
 复习与思考 ·· 155

第八章 光缆线路工程检测 ··· 156
 8.1 常用光电检测仪表 ·· 156
  8.1.1 光源 ·· 156
  8.1.2 光功率计 ·· 157
  8.1.3 接地电阻测量仪 ·· 158
  8.1.4 光缆金属护套对地绝缘测试仪 ·· 159
  8.1.5 误码分析仪（或 SDH 信号分析仪） ······································ 159
  8.1.6 检测用光耦合器 ·· 160
 8.2 光时域反射仪（OTDR） ·· 161
  8.2.1 OTDR 的工作原理 ·· 161
  8.2.2 OTDR 的主要技术指标 ·· 163
  8.2.3 OTDR 的面板及功能键 ·· 164
  8.2.4 OTDR 的操作 ·· 166
 8.3 光缆单盘检测 ·· 170
 8.4 光缆接续现场监测 ·· 171
  8.4.1 光纤连接损耗现场监测的意义 ·· 171
  8.4.2 光纤接续 OTDR 现场监测 ·· 172
 8.5 再生段全程竣工测试 ·· 173
  8.5.1 测试内容和要求 ·· 174
  8.5.2 光缆再生段线路衰减测量 ·· 174
  8.5.3 光缆线路再生段 OTDR 测量曲线 ·· 176
  8.5.4 光缆金属护层的绝缘检测 ·· 176
 复习与思考 ·· 177

第九章 系统开通与验收 ··· 178
 9.1 系统开通的前提 ·· 178

9.2 系统调试的一般程序 179
9.2.1 上电检查 179
9.2.2 单机自环检查 179
9.2.3 光功率检查与调整 180
9.2.4 功能检查 181
9.2.5 误码检查 181
9.3 系统测试项目 181
9.3.1 线路总衰减测试 181
9.3.2 误码特性测试 182
9.3.3 系统抖动特性测试 183
9.3.4 平均发送光功率测量 184
9.3.5 接收机光特性测量 185
9.3.6 功能检查 185
9.4 工程验收项目与方式 186
9.4.1 工程验收的依据和方式 186
9.4.2 随工验收、初步验收与竣工验收 186
9.4.3 工程验收项目总表 189
9.4.4 光缆线路工程竣工验收项目与要求（见表9-5） 191
复习与思考 191

第十章 光缆线路维护与应急抢修 192
10.1 光缆线路维护的基本原则 192
10.2 维护管理组织 193
10.2.1 维护职责的划分 193
10.2.2 技术资料及仪表、工具的管理 194
10.3 光缆线路常规维护 195
10.3.1 维修项目及周期 196
10.3.2 光缆线路的"三防" 196
10.3.3 光缆外护套的修复 199
10.3.4 光缆接头的修理 200
10.4 光缆线路障碍及处理 201
10.4.1 线路障碍的定义 201
10.4.2 线路障碍的统计 201
10.4.3 线路障碍处理的一般规定 201
10.4.4 光缆线路障碍的一般特点 202
10.4.5 光缆线路障碍处理 204
10.5 光缆线路应急抢修 205
10.5.1 障碍性质判定 205
10.5.2 障碍点的测查方案 205
10.5.3 OTDR测查定位误差分析 206

10.6 线路障碍应急抢修程序 ... 209
10.6.1 应急抢通信道 ... 210
10.6.2 线路修复 ... 212
附：长途光缆线路维护管理规定 ... 214
复习与思考 ... 222

第十一章 光缆工程设计简介 ... 223
11.1 工程设计概述 ... 223
11.1.1 光缆工程设计的一般要求 ... 223
11.1.2 设计阶段的划分 ... 223
11.1.3 设计文件的组成 ... 223
11.2 初步设计的内容与要求 ... 224
11.3 施工图设计的内容与要求 ... 225
11.4 光缆线路设计 ... 226
11.4.1 光缆线路路由选择 ... 226
11.4.2 光缆线路敷设方式选择 ... 226
11.4.3 光缆与光纤选型 ... 226
11.4.4 光缆线路防护设计 ... 228
11.4.5 线路传输指标设计 ... 231
11.4.6 光纤传输的色散补偿 ... 234
11.5 光传输设备配置设计 ... 237
复习与思考 ... 240

附录一 光纤通信工程常用图形符号 ... 241
附录二 光功率单位换算表 ... 243
附录三 光纤标准对照与光纤工作波段 ... 245
附录四 各类单模光纤的性能、参数及应用 ... 246
附录五 各类 EDFA 主要性能指标 ... 248
附录六 常用光缆型号、名称及应用场合 ... 250
附录七 架空复合地线光缆(OPGW)安装金具 ... 252
附录八 光缆线路施工维护常用仪器与工具 ... 254
光纤通信技术常用英文缩写 ... 258
参考文献 ... 261

第一部分　光纤通信原理

第一章 光纤通信概述

光纤通信技术自 20 世纪 70 年代诞生以来，不断发生着日新月异的变化，已成为当今信息传输的主要手段。经济发展、社会进步使人类进入了信息化时代。通信业务迅猛增长，极大地促进了光纤通信技术的发展。信息产业已成为国民经济的基础产业和先导产业。作为信息产业基础的通信网建设，尤其是光纤通信网的建设规模与水平，已成为衡量国家综合实力的重要方面。

经过几十年努力，我国在光纤通信产业的发展上取得了巨大进步，光纤通信技术成为我国与发达国家在高科技项目上差距最小的领域。社会的需求与技术的进步又为光纤通信产业带来广阔的市场前景。大容量、高传输速率的光传输系统正在不断建成。未来，我国的高速宽带骨干网络，特别是城域网、光纤用户接入网以及有线电视分配网的建设规模将进一步发展，光纤网络将覆盖全国城乡，并最终进入办公室与家庭。届时，在我们的周围，光纤网络将无处不在。

本章首先介绍光纤通信发展简史、光通信产业的发展概况，使读者对光纤通信的发展脉络与趋势有基本的了解，而后讨论光纤通信的特点、类型及应用。

1.1 光纤通信发展简史

在通信系统中，传输的信息量与已调载频的带宽（频率范围）有关。一般地说，带宽是被限制于载波频率本身的一个固定部分。因此，载频频率的提高，在理论上就增加了有效传输带宽和系统的容量。这样，通信的发展就是要进一步地使用更高频率的波段，以便得到更大的带宽来提高信息容量。

图 1-1 列出了通信所用电磁波谱。在此波谱中所用的传输媒质有毫米及微波波导、金属导线及传送无线电波的大气。使用这些媒质作为传播体的大量通信系统，是我们熟悉的电话、电报、调幅和调频的无线电广播、电视、雷达及卫星通信系统。可以看出，通信技术的进展，从音频的数百赫兹逐渐扩展到毫米波带中的 90GHz。对于更高的频率，用波长表示则更为方便。波长 $1\mu m$ 相当于频率 70THz，即 3×10^{14}Hz。

光是人们很熟悉的一种电磁波，通常将红外线、可见光、紫外线都归入光波范围内，除可见光（$0.39\sim 0.77\mu m$ 波段）外，所有电磁波都是人眼看不见的。由于通信容量与电磁波频率成正比例增大，所以人们一直探索如何将更高频率的电磁波用于通信技术。

利用光作为信息传送手段，可以远溯到古代的烽火台，也可联系到自 17 世纪以来沿用的灯光传送信号及手旗通信。但从近代通信的角度来看，这些都不能算是真正的光通信。甚至 A.G.贝尔在 1880 年做的光电话实验，也与现今的光通信有很大的区别。"光电话"由于没有合适的光源及传输媒质，不能得到发展和实用。

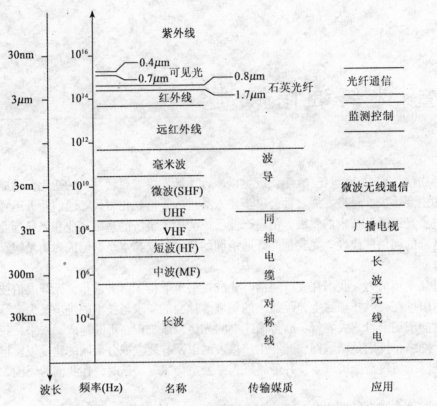

图 1-1 通信用电磁波谱与应用

直到 1960 年发明了新光源——激光器后，才极大地促进了光波通信的研究。激光器可以发出频率稳定、相位稳定并具有高亮度的光，它可用做载波源，从而揭开了光通信的序幕。激光器的开发最初（1960 年）是使用固体的红宝石，然后（1961 年）是氦—氖气体激光器，1970 年美国贝尔实验室研制成功室温下连续振荡的半导体激光器，与气体激光器比较，它体积小、耗电少，又能直接用电流高速调制，使用方便，这就使激光技术进一步向前发展。目前在通信方面是以采用镓铝砷（GaAlAs）和铟镓砷磷（InGaAsP）材料的半导体激光器为主流，先进的分布反馈式（DFB）半导体激光器及量子阱（QW）激光器早已经得到实用。

光导纤维的出现，极大地推动了光通信的发展。从历史上看，集中研究过三种光的传输媒质。它们是（1）大气传播；（2）光学透镜波导管传输；（3）玻璃纤维传输。光的大气传输易受气候影响，极不可靠；光波导传输又难以实用化；而玻璃纤维的衰耗在 20 世纪 60 年代中期达 1 000dB/km，当时用它做光通信的传输媒质几乎是不可想像的。

1966 年，英籍华人高锟博士等人经严格论证，提出从石英玻璃材料中去除杂质可以制成衰减为 20dB/km 左右的通信光导纤维，1970 年美国康宁玻璃公司首先制出衰减为 20dB/km 的光纤，使光导纤维的发展得到突破。经过对光纤制造方法的研究和对光纤低损耗区的不断发展，先后开发使用了 850nm、1 310nm 和 1 550nm 三个波长段，其中以 850nm 段的损耗为最大，1 310nm 段居中，1 550nm 段衰减最低，可低到 0.2dB/km 以下。

表 1-1 示出了光通信的探索至发展为光纤通信的情况，预示了未来空间光通信的发展。

表 1-1　　　　　　　　　　光通信的探索与发展

大气光通信	1960 年迄今	个别使用
光波导通信	1964 年	放弃
光纤通信	1970 年迄今、将来	日益发展
宇宙星际光通信	将来	很可能实用

光纤通信技术的发展，大致可以分为四个阶段：

第一阶段（1970~1979 年）：光导纤维与半导体激光器的研制成功，使光纤通信进入实用化。1977 年美国亚特兰大的光纤市话局间中继系统为世界上第一个光纤通信系统。此阶段的光波应用为短波长，光纤应用则为多模光纤。

第二阶段（1979~1989 年）：光纤技术取得进一步突破，光纤衰耗降至 0.5dB/km 以下。由多模光纤应用转向单模光纤，由短波长向长波长转移。数字系统的速率不断提高，光纤连接技术与器件寿命问题都得到解决，光传输系统与光缆线路建设逐渐进入高潮。

第三阶段（1989~1999 年）：光纤数字系统由 PDH 向 SDH 过渡，传输速率进一步提高。1989 年掺铒光纤放大器（EDFA）的问世给光纤通信技术带来巨大变革。EDFA 的应用不仅解决了长途光纤传输衰耗的放大问题，而且为光源的外调制、波分复用器件、色散补偿元件等提供能量补偿。这些网络元件的应用，又使得光传输系统的调制速率迅速提高，并促成了光波分复用技术的实用化。

第四阶段（1999 年至今）：光纤传输性能的改进，光放大技术、传输色散补偿技术、光信号分插复用、交叉连接技术的应用，使光纤通信的优越性进一步显现，光纤网络智能化程度大大提高。密集波分复用（DWDM）系统的传输速率与总容量已达数 Tb/s，无电再生传输距离不断延长。如由中国武汉邮电科学院自主研究开发的密集波分复用系统，在一根光纤中同时传送 80 个波长，每一波长的传输速率为 40 G b/s，其总传输容量达 3.2Tb/s，如用话路表示，可同时容纳数千万用户在这对光纤上通话。可以展望：随着各种新技术、新器件、新工艺的深入研究与开发，光纤传输将进入自动交换光网络（ASON）的全光网时代。

1.2　光纤通信的特点

光纤通信是利用光导纤维构成传输媒质的通信方式，这就使它与别的通信方式相比有许多独特的优点。

1. 巨大的传输容量

这是光纤通信优于其他通信的最显著特点。现在光纤通信使用的频率为 10^{14}~10^{15}Hz 数量级（见表 1-1），比常用的微波频率高 10^4~10^5 倍，因而信息容量原则上比微波高出 10^4~10^5 倍。在信息需求量迅速增长的当今，这是很重要的。梯度多模光纤每公里带宽可达数 GHz/km，单模光纤带宽可达数百 THz 量级。

2. 极低的传输衰耗

目前单模光纤在 1 310nm 窗口的衰耗约 0.35dB/km，在 1 550nm 窗口的衰耗低达 0.2dB/km，与其相比，同轴电缆对 60MHz 信号的衰耗为 19dB/km，市话电缆对 4MHz 信号的衰耗为 20dB/km，因此光纤传输比电缆传输中继距离长得多。

3. 抗电磁干扰

光纤是由介电材料制成，它不怕电磁干扰，也不受外界光的影响。在核辐射的环境中，光纤通信也能正常进行，这是电通信不能相比的，因此光纤通信可广泛用于电力输配、电气化铁路、雷击多发地区、核试验等特殊环境中。

4. 信道串音小、保密性好

光纤的结构保证了光在传输中很少向外泄漏，因而光纤中传输的信号之间不会产生串扰，更不易被窃听，保密性优于传统的电通信方式。

5. 光缆尺寸小、重量轻、可挠性好

光纤的外径仅 125μm，其套塑后的尺寸也小于 1mm，用它制成的 24~48 芯光缆外径约为 18mm，光缆比同样传输能力的电缆要轻得多，约为电缆重量的 1/3 ~ 1/10。经过表面涂覆的光纤可挠性好，弯曲成直径数毫米的小圈也不会折断，因此光缆比较容易敷设。这些特点使它不仅适用于公用通信，在军事通信中也极为适用，如导弹、舰船、飞机、潜艇通信控制系统等。

光纤材料资源丰富，价格低廉。与传统通信方式相比，可节省大量铜、铝等金属材料，有利于降低通信系统的成本。

此外，光纤不会锈蚀、不怕高温、光纤接头不会产生电火花放电，可用于易燃易爆及有锈蚀危险的环境中。这些优点恰是金属导线不足之处，所以光纤通信还适宜于化工厂、矿井及水下通信控制系统。

在光纤通信刚进入实用化时，由于光纤接续比较困难、光器件寿命较短、光通信的设备及光缆价格较贵等原因，人们担心光通信的推广应用会受到限制。随着科学技术的发展进步，这些问题逐渐得到了解决。目前的光器件寿命已达数十万小时甚至百万小时以上，完全可以满足实际应用的要求。光缆的价格也在逐步下降，设备的价格下降更快。光纤通信的优越性也渐露锋芒。因此从 20 世纪 80 年代中期开始，许多国家已经停止同轴电缆的生产，大力发展光纤通信系统。

表 1-2 列出了光缆和其他几种传输媒介特性的比较。

表 1-2　　　　　　光缆与其他几种传输介质的比较

特性 \ 媒介	对称电缆或四芯对电缆	同轴电缆	微波波导	光纤（缆）
传输体直径（mm）	1~4	10	50	0.1~0.2
缆线的重量比（同等传输容量）	1	1	1	0.1
每段缆线的长度(m)	100~500	100~500	3~10	>2000
传输损耗(dB/km)	20(4MHz 时)	19(60MHz 时)	2	0.2~3
带宽(MHz)	6	400	40~120(GHz)（指微波频带）	>10THz·km（指所传送信号）
敷设安装	方便	方便	特殊	方便
接头和连接	方便	较方便	特殊	特殊
中继间距(km)	1~2	1.5	10	>50
备注	此表仅一般性比较，如中继间距与速率、波长、器件等多因素有关			

1.3 光纤通信应用类型

任何一个通信系统的基本组成可用图 1-2 表示。

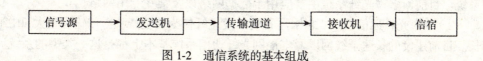

图 1-2 通信系统的基本组成

这些组成单元包括：在某一端的信号源，把信息送入发送机。发送机把信息以信号的形式连接到传输通道，"信号"是和传输通道相匹配的。传输通道则是连接两地间的发送机和接收机的桥梁，它又是传输信号的媒质，可能是铜线对、电缆线、波导管或非波导的大气空间通道以及光导纤维。信号在通道中传输时，随着通信距离的增大，信号受到衰耗和畸变也进一步加大。例如，电信号流过导线时由于高频辐射和导线的电阻损耗而减小，大气中传送的光功率经过大气分子的散射和吸收而减弱。接收机的功能则是从通道中提取已减弱和畸变了的信号，将其放大并还原成传输以前的信息形式，把它送到信宿。经过上述过程，信息便从信号源到达了信宿，完成了通信。

光纤通信系统则是以光波为载波，以光纤为传输介质的通信系统（见图 1-3），它主要由光发送、光传输和光接收三大部分组成，加上适当的接口设备，就可以作为一个单独的通信单元插入现有的数字或模拟、有线或无线通信系统中。

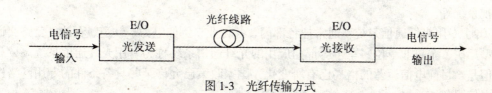

图 1-3 光纤传输方式

光纤通信系统可根据其所使用的传输信号形式、传输光的波长、光纤类型、信号调制方式以及应用范围等进行不同方式的分类。

1. 按传输信号的类型

（1）光纤模拟通信系统：它传送的是模拟信号，常用于广播节目、彩色电视节目、工业监视信号、交通监控信号等的传输。

（2）光纤数字通信系统：它用来传输电的 PCM 数字信号。它的设备较为复杂，但传输质量高，通信距离长，是被广为采用的系统。

2. 按光调制的方式

（1）强度调制直接检测系统：它用电信号对光源进行强度调制，在接收端用光检测器直接检测，称 IM-DD 系统。目前应用的光纤模拟通信系统和光纤数字通信系统均属此类型。其优点是简单、经济，但通信容量受到限制。

（2）外差光纤通信系统：在发送端用电信号对光源发出的单频光载波进行调制。用单模光纤传输到接收端，收到信号与接收机内部产生的本振光源混频，再用光检测器检出为光载波和本振光之差频的中频电信号，然后再解调出电信号。它类似于无线通信的外差接收技术。

3. 按光纤的传输特性

（1）多模光纤通信系统：这种系统用石英多模梯度光纤作为传输介质。传输带宽受到限制，一般应用于 140Mb/s 以下的系统。在 20 世纪 80 年代中期以前的系统大多为多模光纤通信系统。目前，多模光纤系统主要应用于数据网络以及某些专用网络。

（2）单模光纤通信系统：它采用石英单模光纤作为传输媒质。传输容量大，中继传输距离长。目前建设的长途干线网以及本地网光纤通信系统基本上都是这一类型的系统。

4. 按信号光波长

（1）短波长光纤通信系统：这是早期的多模光纤系统。工作在 800～900nm 波长范围。其中继间距较短，目前只用于计算机局域网、用户接入网等短距离传输场合。

（2）长波长光纤通信系统：工作波长为 1 000～2 000nm 范围。通常用 1 310nm 和 1 550nm 两种波长。采用 1 310nm 波长时，可以用石英多模光纤，也可选用石英单模光纤，目前多数选用单模光纤。在 1 550nm 波长上只用单模光纤，由于此波段上石英光纤有最低的衰耗，这类系统的中继距离较长。

（3）超长波长光纤通信系统：当采用非石英系光纤，如卤化物光纤，工作波长大于 2 000nm 时，衰耗值可低至 10^{-2}～10^{-5}dB/km，可望实现 1 000km 无中继传输。这种光纤尚在研制阶段。

5. 按应用的范围与服务对象

（1）公用光纤通信系统：通常把电信、广电部门应用的光纤通信系统称为公用光纤通信系统。其中又可分为光纤市话中继通信系统、光纤长途传输系统、光纤用户环路系统以及有线电视系统等。

（2）专用光纤通信系统：通常把各部门、各行业，例如电力、铁道、石油、公路交通以及大型厂矿、企事业单位、军事等部门应用的光纤通信系统称为专用光纤通信系统。

但是，目前电信运营的格局已有所变化，国家政策已允许某些具备条件的专用网络进入公用电信服务。

6. 按传输信道（波长）数目

（1）单信道（波长）系统：在一根光纤中只传送一个光波长，而采用时分复用的方式（TDM）提高系统传输容量。

（2）粗波分复用系统（CWDM）：在一根光纤中同时传送少量不同光波长（信道间隔大于 20nm）。粗波分复用系统在业务类型繁杂、传输容量多变的城域网中广泛采用。

（3）密集波分复用系统（DWDM）：在一根光纤中同时传送多个不同波长的光信号（信道间隔小于 8nm），同时采用时分复用提高每一波长的传输速率，使系统容量得到数百倍提高。

DWDM 技术将是光传输系统扩容的发展方向。高速 DWDM 系统对光纤器件的性能有特殊要求，又推动了光纤、器件及光放大技术的快速发展。

1.4 光纤通信系统涉及的产品

光纤通信技术涉及的产品主要有以下四大类：

1.4.1 光传输设备

在光传输系统中完成光电信号的转换与调制，光信号的发送与接收，多波长系统的分波与合波，及其他辅助功能。如光端机、光中继机、波分复用终端等。

在我国的光纤传输系统中，除早年投入运营的本地网 PDH 设备外，在骨干网中，高速率系统如 2.5Gb/s SDH 设备，以及 16×2.5Gb/s 波分复用设备、32×10Gb/s 波分复用设备也已在网络中运用多年，160×10Gb/s 波分复用设备已进入实用。目前，国家十五计划的重大科研项目"40Gb/s 速率光传输技术"的研究已经完成。

1.4.2 光纤光缆及附件

组成光传输线路。光纤在工程上都采用多纤集合，并加上各种保护元件构成光缆使用。光缆线路的附件主要有接头盒、终端盒、光配线架、热缩护套等。

光纤光缆及附件的制造形成了一条很长的产业链，包括金属、非金属与化工原材料、光纤预制棒、拉丝、成缆以及光缆线路使用的接头盒、终端盒与光配线架（ODF）等。

除常规单模光纤仍广泛应用在光缆线路外，随着光传输技术的发展以及大容量、高速率系统的要求，许多新型光纤相继问世，如支持高速率 DWDM 传输的非零色散位移光纤（NZ-DSF）、用于宽带城域网多波长复用的全波光纤（AWF）、用于高速率传输色散调节的色散补偿光纤（DCF）以及用于光纤放大器的掺铒光纤（EDF）等。

1.4.3 光电器件

习惯上分为光有源器件与光无源器件两大类。

（1）光有源器件：一般需电源工作，并具有光电转换功能。如各类光源（激光器、发光管等）、探测器（光电管、雪崩管等）、光信号放大器等。

为适应高速率光传输的要求，各种类型与结构的光有源器件应运而生：先进的分布反馈式激光器、多量子阱激光器、用于宽带多模光纤系统的垂直腔面发射激光器（VCSEL）等。

为了提高器件集成度，光源与探测器可集成为光收发模块。

（2）光无源器件：此类器件种类繁多，其作用有：光路活动连接、光信号分路、光的衰减与隔离，以及光信号的分波与合波等。

除常用无源器件外，具有各种新功能的无源器件不断出现：光路由选择器、光纤光栅、阵列波导光栅等。

1.4.4 测试仪器与专用工具

（1）用于设备测试的有：误码分析仪、光谱分析仪、光功率计、光多用表等。

（2）用于线路工程施工的有：光时域反射仪（OTDR）、光纤熔接机、剥缆刀具、米勒钳、光纤切割器等。

为适应大规模线路施工，提高工程建设效率与线路检测质量，具有更多功能、操作更为简便、施工质量更高的新型施工工具与测试仪器亦不断涌现。

复习与思考

1. 光纤通信具有哪些独特的优点？为什么它在信息传输领域得到广泛应用？

2. 光纤通信系统中涉及的主要产品有哪些？试举例说明。
3. 光纤通信系统按其工作波长的不同可分为哪几种？按其信道数目的不同可分为哪几种？
4. 画出光纤传输系统的结构组成示意图。
5. 解释下列名词缩略语：FTTB、FTTH、SOHO、DWDM。
6. 光纤通信技术的发展大体经历了哪几个阶段？

第二章 光纤传输系统与相关指标

本章将简要介绍光纤数字通信系统的基本构成,系统的辅助功能以及主要技术性能指标,并介绍光纤系统传输设备与光缆线路之间的光接口指标。光纤通信系统中光发送、光接收与光放大部分留待后续章节专门讨论。

2.1 光纤传输系统的基本构成

光纤通信是以光波为信号载频、光纤为传输介质的通信方式。光纤通信系统采用由多根光纤构成光缆作为传输线路。为了在光纤中以光的形式来传送信号,分别在发送端装有将电信号变换为光信号的光发送机,在接收端装有将线路送来的光信号还原成电信号的光接收机。在传输过程中,光信号的中继放大既可先变换为电信号,经放大整形后再变换为光信号,然后在线路中继续传输,也可采用光放大器对信号光直接放大。

由于光纤传输带宽极大,特别适用于数字化通信网,图 2-1 为一光纤数字传输系统简图。

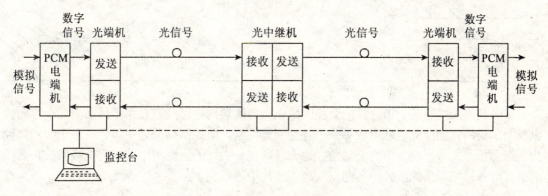

图 2-1 光纤通信系统简图

2.2 传输辅助系统

2.2.1 监控告警系统

首先,通信设备的每块机盘上都有机盘工作状态的监测电路,监测结果一方面用本机盘上的指示灯显示,同时又向外提供监测部位和接收本身和外来控制信号的控制。安装在同一机架上的所有机盘的监测结果又予以汇总,并通过安装在机架上的信号灯和铃响显示出本机架的工作状态。各个机架的汇总监测结果再一次汇总后外送至通信网的网络管理中心。机务值守人员通过机盘、机架和列架上的显示来了解本局设备的运转状况。

光纤通信的网络管理采取集中监控方式。所谓"集中监控",就是只由少数值守人员驻守在某一端局,实现网络监控系统对被控站和辅控局进行集中管理。有监控人员值守的端局称为主控局,另一端局称为辅控局,主控局和辅控局之间的中继站称为被控站。由主控局通过监控线路发出各种询问指令,各被控站的监控设备不断地把本站光通信设备和供电设备的运行性能编成适合于传输的信号形式,通过监控线路送往主控局,主控局的监控设备对这些部位进行判断处理后通过电子屏幕和打印装置显示给值守人员,并自动地或人工地发出所需的监控指令。由监控线路送往被控站(包括主控局和辅控局)的监控设备,监控设备译出指令,由执行机械完成所需的控制。系统监控内容如表2-1所示。

表2-1　　　　　　　　　监控信号的基本内容

内　容	情　况	性　质	信号形式
误码率	$>10^{-3}$告警	监控遥信	开关量
	$>10^{-6}$告警		
中继器	故障告警		
电　源	故障告警		
环境温度	$>40℃$告警		
环境湿度	$>90\%$告警		
接收光功率	测AGC电压	遥测	模拟量(编码)
激光器寿命	测LD偏置电流		
倒换信号		遥控	开关量(编码)
自环信号			
公务电话呼叫选址			
起动油机发电			

一条长途干线有若干个这样的监控区段,大的终端局还可能有几条干线通向几个方向,纵横交叉成网,相应地也就形成了一个复杂的监控网。监控网络分为三级,一条干线的监控为一级监控,几条干线集中的全局监控为二级监控,大区的全网集中监控为三级监控。低级的监控计算机把采集的监控信息向高一级的监控中心汇总。

2.2.2　公务联络系统

公务系统是供值守人员在局、站间为日常维护、管理进行联络使用的。公务联系的通信方式有选址呼叫、同线呼叫和分组呼叫三种。选址呼叫适用于数字段或维护段内或段间的公务联络,沿途各局站编为不同的号码,维护人员可以有选择地呼叫某个局站。同线呼叫又称为广播呼叫,适用于段内所有局站以群呼方式进行公务联络。分组呼叫是对部分局站进行同时呼叫的联络方式。公务电话也采取数字化,利用主信道中的冗余比特,在光缆中传输。公务联络通信设备的呼叫信号采用双音多频信号,最大呼叫容量可达1 000个地址,可满足数千公里长干线的联络需要。用于维护段内的业务电话应视为机务与线务人员共用,通话功能应从机房引至线务值班地点。

光纤通信系统一般设两条公务信道:一条用于全程段间联络,另一条用于段内联络,图

2-2 为公务系统终端电路原理图。图的上部为光纤通信组织,端局的段内联络话机在终端设备上,段间公务话机由终端设备提供的 OW 接口接入。中继站没有终端设备,但设有段内公务联络话机插口,供插入携带式话机使用。各种光端机的公务电话都是一样的,公务电话的核心是编译码器,采用专用大规模集成电路,辅以发定时电路和帧定位码产生电路,便可产生语音 PCM 数字信号输出,该信号速率为 64Kbit/s,而插入型线路码可提供的公务信道容量为 260Kbit/s 以上。对方来的公务信号由收定时产生电路产生相应对序,经帧同步及保护电路实现帧定位后,再经编译码器译码,便可得到还原的话音信号。图中收发倒换电路倒换的是 TTL 电平信号,它受辅助信道的倒换信号(而不是主信道的倒换信号)控制。

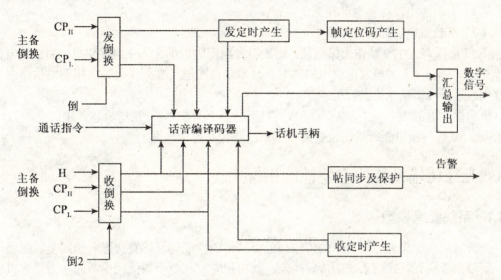

图 2-2 公务系统终端电路原理图

2.2.3 主备倒换系统

为了确保光纤通信长途干线的可靠性,光纤通信系统的线路终端设备应具有利用系统本身光纤提供辅助信道的自动倒换设备。在主系统出现线路故障或者系统误码率超过指标时,用备用系统代替主系统。运行统计资料表明,通信中断故障的 90%~95% 出自光缆线路和光电器件,5%~10% 出自系统的终端设备。因此只对线路传输系统(包括光端机和光缆线路)设有备用系统,数字终端设备出现故障时,用更换机盘的方式解决。

主、备用系统一般采用 APS(自动倒换协议),APS 保护方式有 1+1、1:1、1:N 几种。光电器件的可靠性越高,转换比就可以取得越大。目前光电器件的可靠性已经大大改善,执行倒换的机会并不多。备用系统一般取热备用或者无空闲备用方式,即正常状态下,备用系统和主用系统均用于通信,只有当主用系统出现即告故障时,才将备用系统传送的额外业务信号切断,将主用系统传递的信号改由备用系统传送。系统应同时具有自动和人工倒换功能,自动倒换时间为 50ms,倒换顺序应遵循如下原则:

(1) 先发生故障的系统先倒换;
(2) 同时故障的系统,按重要性顺序在前的系统先倒换;
(3) 备用系统已占用或发生故障时,主用系统故障不倒换;
(4) 倒换系统自身发生故障时,主用系统故障不倒换。

2.2.4 供电系统

端局一般设在市内,市内机房有专门的电力室向所有通信设备供电。考虑到市电停电问题,端局应配有大容量蓄电池采取浮充方式供电,只有电力不足的地方,才需配备油机发电。中继站供电的传统方式是由端局远供,即在敷设光缆时,同时敷设一条供电电缆。远供方式经济上不合理,因为供电必定要有变电,一个端局管理的中继站可能很多,端局的供电系统变得庞大。远供方式还有一个重大的缺点是容量"引雷入机"。目前倾向于中继站就地供电方式。这就要求工程设计时,注意中继站选址应考虑当地的供电条件。中继站的其他供电方式有如下三种:

(1) 太阳能电池加蓄电池浮充供电;

(2) 车载发电机加蓄电池供电;

(3) 选择有人中继站作为供电站,用油机发电向附近的无人中继站供电。油机发电也采取浮充方式,即白天油机发电供电的同时,对蓄电池充电,晚间供电站改用蓄电池供电,油机停用,这样可以减少值勤人员。

机房供电电源为-24V、-48V 或-60V,目前优选-48V 供电。端机中机盘常用的电源为+5V、-5V 或 ±5V 等,所以光纤通信设备的辅助系统还包括电源电路。

2.3 光纤传输系统的主要性能指标

2.3.1 系统参考模型

光纤通信系统作为通信网中的传输部分,其传输性能的好坏直接影响全网全程的通信质量,所以要考察光纤通信系统的传输性能,就应把它放在整个通信网中考虑。为了有机地分析整个通信网,ITU-U 提出了"系统参考模型"的概念,并规定了系统参考模型的性能参数及指标,光纤通信系统的质量指标就应遵循此规定。

数字系统参考模型原有三种假设形式:假设参考数字连接、假设参考数字链路及假设参考数字段。而对于目前广泛应用的 SDH 传输系统,只采用假设参考数字连接来分配系统的性能指标,然后直接考核复用段、再生段的性能。

1. 假设参考数字连接(HRX)

假设参考数字连接是为了通信网总的性能研究和指标分配而规定的通信距离最长、结构最复杂、传输质量最差的连接。如果在这种连接下的传输质量都可满足,那么其他任何连接情况均可满足。这种连接是用假设的参考模型来表示,即假设参考数字连接包含所有的传输、交换及其他功能单元。ITU-U 建议的一个标准的最长 HRX 包含 14 个假设参考数字链路和 13 个数字交换点,全长 27 500km,它是一个全数字的 64Kbit/s 的连接。具体组成如图 2-3 所示。

2. 假设参考数字链路(HRDL)

为了简化数字传输系统的研究,把 HRX 中的 2 个相邻交换点的数字配线架间所有的传输系统,复、分设备等各种传输单元(不包括交换),用假设参考数字链路(HRDL)表示,ITU-T 建议 HRDL 的合适长度是 2 500km,根据我国地域广阔的特点,我国长途一级干线的数字链路长度为 5 000km。

3. 假设参考数字段(HRDS)

为了具体提供数字传输系统的性能指标,把 HRDL 中相邻的数字配线架间的传输系统(不包括备用设备）用假设参考数字段表示。根据我国的特点，长途一级干线的 HRDS 为 420km，长途二级干线的 HRDS 为 280km，在光纤系统中 HRDS 的两端就是光端机，中间是光缆传输线路及若干光中继器。当然，一个光纤通信系统可以由若干 HRDS 组成。

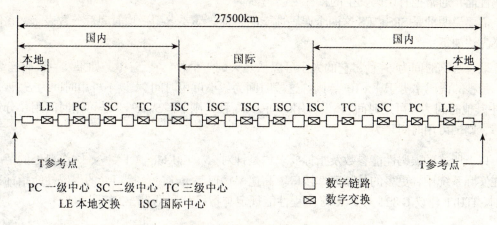

图 2-3 假设参考数字连接组成图

综上所述，HRX 的总性能指标可以按比例分配到其中的 HRLD 中去，HRLD 上的性能指标又可以再分配到 HRDS 中去。光纤通信系统的性能指标是在这三种参考模型的基础上指定的，它的重要指标有误码特性和抖动特性。

2.3.2 误码特性

误码的含义：误码是指在数字传输系统中，当发送端发送"1"码或"0"码时，接收端收到的却是"0"码或"1"码，也就是说，数字信号在传输时发生了错误，以致影响传输系统的传输质量。我们就用误码性能参数来衡量误码对传输质量的影响大小。

造成误码的原因有系统内部噪声及定位抖动，还有色散引起的码间干扰等。

1. 平均误码率（BER）

工程上常采用长期平均误码率 BER，BER 是指在一段相当长的测试时间内（>24h）出现的误码个数与传输的总码元数的比值，可表示为：

$$BER_{av} = \frac{误码个数}{传输的总码元数}$$

此处的传输总码元数等于系统传输码速率与测试时间的乘积。由定义可知，BER_{av} 只反映了测试时间的平均误码结果，它无法反映误码的随机性和突发性，但这种局限性可由下述的两种误码性能参数来弥补。由于平均误码率 BER 与误码发生的机制有关，简单实用，故其在系统设计中有广泛应用。

2. 基群以下速率系统的误码性能参数

描述低速率系统误码性能的参数遵循 ITU-TG.821 建议。其主要参数有：

① 严重误码秒（SES）

考虑到误码发生时，不仅有随机地、单个地发生，还有突发地、成群地发生，所以引入严重误码秒（SES）来衡量严重误码出现的频繁程度。通常把 BER_{av} 劣于 1×10^{-3} 的秒称为严重误码秒。

② 误码秒（ES）

对于数据通信，其数据是成块传输的，每个数据块占用线路的时间是秒的数量级，只要1秒内有误码产生，相应的数据块就要重发，因此引入了误码秒（ES）来描述这种情况下的误码性能，通常把有误码发生的秒称为误码秒。

需要说明的是SES、ES这两个误码性能的指标，都要求用平均时间百分数表示，它们的定义方法如下：

取总观测时间为S_T秒，它的大小可以从几天到1个月。在S_T中，如果发生误码连续10秒，每秒的误码率劣于1×10^{-3}，则称这段时间为"不可用时间"。设不可用时间为S_N秒，则S_T中其他时间为"可用时间"，设可用时间为S_U秒，则$S_U=S_T-S_N$，若可用时间用"分钟"计算，则"可用时间"为：$M_U = \dfrac{S_U}{60}$

以上所述的误码性能参数及指标要求均是针对$N \times 64\text{Kbit/s}$（$1 \leq N < 32$)接口处的情况，而在实际系统中，更多的是高速率接口。高速率接口与64Kbit/s接口处的误码性能指标有所区别。ITU-T建议G.821对64Kb/s全程性能规定与指标分配见表2-2与图2-4。

表2-2　　　　　　　64Kbit/s数字连接的误码性能要求

参 数	表 示	性能要求
误码秒	ES	ES占可用时间的比例ES%<8%
严重误码秒	SES	SES占可用时间的比例SES%<0.2%

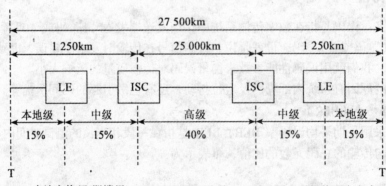

LE：本地交换局（即端局）　　ISC：国际交换局　　T：用户网络接口参考点

图2-4　基群以下数字连接的全程指标分配

3. 高速率SDH系统的误码性能

高速率系统的误码性能指标遵循ITU-TG.826建议。其定义的误码参数以"误码块"为基础。所谓"误码块"即传输中一组码（比特）的集合。如此定义有利于进行在线监测。依据此定义的误码性能参数有：

- 误码块（EB）——在一组码（一块）中有一个或多个错误比特。
- 误块秒（ES）——在一秒内有一个或多个误码块。
- 严重误块秒（SES）——在一秒内有30%以上的误码块。
- 背景误码块（BBE）——发生在SES以外的误码块。

- 误块秒比（ESR）——在规定测量时间间隔内出现的 ES 数与总的可用时间之比。
- 严重误块秒比（SESR）——在规定的测量时间间隔内出现的 SES 数与总的可用时间之比。
- 背景误块比（BBER）——BBE 数与扣除不可用时间和 SES 期间所有块数后的总块数之比。

4. SDH 系统误码性能指标的分配

ITU-T G.826 建议规范的是运行在基群和基群以上速率数字通道的误码性能事件、参数和指标。与 G.821 一样，G.826 提出的误码性能指标具体数值也是针对 27500km 的假设参考通道规定的，如图 2-5 所示。该建议把总指标分成国际部分，以作为指标细分的依据，如表 2-3 所示。

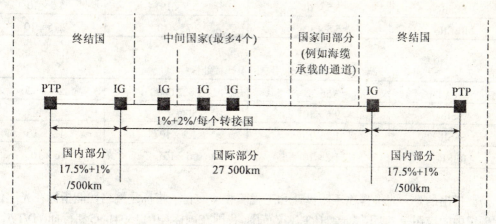

图 2-5 高速率数字通道全程指标分配

表 2-3 基群和更高速率 27 500km 国际数字 HRP 端到端误码性能指标

速率（Mbit/s）	1.5~5	>5~15	>15~55	>55~160	>160~3 500
bit 块	800~5 000	2 000~8 000	4 000~20 000	6 000~20 000	15 000~30 000
ESR	0.04	0.05	0.075	0.16	
SESR	0.002	0.002	0.002	0.002	0.002
BBER	2×10^{-4}	2×10^{-4}	2×10^{-4}	2×10^{-4}	10^{-4}

对于我国的情况，国内同步传输网各类假设参考数字段（HRDS）的误码性能应满足表 2-4~表 2-7 的要求。除用户网之外，实际数字段长度不是标准假设参考数字段时，可按距离成比例变化。

表 2-4 420km HRDS 误码性能指标

速率（Mbit/s）	155 520	622 080	2488 320
ESR	3.696×10^{-3}	待定	待定
SESR	4.62×10^{-5}	4.62×10^{-5}	4.62×10^{-5}
BBER	2.31×10^{-6}	2.31×10^{-6}	2.31×10^{-6}

表2-5　280km HRDS 误码性能指标

速　率（Mbit/s）	155 520	622 080	2488 320
ESR	2.46×10^{-3}	待定	待定
SESR	3.08×10^{-5}	3.08×10^{-5}	3.08×10^{-5}
BBER	3.08×10^{-6}	1.54×10^{-6}	1.54×10^{-6}

表2-6　50km HRDS 误码性能指标

速　率（Mbit/s）	155 520	622 080	2488 320
ESR	4.4×10^{-4}	待定	待定
SESR	5.5×10^{-6}	5.5×10^{-6}	5.5×10^{-6}
BBER	5.5×10^{-7}	2.75×10^{-7}	2.75×10^{-7}

表2-7　用户网误码性能指标

速　率（Mbit/s）	155 520	622 080	2488 320
ESR	9.6×10^{-3}	待定	待定
SESR	1.2×10^{-4}	1.2×10^{-4}	1.2×10^{-4}
BBER	1.2×10^{-5}	6×10^{-6}	6×10^{-6}

需要指出的是，光缆传输工程设计和工程验收（交付）指标是网络性能指标在光缆传输工程领域中的应用，一般不属于ITU-T建议范围。我国在国标GB/T15941-95和行标YD/T768-95等标准中，提出了网络性能指标在光缆传输工程应用的一些原则。

5. 误码性能参数的测试

对于光纤通信系统而言，由于它的高传输质量，所以它的误码性能指标均可按高级电路对待，即每公里长度光纤分得各项总指标的0.001 6%，那么就可得Lkm长度的光纤通信系统各项误码性能指标。

在实际测试中，为方便起见，都采用对端电接口环回、本端测试的方法，测试方框图如图2-6所示。

测试时先将对端电接口环回，然后由本端误码仪发送规定的测试信号，环回后在本端接收口检测出有关误码的情况，测试时间在24h以上，最后根据统计的误码结果计算出BERav、SES、ES指标。由测试方法可知，所测指标是实际光纤通信系统指标的2倍。

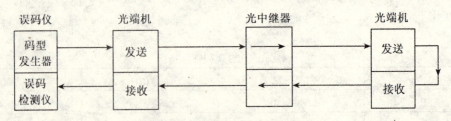

图2-6　系统误码性能参数测试框图

2.3.3 抖动与漂移性能

1. 抖动的含义

抖动又指定时抖动，它是指数字信号的有效瞬间与其理想时间位置的短时间偏离。抖动是数字传输中的一种信号受到损伤的现象，严重时会出现误码和信号失真，影响通信质量。

由于数字信号的有效瞬间可能超前其理想时间位置，也可能滞后其理想时间位置，我们就把数字信号的有效瞬间超前与滞后其理想时间位置之差的最大值称为抖动峰—峰值，一般用它来衡量抖动幅度的大小，峰—峰值抖动幅度用 J_{p-p} 表示，单位为 UI，1UI 是指一个比特传输信息所占的时间，即码速率的倒数。可见，传输信息的码速不同，1UI 的值亦不同。例如，对 2.5Gb/s 的传输速率，其 1UI 的值为 400ps，而对于 10Gb/s 的传输速率，其 1UI 的值则缩短为 100ps。图 2-7 示意了数字信号的抖动。

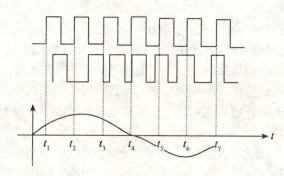

图 2-7 数字信号抖动示意图

2. 抖动性能指标

为了保证数字网的抖动要求，必须根据抖动的积累规律对光纤传输系统的抖动提出限制。衡量系统抖动性能的参数有三个：输入抖动容限、无输入抖动时的输出抖动容限、抖动转移特性。

① 输入抖动容限是指输入光纤通信系统的抖动在一定范围内变化时，系统仍然保证正常指标，这个抖动的范围就是所谓的抖动容限。显然，抖动容限越大，系统适应抖动的能力就越强。输入抖动容限就是系统允许的输入脉冲产生抖动的范围。超过这个范围，系统将不再有正常指标，所以输入抖动容限也称最大允许输入抖动。

系统不同，输入抖动容限也不同。ITU-T 规定了不同码速率系统的输入抖动容限的最小值。实际系统的输入抖动容限应大于这个最小限值，也即实际系统抵抗抖动的能力应在这个规定限值之上。

② 无输入抖动时的输出抖动简称为"输出抖动"，它是指系统各速率等级信号的输入为无抖动的伪随机码系列，输出端监测的误码率不大于 10^{-10} 时，在不同抖动频率下测得的最大抖动幅度。

③ 抖动转移特性又称抖动增益，指输出端测出的抖动幅度与输入端抖动幅度之比（用分贝表示）。不同抖动频率的抖动增益不同，要求在抖动增益最大的频率下测出的最大抖动增益不大于 1dB。

3. 漂移特性

① 漂移的概念

漂移定义为数字信号在特定时刻（如最佳抽样时刻）相对其理想参考时间位置的长时间偏移。所谓长时间是指变化频率低于 10Hz 的相位变化。漂移是一种与信号频率无关的参数，因而亦可称为时间间隔误差。与抖动相比，漂移无论从产生机理、本身特性及对网络的影响均有所不同。

引起漂移的一个最普遍的原因是环境温度的变化，它会导致光缆的传输特性发生变化，从而引起传输信号延时的缓慢变化。漂移可以简单地理解为信号传输延时的慢变化，这种传输损伤靠光缆线路系统本身无法解决。在光同步系统中还有一类由于指针调整与网同步结合所产生的漂移机理，另外一类漂移是由时钟噪声和相位瞬变引起的漂移。以上三类因素共同决定了 SDH 系统的漂移。

② 漂移的影响

漂移引起传输信号比特偏离时间上的理想位置，使输入信号在判决电路中不能正确识别而产生误码。减小这类误码的一种方法是靠传输线路与终端设备之间接口中的缓存器来重新对数据进行同步。方法是利用从接收信号中提取的时钟将数据写入缓存器，然后用一个同样的基准时钟对缓存器进行读操作，使不同相位的各路数据流强制同步。不过，由于实际工程中所使用的缓存器容量有限，故只能对较小的漂移量进行吸收，而过大的漂移则将转化为信号滑动。

减小系统全程漂移最有效的方法是减小传输设备与光缆线路的环境温度变化，对光缆线路而言，若采用直埋方式，则每日温差一般不超过 2℃；若采用架空方式，有时温差可达 20℃以上，其可能产生的信号漂移将增大 10 倍以上。可见，从全网漂移指标看，对架空光缆的长度应有所限制，特别是在高寒、大温差地区更应注意。

2.4 光收发接口指标

2.4.1 光发送接口指标

1. 工作波长（λ）

单通道系统的工作波长即为半导体激光器（LD）发送谱的中心波长。LD 的中心波长取决于它的有源层的半导体材料组分。光纤通信可以接收工作波长范围取决于所用光纤的传输特性。

首先要求光发送机的工作波长不得小于光纤的截止波长，以保证光纤为单模工作状态。其次，光发送机的工作波长范围还与光纤的衰耗特性和色散特性有关。图 2-8 是 ITU-T 的 G.957 建议提供的光纤典型衰减谱线图。该图是我们通常见到的光纤衰减谱线的中间一段，图中间的尖峰是 1 385nm 处的 OH 根吸收峰。图 2-8 直观地说明了光纤通信系统因光纤的衰减限制可能选用的 A、B、C、D 四个工作波长区。其中 A 区和 B 区为低衰减区，适合长距离系统选用；C 区和 D 区为较高衰减区，适合短距离系统选用。

由于光纤色散系数随工作波长变化，因此对于高速光纤通信系统，光纤的色散特性也对光发送机工作波长范围有所限制。从 ITU-T 的 G.957 文件提供的色散系数随工作波长变化的函数图线上可以看出：对于 G.652 光纤，色散系数 3.5ps/(nm·km) 指的是工作波长为 1 285～1 575nm 间的最大色散系数值。

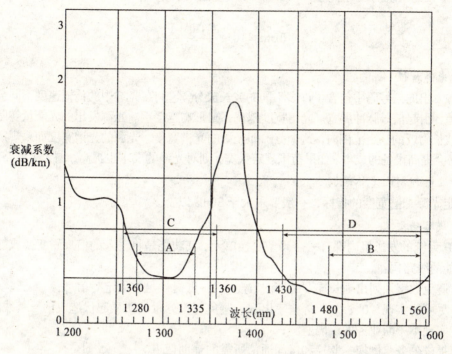

图 2-8 典型的光纤衰减谱

光纤传输特性(衰耗、色散)与系统的工作波长密切相关:

① 光纤的衰减系数和色散系数指标都是对一定的工作波长范围而言的。不明确具体波长范围的光纤衰减系数和色散系数指标在系统设计和工程应用中是没有意义的。

② 试图将工作波长与光纤的低衰减和零色散波长完全对准往往较困难。这一方面是因为光设备和光缆是不同厂家生产的,另一方面是因为光源(尤其是多纵模激光器)的中心波长和光纤的最佳传输波长并非恒定不变。

③ 对于衰耗受限系统,如果选用 G.652 光纤,在谋求长距离应用时,取 A 区工作波长范围(1 270～1 340nm)是合理的;如果要求更长的传输距离,可改选 B 区工作波长范围(1 510～15 840nm),靠进一步压缩工作波长范围不会有明显的效果。

④ 对于色散受限系统,在谋求长距离应用时,可以考虑适当地压缩工作波长范围,以减小光纤色散系数的变化。因为色散系数与衰减系数的曲线不同,后者是非线性(A、B 区间内基本上平坦),前者是线性的。

根据 ITU-T 对光纤的最新建议,将 G.652 光纤分为 G.652A、G.652B、G.652C 三种应用类型,将 G.655 光纤分为 G.655A、G.655B 两种应用类型,这一变化将光波分复用传输系统的工作波长划分为 O、E、S、C、L、U 等波段,其对应的波长范围见附录三。

2. 平均发送光功率(P_S)

在光发送机中光源输出端口处测得的光脉冲的平均功率值,它是光传输系统的重要指标,与系统设计中光功率的分配、中继距离的确定有关。

(1)采用不同种类的光源可得出不同的 P_S 规定值。

（2）在光系统的设计、施工、测量中，一般以 dBm 为单位（dBm 亦称毫瓦分贝值）。

$$dBm = 10 lg \frac{P_s(mW)}{1mW}$$

3. 光谱特性

光源发出的信号码中包含了许多不同的波长成分，它们在光纤中的传输速度不同会造成传输时延差，引起信号脉冲展宽。光谱宽度越宽，则影响越严重。光源发出的光能量实际上散布在标称波长附近的一定范围内，这个范围即光源的光谱宽度。光源的光谱宽度如果规定得太窄小，势必会提高设备的成本。如果范围规定太宽，则对光纤的要求也提高，增大了线路的成本。

4. 边模抑制比（SMSR）

评定光源光谱宽度的指标，一般要求大于 30dB 以上。

5. 线路码型

PDH 系统的发送机内部有一个码型变换单元，其功能是将输入的信息码变换成能够完成如下功能的线路码：

① 避免数字系列出现长连"0"和长连"1"，以提供足够的定时信息；
② 尽可能实现"0"、"1"等概率出现，避免直流分量的明显起伏造成信号基线的浮动；
③ 实现不中断业务的误码监测；
④ 提供公务、倒换、监控和区间通信所需的辅助信道。

为了实现上述目的，PDH 系统开发出的实用线路码型有 5B6B、1B1H、8B1H、CMI 和扰码二进制等。采用不同的线路码型，达到的功能不同，码速的提升也不同。因此 PDH 系统设计存在码型选择、码速换算以及接口速率不兼容的问题。

SDH 系统的码型已由 ITU-T 统一规范，电接口码型统一采用 CMI 码，光接口码型统一采用插入码加扰码 NRZ。在 SDH 系统中，上述四项功能中的第 3、4 两条由帧结构的段开销予以解决，第 1、2 两条功能通过简单的扰码方法来实现，所以高速光纤通信系统也不存在线路码的码速提升问题，即其在光纤线路中的传输码速率与系统的标称速率是一致的。

6. 光源消光比（EX）

习惯上称光源发送光信号时为逻辑"1"状态，无光信号发送时为逻辑"0"状态。定义光源逻辑"1"状态下的输出平均光功率 P_1 与逻辑"0"状态下的输出平均光功率 P_0 之比为光源的消光比，即

$$EX = 10 lg \frac{P_1}{P_0} \text{（dB）}$$

光源消光比的大小取决于光源直流偏置的大小。对于高速光纤通信系统，有时为了提高调制速度，或者为了减小调制电流，要取直流偏置电流大于 LD 的阈值电流，如图 2-9 所示。在这种情况下，无电信号调制时 LD 仍有残余光功率输出，即"0"码时隙为直流调制，这就是所谓的全调制状态。

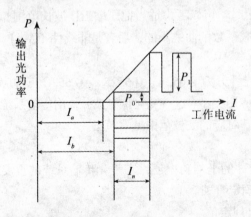

图 2-9 激光器的消光比

2.4.2 光接收接口指标

光接收机的灵敏度和光接收机的动态范围是光接收机的两个重要指标。

1. 接收机灵敏度（P_r）

光接收机灵敏度这个指标，是描述接收机被调整到最佳状态时，在满足给定的误码率指标条件下，接收机识别微弱信号的能力，亦即光接收机所需的最小光功率值。

上述对这种能力的描述，可以用以下三种物理量来体现。

① 最低接收平均光功率；
② 每个光脉冲中最低接收光子能量；
③ 每个光脉冲中最低接收平均光子数。

本书将采用工程常用的物理量：最低平均光功率。这就是说，光接收机的灵敏度，是在满足给定的误码率指标条件下，最低接收平均光功率 P_{min}。

工程上光接收机灵敏度中的光功率值用 dBm 来表示，即：

$$P_r = 10\lg\frac{P_{min}}{10^{-3}} (\text{dBm})$$

式中，P_{min}——在满足给定的误码率指标条件下以瓦表示的最低接收光功率；

10^{-3}——指 1mW 光功率。

2. 接收机的动态范围（D）

光接收机的动态范围 D，是在保证系统的误码率指标条件下，接收机的最低输入光功率（dBm）和最大允许输入光功率（dBm）之差（dB），即：

$$D = 10\lg\frac{P_{max}}{10^{-3}} - 10\lg\frac{P_{min}}{10^{-3}} = 10\lg\frac{\frac{P_{max}}{10^{-3}}}{\frac{P_{min}}{10^{-3}}} = 10\lg\frac{P_{max}}{P_{min}} (\text{dB})$$

式中，$10\lg\frac{P_{min}}{10^{-3}}$ 就是上面所讲的接收机灵敏度。

之所以要求光接收机有一个动态范围，是因为环境温度变化或线路障碍修复会使光纤的损耗产生变化；随着时间的增长，光源输出光功率亦将变化；也可能因一个按标准化设计的光接收机工作在不同的系统中，从而引起接收机光功率不同，因此要求接收机有一个动态范围。低于这个动态范围的下限（即灵敏度），如前所述将产生过大的误码；高于这个动态范围的上限，在判决时亦将造成过大的误码。接收灵敏度与动态范围的变化如图 2-10 所示。显然，一台质量好的接收机应有较宽的动态范围。

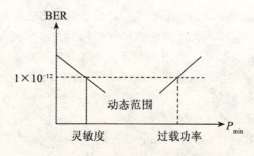

图 2-10 接收灵敏度与动态范围

在光纤传输系统中，接收灵敏度与以下因素密切相关：

① 接收灵敏度与接收光的探测器类型有关，性能较好的探测器接收灵敏度较高，而性能较差的探测器则接收灵敏度较低，亦即在保证系统误码指标的条件下其所需要的光功率较大。

② 此外，接收灵敏度还与数字系统的传输码速率有关，码速率越高的系统，其接收灵敏度越低，而码速率越低的系统，其接收灵敏度越高，即只需很小的接收光功率。

表 2-8 列出了不同数字光纤传输系统的传输码速率、误码指标与接收灵敏度的关系。

表 2-8　　　　　不同数字光纤传输系统的误码指标与接收灵敏度

速率等级	2Mb/s	STM-4	STM-16	STM-64
误码指标（BER）	10^{-9}	10^{-10}		10^{-12}
接收灵敏度（P_r）	−50dBm	−32dBm	−28dBm	−22dBm

2.5　光传输线路指标

2.5.1　光缆（光纤）的衰减系数（dB/km）

对光纤衰减系数的要求为：

单模光纤：在 1 310nm 波长下衰减系数为 0.3~0.45dB/km；
　　　　　在 1 550nm 波长下衰减系数为 0.2~0.28dB/km。
多模光纤：A1.a 在 1 310(850)nm 波长下衰减系数为 0.8~1.5dB/km；
　　　　　A1.b 在 1 310(850)nm 波长下衰减系数为 0.8~2.0dB/km。

这里需作如下说明：A.上述指标为四种光纤的衰减指标，不是同一种光纤在不同波长下使用的技术要求。B.光缆的衰减基本上等于成缆前光纤的衰减，因此"光缆衰减"与"光纤衰减"虽然物理意义上是有区别的，但工程上无需严格区分。C.光缆产品的质量进展得很快，国内产品的衰减已远优于上述指标。工程设计是以生产厂商的产品指标为依据，工程检测以设计要求为依据。D.目前，即使是本地电信网，新建线路实际上也很少使用短波长、多模光纤（多模光纤主要用于计算机局域网或用户网）。

2.5.2　光缆（光纤）的色散系数（PS/nm.km）

多模光纤无色散指标要求，一般要求带宽与传输距离之乘积（MHz·km）。

国家技术规范对常规单模光纤的色散系数指标定为：

在 1 285~1 330nm 区域内，色散系数不大于 3.5PS/(nm·km)；
在 1 270~1 340nm 区域内，色散系数不大于 6 PS/(nm·km)；
在 1 530~1 565nm 区域内，色散系数不大于 20 PS/(nm·km)。

对于非零色散单模光纤（G.655），分为：

G.655A：色散系数在 0.1~6 PS/(nm·km) 之间；
G.655B：色散系数在 1~10 PS/(nm·km) 之间。

光缆的色散系数越大，光缆中传输的光脉冲的展宽和畸变就会越明显，因而会影响系统的误码率。工程上一般不直接检测光缆的色散系数，而由系统的误码性能反映光缆的色散特性。光缆产品的色散指标只是在线路设计时需要考虑的（10Gb/s 以上高速率系统则需检测）。

2.5.3 中继段线路总衰减

线路的总衰减是对线路质量进行工程考核的最重要的指标。线路的总衰减规定按中继段全程检测和评价。线路的衰减包括中继段内全程光衰减，全部光缆固定连接和活接头的插入损耗。其具体测量方法在本书以后章节介绍。

复习与思考

1. 光纤通信系统中的辅助系统有哪几大部分？
2. 光纤数字传输系统为什么要规定系统参考模型？
3. 光纤数字传输系统的误码指标有哪几项？它们如何定义？
4. 光信号的发送与接收指标各有哪几项？
5. 光纤传输的线路指标包括哪些项目？
6. STM-1、STM-4、STM-16、STM-64 不同传输速率的系统其误码指标与接收灵敏度各规定为多少？
7. 光纤系统数字传输的抖动与漂移各是什么意思？它们对信号产生何种影响？
8. 光信号的功率单位 dBm 是如何定义的？0dBm、–3 dBm、10 dBm、30 dBm 各表示多少毫瓦？
9. 光接收机的灵敏度与哪些因素有关？
10. 光纤通信系统常用的三个工作窗口（波长）是多少？为什么？它们的波长范围各是多少？
11. 光发送指标中消光比如何定义？工程中对消光比如何规定？
12. 某传输速率为 2.5Gb/s 光纤数字系统，若平均 2 秒钟测得一个误码，试求其误码率。
13. 解释下列名词缩略语：

    HRDS——

    BER——

    ES——

    PDH——

    SDH——

    PCM——

    SMSR——

    NRZ——

第三章 光纤与光缆

本章介绍光纤传输的基本理论，通信光缆的结构与应用类型，内容包括光纤制备工艺，光纤类别与基本参数，光纤的传输特性及测量，光缆材料、构造与命名方式。除常规通信线路用光纤光缆外，还介绍了 ADSS、OPGW 等电力、铁路通信架空线路用特种光缆。本部分内容是光缆工程设计、工程施工及工程检测的重要基础。为使读者在应用中对光纤有进一步深入了解，先简单介绍光纤的一般制备工艺。

3.1 光纤结构与制备工艺

实用通信光纤由纤芯、包层和涂覆层三部分构成。光纤的制造包括原料提纯、熔炼预制棒和拉丝涂覆三道主要工序。图 3-1 为常见的 MCVD（改进的化学气相沉积法）制作预制棒的工艺示意图。高纯氧气通过主体原料 $SiCl_4$ 和掺杂剂 $GeCl_4$，将这些液体原料的蒸汽带出。氟化物气体（如高纯的氟利昂）也是掺杂剂。由计算机程序控制精密流量计，按不同层次的沉积要求，自动控制各路气体流入气体混合管道的先后和流量，混合的反应物气体通入石英反应管。反应管本身在不停地旋转，管外由轴向移动的火焰加热。管内混合气体发生化学反应，生成的粉尘状氧化物沉积在管的内壁，火焰经过时便被熔融成透明玻璃薄层。管壁上首先沉积出的是包层材料，其主要化学反应式为：

$$SiCl_4 + O_2 \longrightarrow SiO_2 + 2Cl_2$$

$$4SiCl_4 + 2CCl_2F_2 + 5O_2 \longrightarrow 4SiO_{1.5}F + 2CO_2\uparrow + 10Cl_2\uparrow$$

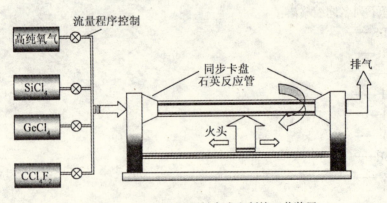

图 3-1 MCVD 法的原料合成和制棒工艺装置

没有反应完全的气体和生成物中的气体成分从石英管的尾端排出。火焰每轴向移动一次，管壁上沉积上大约 8~10μm 厚的玻璃薄膜，来回重复，直到沉积到所需的厚度后，自动关掉氟利昂气路，通入 $GeCl_4$，生成芯层材料，其化学反应式为：

$$SiCl_4 + O_2 \xrightarrow{\sim 1\,500℃} SiO_2 + 2Cl_2 \uparrow$$

$$GeCl_4 + O_2 \xrightarrow{\sim 1\,500℃} GeO_2 + 2Cl_2 \uparrow$$

GeO_2 的含量越高制出玻璃层的折射率越高，而 $SiO_{1.5}F$ 的含量越高则玻璃层的折射率越低。经过几个小时的沉积就形成了一根中空壁厚的石英管。然后加大火焰，使反应管外壁温度达到 1 700℃，并保持石英反应管的旋转状态。于是石英管在高温下软化收缩，最终形成一个中心区折射率较高、外层折射率较低的光纤预制棒。这时石英反应管与沉积的石英玻璃体熔融成为一体，拉丝之后将成为光纤的外包层。包层对纤芯起保护作用，同时它又是光波的高衰耗区，可以阻止几根靠近的光纤间的光波相互串扰。

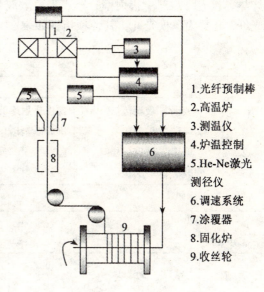

1.光纤预制棒
2.高温炉
3.测温仪
4.炉温控制
5.He-Ne激光测径仪
6.调速系统
7.涂覆器
8.固化炉
9.收丝轮

图 3-2 拉丝涂覆工艺

图 3-2 为光纤拉丝机的原理示意图。在调速系统的控制下，将预制棒 1 徐徐送入高温炉 2，炉内温度预先设计成纵向梯度分布，炉温由测温计 3 监视并反馈至控温设备实现恒温。预制棒的端头在 2 000℃ 温度下软化，粘度减小，在其表面张力作用下迅速收缩变细，并由拉丝轮以合适的张力向下拉成细丝。通过 He-Ne 激光测径仪 5 监视并反馈至调速系统及时调节上面预制棒的送入速度和下面的收丝速度，以精确控制成纤外径在 $125 \pm 2 \mu m$ 的规定范围内。由于刚拉出的裸光纤的表面一旦吸附了空气中的灰尘和水汽等杂质，便会使光纤表面产生某种缺陷，从而明显地降低光纤的机械强度。新拉出的光纤在很短的时间内须通过涂覆器 7 进行涂覆，在其表面涂两层氨基甲酸酯或者硅树脂涂层，第一层涂覆较软，其主要作用是帮助光纤抗拉，第二层涂覆较硬，其主要作用是帮助光纤抗压。涂覆后的光纤经过紫外固化炉时使涂层固化，最后绕在收丝轮的套筒上。

一根直径为 d(mm)，长度为 l(mm) 预制棒可拉出的光纤长度为：

$$L = 6.4 \times 10^{-3} d^2 l \quad \text{(km)}$$

3.2 光纤的分类及其导光原理

3.2.1 光纤的分类

通信用石英光纤种类繁多，其分类方法不尽相同。一般习惯上的分类方法有：
- 按光纤中传导模数目分：
多模光纤（MM）、单模光纤（SM）。
- 按纤芯折射率分布方式分：
折射率渐变型光纤（GI）、折射率阶跃型光纤（SI）。
- 按 ITU-T 建议文号分类：
G.651、G.652、G.655 等。
此外，还有多种特殊用途光纤。
国际电工委员会 IEC 标准{IEC60793-2（2001）光纤第二部分产品规范}对光纤分类较为

详尽,按光纤材料、折射率分布、零色散波长等项目将光纤分为A、B两大类:A类为多模光纤,B类为单模光纤,其各项指标如表3-1和表3-2所示。

表3-1　　　　　　　　　　　　　多模光纤分类

类　别	材　料	类　型	折射率分布指数 g 极限值
A1	玻璃芯/玻璃包层	梯度折射率光纤	$1 \leq g < 3$
A2.1	玻璃芯/玻璃包层	准阶跃折射单率光纤	$3 \leq g < 10$
A2.2	玻璃芯/玻璃包层	阶跃折射率光纤	$10 \leq g \leq \infty$
A3	玻璃芯/玻璃包层	阶跃折射率光纤	$10 \leq g \leq \infty$
A4	塑料光纤		

表3-2　　　　　　　　　　　　　单模光纤分类

类　别	特　点	零色散波长标称值（nm）	工作波长标称值（nm）
B1.1	非色散位移光纤	1340	1310t 和 1550
B1.2	截止波长位移光纤	1310	1550
B1.3	波长段扩展的非色散位移光纤	1300～1324	1310, 1360～1530,
B2	色散位移光纤	1550	1550, 1565
B3	色散平坦光纤	1310 和 1550	1310 和 1550
B4	非零色散位移光纤	<1350　　>1625	1530～1625

1. 多模光纤

可有两种折射率分布形式:
- A1: 梯度(渐变)型多模光纤,如图3-3所示。
- A2: 阶跃型多模光纤,如图3-4所示。

常用多模光纤为渐变型折射率(即A1类),其纤芯/包层尺寸常用的有:

　　　　A1.a:　　50/125（μm）,　　　　A1.b:　　62.5/125(μm)。

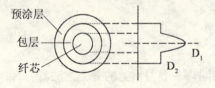
图3-3　梯度型多模光纤结构

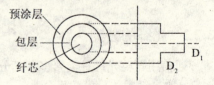
图3-4　阶跃型多模光纤结构

多模光纤衰减较大,且由于存在模间色散,传输带宽受限,一般适用于较短距离传输(数km),但多模光纤数值孔径NA值大(约为单模光纤的2~3倍),故连接耦合效率高。另外,多模光纤纤芯径粗,模场直径大,接续容易,活动连接器件简单,可降低工程成本。大的有效通光面积允许大功率光信号传输与分配而不会出现非线性。多模光纤在数据链路、城域网以及用户分配网中具有广阔的应用前景。近年开发成功的针对多模光纤应用的新型光源

VCSEL（垂直腔面发射激光器），使多模光纤的传输带宽有了很大提高。

纤芯折射率分布的控制要求严格（一般采用梯度折射率分布），制棒工艺较复杂。目前，多模光纤的市场价格高于常规单模光纤。

2. 单模光纤

按 ITU-T 建议文号有 G.652、G.653、G.654、G.655 等，其中 G.652、G.655 光纤在目前工程中普遍应用，它们分别对应于 IEC 规范的 B1.1 与 B4 类光纤，如表3-3 和表 3-4 所示。

特殊用途光纤中的 EDF、DCF 亦属于单模光纤，如图 3-5 所示。

表 3-3　　　　　　　　　B1.1 类单模光纤的结构尺寸参数

光纤类别	B1.1
1310 模场直径（μm）	(8.6~9.5)±0.7
包层直径（μm）	125±1
1310nm 纤芯同心度误差（μm）	≤0.8
包层不圆度（%）	≤2
涂覆层直径（未着色）（μm）	245±10
涂覆层直径（着色后）（μm）	250±15
包层/涂覆层同心度误差（μm）	≤12.5

表 3-4　　　　　　　　　B4 类单模光纤的结构尺寸参数

光纤类别	B4
1310 模场直径（μm）	(8.0~11.0)±0.7
包层直径（μm）	125±1
1550nm 纤芯同心度误差（μm）	≤0.8
包层不圆度（%）	≤2
涂覆层直径（未着色）（μm）	245±10
涂覆层直径（着色后）（μm）	250±15
包层/涂覆层同心度误差（μm）	≤12.5

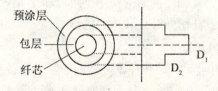

图 3-5　阶跃型单模光纤结构

G.652 亦称常规（标准）单模光纤，可在双波长工作。它在 1 310nm 处色散最小（为 1~3ps/(nm·km)），其典型衰耗值为 0.34dB/km。而在 1 550nm 处，则衰减最低（约为 0.2dB/km），其典型的色散值为 17ps/(nm·km)。故 G.652 光纤在用于 1 550nm 窗口工作时，其大色散对系统传输速率或再生距离有较大影响。

G.652光纤价格较低，技术成熟，是目前在世界上应用量最大的光纤（约占75%以上）。

波分复用技术及光纤放大器的应用，系统传输速率的不断提高，使在原有光纤系统中并不突出的色散与非线性效应等问题变得重要起来。为克服它们对传输的影响，人们又专门研制出针对解决上述问题的有别于常规单模光纤的新型光纤，其习惯称呼如下：

- 色散位移光纤（DSF）– G.653
- 非零色散位移光纤（NZ-DSF）– G.655
- 色散平坦光纤
- 色散补偿光纤（DCF）
- 大有效面积光纤（LEAF）
- 全波光纤（AWF）等

（1）色散位移（G.653）光纤

G.653光纤的开发是针对G.652光纤在1 550nm波长处的大色散，通过制棒工艺使光纤零色散点转移到1 550nm，因而G.653光纤在此窗口具有低衰减和近乎为零的色散，可用于单信道（波长）系统的传输速率提升。但在多波长系统中，由于零色散会引起严重的四波混频现象，故不能支持波分复用系统。而波分复用系统特别是DWDM技术已成为光纤传输系统扩大通信容量的主要方式，故G.653光纤在工程应用中渐遭淘汰。

（2）非零色散位移（G.655）光纤

它是针对G.652和G.653两种光纤在密集波分复用系统中使用存在的问题而开发的，其在1 550nm窗口同时具备最小衰耗与较小的色散值（ITU-T规定为1~6 ps/（nm·km））。保持一定的光纤色散值可以有效克服DWDM系统中的四波混频现象，从而保证实现多波长密集复用。

G.655光纤主要应用于支持新建、高速率的密集波分复用（DWDM）系统，随着大容量系统的建设，G.655光纤应用前景广阔。

由于ITU-TG655建议中只要求该种光纤色散的绝对值为1~6ps/（nm·km），而对色散的正、负值没做要求，因而G.655光纤的工作波长区色散值可以为正，亦可以为负。当零色散点位于1 550nm以下时，其工作区色散为正，而当零色散点位于1 550nm以上时，其工作区色散为负。

朗讯（LUCENT）公司先期研制的G.655光纤谓之"真波光纤"。其工作区为正色散值，正色散值的光纤在非线性效应自相位调制的作用下可以压缩光脉冲，但在高速率下进行色散补偿时，需采用较昂贵的色散补偿光纤且其造成的衰减较大，需加用光放大器。

（3）大有效面积光纤（LEAF）

由康宁（CORING）公司研制，是一种改进型的非零色散位移光纤，这种光纤的模场直径由普通光纤的$8.4\mu m$增加到$9.6\mu m$，从而使有效通光面积由60平方μm左右增大到80平方μm左右，其较大的通光面积降低了光纤中的光功率密度，使非线性效应产生的"阈值"提高大约数dB，故而可以更有效抑制非线性效应。且其在1 550nm波长处为负色散值，可利用价格低廉的G.652常规光纤进行低成本色散补偿。

大有效面积光纤（LEAF）对于改善非线性效应的影响、提高入纤光功率、增加波分复用信道数目均具有良好效果。但是，由于其模场直径增大，故对弯曲较为敏感，如图3-6所示，使用时应加以注意。

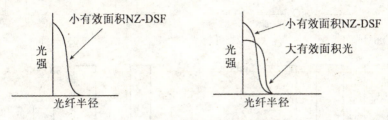

图3-6 大有效面积光纤模场分布

（4）色散平坦单模光纤

色散平坦光纤在1 310~1 550nm波段范围内都有较低色散，且具有两个零色散波长，即1 310nm和1 550nm。这种光纤可用中心波长更宽的激光器和用工作波长在1 310nm与1 550nm的标准激光器与LED进行高速传输。但是，色散平坦单模光纤折射率剖面结构复杂，制造难度大，尤其是该光纤的衰减大，离实用距离尚远。

（5）色散补偿单模光纤

随着光纤放大器的应用，衰减对光纤通信系统距离的限制已不成问题，而色散却严重阻碍了常规单模光纤工作波长由1 310nm向1 550nm升级和扩容。为解决这一实际问题，人们研制出了色散补偿单模光纤。

色散补偿单模光纤是一种在1 550nm波长处有很大的负色散的单模光纤，当前实验色散补偿单模光纤的色散系数为-50~-548ps/（nm·km），衰减系数一般为0.5~1.0dB/km。

当常规单模光纤系统工作波长由1 310nm升级扩容至1 550nm波长工作区时，其总色散呈较大正色散值，通过在该系统中加入一段负色散光纤，即可抵消几十公里常规单模光纤在1 550nm处的正色散，从而实现对已安装使用的常规单模光纤工作波长由1 310nm向1 550nm升级扩容进而达到大容量、高速率、长距离传输。至于色散补偿光纤加入给系统带来的衰减，则可由光纤放大器予以补偿。

DCF光纤的模场直径较细，为避免非线性效应，通常配置在传输线路的尾端，作为无源补偿模块。

（6）低水峰（全波）光纤

它是在G.652光纤基础上改进的光纤，在常规单模光纤的衰减曲线上，1 385nm附近波长处，存在严重的OH根离子吸收峰，造成非常大的衰减，俗称"水峰"。为适应波分复用技术的发展，拓宽光工作波段，在光纤原料提纯中采用新工艺，严格去除OH根离子，使"水峰"降低或消失，这样，原来1360~1460高衰减波长区域即可利用起来，因而大大拓展了未来光波分复用的工作波长范围。

全波光纤与常规单模光纤在折射率分布上并无区别。

各类光纤的性能、参数与应用场合见附录。几种典型的光纤折射率分布如图3-7所示。

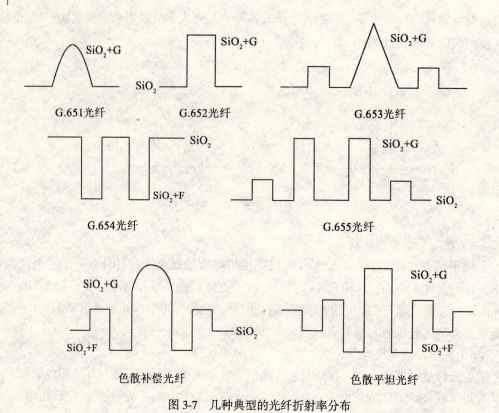

图3-7 几种典型的光纤折射率分布

常用单模光纤的类型、名称、IEC与ITU-T命名的对应关系如表3-5所示。

表3-5 常用单模光纤命名对照表

单模光纤名称	ITU-T命名	IEC命名
非色散位移单模光纤	G.652A、B、C、D	B1.1–B1.3
零色散位移单模光纤	G.653	B2
截止波长位移单模光纤	G.654	B1.2
非零色散位移单模光纤	G.655A、B、C	B4

注：常规单模光纤（B1.1）、截止波长位移单模光纤（B1.2）与全波光纤（B1.3）均为非色散位移单模光纤，故在标准中均归为B1类。

3.2.2 光纤的导光原理

下面，将以射线光学的方法简单而直观地介绍单模光纤的导光原理。图3-8示出了光在阶跃光纤中的传播。阶跃光纤的纤芯和包层部分的折射率都是均匀分布的，纤芯的折射率n_1大于包层的折射率n_2。图中画出了三条在同一子午面上的光线，从空气中在光纤轴线处以不同的入射角射向光纤的端面。三条光线在空气—纤芯分界处发生折射，它们的入射角φ_0和折射角γ遵守折射定律：

$$n_0 \sin\varphi_0 = n_1 \gamma$$

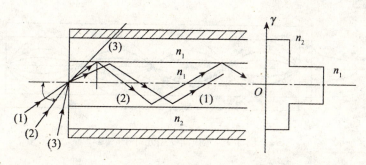

图 3-8 光在阶跃光纤中的传导

其中，n_0 为空气折射率。三条光线的入射角不同，折射角也不同。折射光在芯层中沿直线传播。它们传播到芯层与包层的分界面上时，光线 3 对于 n_1-n_2 界面的入射角较小，将在界面处同时产生反射和折射。反射光能量只占入射光能量百分之几比率。折射光进入包层然后再折射入高衰耗的涂覆层而被吸收。其反射光（图中未画出）在下面的 n_1-n_2 界面处又将有一部分被折射出光纤，所以光线 3 很快被衰耗掉，不能在光纤中向远端传播。光线 2 相对 n_1-n_2 界面的入射角 θ_c 正好等于全反射临界角，所以它没有折射逸出而能够沿纤芯向远端传播。光线 1 相对空气—玻璃界面的入射角小于 ϕ，其相对于 n_1-n_2 界面的入射角大于临界角 θ_c，因而也出现全反射，能够在纤芯中无逸出衰耗地向远端传播。

由全反射条件

$$n_1 \sin \theta_c = n_2 \qquad \sin \theta_c = \frac{n_2}{n_1}$$

$$\cos \theta_c = \sqrt{1 - \left(\frac{n_2}{n_1}\right)^2}$$

定义

$$\Delta \equiv \frac{n_1^2 - n_2^2}{2n_1^2}$$

由于实际光纤芯层与包层的折射率相差并不大，所以

$$\Delta = \frac{n_1^2 - n_2^2}{2n_1^2} = \frac{(n_1 + n_2)(n_1 - n_2)}{2n_1^2} \approx \frac{n_1 - n_2}{n_1}$$

根据折射定律，便可写出

$$\text{NA} = \sin \varphi_0 = n_1 \cos \theta_c = n_1 \sqrt{2\Delta} = \sqrt{n_1^2 - n_2^2}$$

上式中的 Δ 称为光纤的相对折射率差，NA 称为光纤的数值孔径，数值孔径 NA 只与阶跃光纤的纤芯的折射率以及纤芯与包层的折射率相关，所以数值孔径本质上反映的是光纤的导光性能。

光在渐变型光纤中的传播如图 3-9 所示。

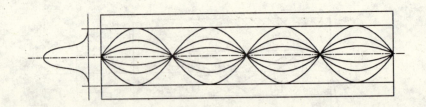

图 3-9　光在渐变型光纤中的传导

1. 光纤中的传导模式

上面讲到，无论阶跃型和渐变型光纤，凡是在 ϕ_0 圆锥角内入射的光线都满足全反射条件，不会出现折射逸出。这些反射光线还必须满足一定的相位关系才能成为光纤中的传导模式。我们把这种光纤在纤芯与包层界面上来回反射的曲折传播看成沿轴线方向的向前传播和上下界面来回反射的合成。根据光的干涉理论，光波在两个界面间来回反射时只有当它来回一个周期引入的相移为 2π 的整数倍时，这样的光波在两个界面间才能形成稳定的场型，即成为一种模式。图 3-10 示出了光纤在阶跃型光纤中曲折行进的一个周期，将 β 沿垂直轴线方向取分量 $\beta_\perp$，有如下关系：

$$\beta_\perp = \beta \cdot \cos\theta$$

纤芯介质引起的相称为 $\beta_\perp$ 与横向一个来回的路程的乘积，即 $\beta_\perp \cdot 4a$。此外，光波在光密媒质到光疏媒质分界面处的反射，还将引入数值为 π 的相位损失，令总的相移为 2π 的整数倍，则为

$$\frac{2\pi n_1}{\lambda}\cos\theta \cdot 4a - 2\pi = 2\pi N \qquad (N=1,2,3,\cdots)$$

$$(N+1) = \frac{4n_1 a}{\lambda}\cos\theta$$

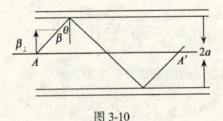

图 3-10

满足全反射条件的入射角 θ 的最大值为临界角 θ_c，且 $\cos\theta_c = \sqrt{1-\dfrac{n_2^2}{n_1^2}}$，即

$$N_{max} + 1 = \frac{4a}{\lambda}\sqrt{n_1^2 - n_2^2}$$

定义

$$V \equiv \frac{\pi}{2}(N_{max}+1) = \frac{2\pi a}{\lambda}\sqrt{n_1^2 - n_2^2} = \frac{2\pi a}{\lambda} \cdot NA$$

归一化频率 V 是表征光纤中允许传播模式多少的一个参量。对于圆柱形光纤波导：

当 $V<2.405$ 时为单模传输

当 $V>2.405$ 时为多模传输

这里需要指出，单模传输和多模传输只是一个相对的概念，判断一根光纤是不是单模传输，除了光纤本身的结构参数外，还与信号光的波长有关。例如一根芯径为 $9\mu m$，$n_1=1.464$，$n_2=1.460$ 的光纤，运用上式，在不同 λ 值下计算其归一化频率，$\lambda=1.30\mu m$ 时，得出 $V=2.36<2.405$，因而它是单模传输。当 $\lambda=1.20\mu m$ 时，算出 $V=2.56>2.405$，同一根光纤在较短波长下工作就变成多模传输了。仍使用上述 n_1，n_2 值可计算出光纤的数值孔径为 $NA=0.108$，此值对应的全反射临界角已达 $86°$，所以我们可以认为能够在单模光纤中传导的光基本上是与光纤轴平行的。

2. 模式色散效应

对于阶跃型多模光纤，我们再回顾图 3-8。假设图中光线(1)和(2)都是光纤中允许的传导模，由于(1)和(2)在纤芯中经历的光程不同，它们从光纤的一端传输到另一端所需的时间就不同。光线(2)比光线(1)的光程长，需要的传输时间长。信道中光脉冲的能量是全部模式的能量叠加结果，由于不同模式沿光纤轴向传播的路径不同，所花费的时间不等，有了时延差，因此随着传输距离的增加，光脉冲的脉冲宽度便会逐渐发散展宽，同时脉冲幅度降低，直至相邻脉冲之间出现明显的交叠，接收端解码时就会发生错判。为了保证一定的误码率要求，这就迫使我们在发射端拉开码之间的间隔，即降低比特速率，反映在光纤的特性上就是传输带宽变窄。通常阶跃型多模光纤的带宽只有几十兆赫·公里，因此这种光纤实际上在光通信技术中已被淘汰。

对于渐变型多模光纤（见图 3-9），虽然不同模式的行进路径仍然不同，但低模靠近光纤轴线，其传输路径短，靠近轴线处的折射率较大，光纤传播速率慢。高阶模远离轴线，其路径长，但周边折射率小，光线传播速率快，这样高低模间时延就得到了补偿。这正是芯纤部分的折射率有意做成渐变型的目的。渐变型多模光纤由于纤芯直径大，光纤与光源、光纤与探测器的对准容易实现，光耦合效率高。粗的芯径，对于光纤制作的经济性以及光纤的强度都有利。因此对于传输距离不是太长，通信容量不是要求太高的信道，渐变型多模光纤仍然是适用的。如日益发展的光纤数据网与用户网，多模光纤得到广泛应用。

单模光纤中只存在单个模式，当然就不存在模式色散问题，一般光纤通信干线都须采用单模光纤。

3.3 光纤的基本参数与测量

3.3.1 几何尺寸

不同种类光纤，其传输性能要求不同，故影响其传输性能的尺寸不尽相同。常用的几种光纤尺寸列于表 3-6。

表 3-6　　　　　　　各类光纤几何尺寸　　　　　　（单位：μm）

尺寸＼种类	SM	MM	EDF	DCF	数据
纤芯	9	50	4.5	6	62.5
包层	125				
涂覆层	约250				

3.3.2 截面形状误差

① 包层不圆度：$N = \dfrac{d_{max} - d_{min}}{\dfrac{1}{2}(d_{max} + d_{min})} \leqslant 1\%$

② 同心度误差：纤芯与包层的轴线偏离量 $C \leqslant 0.8 \mu m$

3.3.3 相对折射率差

$$\Delta \approx \frac{n_1 - n_2}{n_1}$$

3.3.4 数值孔径

$$NA = \sin\varphi_0 = n_1\sqrt{2\Delta} = \sqrt{n_1^2 - n_2^2}$$

数值孔径 NA 值的大小，从几何上表示光纤接收光线满足全反射传导的能力。对光源与光纤的耦合、光纤间的光耦合有重要影响。

3.3.5 模场直径

单模光纤的模场直径是一个重要的参数，它与单模光纤的损耗、色散特性都有关。单模光纤中只有基模传播。基模的场分布是高斯型的，即轴线处光场强度最大，离轴 r 处的电场强度 $E(r)$ 与 r^2 成反比。模场直径的物理定义是 $E(r) = \dfrac{1}{e}E_0$ 时的 $2r$ 值，也就是通常说的光斑尺寸。

$$d = \frac{2}{\pi}\left[\frac{\int_0^\infty F(q)q^2 dq}{\int_0^\infty (q)q dq}\right]^{-1/2}$$

式中 $F(q)$ 为基模的远场强度分布，而 $q = \dfrac{\sin\theta}{\lambda}$，$\lambda$ 为波长，θ 为远场角。具体测量方法称为远场扫描法，其装置如图 3-11 所示。图中滤模器实际上只是将光纤在半径小于 30mm 圆柱上绕几圈，利用高阶模的弯曲损耗很大，而予以滤除，保证待测光纤的输出不含高阶模成分。所谓包层模是指已折射进包层的辐射模。当涂覆层的折射率较低时，此辐射模在包层与涂覆层界面上可能会发生全反射重新进入芯层，而干扰测量的准确性。包层模消除器如图 3-12 所示，它实际上就是将剥除了涂覆层的裸光纤的一段浸在匹配液中。匹配液是折射率比光纤包层的折射率大的液体。测角仪是一个微电机带动的转盘。将被测光纤的输出端放置在转盘中心，改变探测器尾纤与被测光纤轴线之间的夹角（称扫描角）读取扫描角（实际上取微电机驱动信号）和探测器探测到的光功率（实际上是放大的光电流），由计算机计算出测量结果。

第三章 光纤与光缆

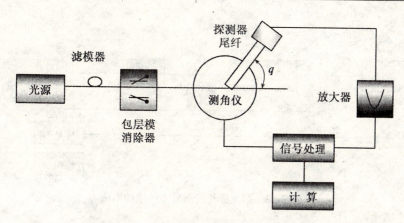

图 3-11 模场直径的测量（远场扫描法）

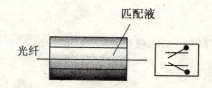

图 3-12 包层模消除器及代表符号

- 同一根光纤在不同光波长下会测得不同模场直径值。
- 模场直径的大小与光纤的连接损耗、弯曲敏感性有密切关系。

3.3.6 规一化频率与截止波长

截止波长是评定单模光纤传导模式的一个重要参数。若工作波长大于光纤截止波长，光纤就是单模工作的。下式给出了光纤的归一化频率：

$$V = \frac{2\pi}{\lambda} n_1 a (\sqrt{2\Delta})$$

式中 λ 为工作波长，由此可以导出光纤的截止波长

$$\lambda_{ct} = \frac{2\pi}{V_c} a n_1 \sqrt{2\Delta} = \frac{2\pi}{V_c} a \cdot NA$$

对于理想的阶跃单模光纤，取 $V_c = 2.40483$。按照此式，可以通过测量折射率分布或者数值孔径，计算出 λ_{ct}。而实际光纤的截止波长除了与光纤的纤芯折射率、纤芯半径和折射率差有关外，还与光纤的传播特性有关，也就是说上式给出的只是光纤的理论截止波长，或者说 λ_{ct} 只是光纤长度趋于零（排除传输特性的影响）时的截止波长。

ITU-T 建议的截止波长 λ_{ct} 的定义为：在各次模大体均匀激励的条件下，注入的总功率与基模光功率的差别随波长变化，减小到 0.1dB 以下时将对应两个波长值，其中较大者即为截止波长。即满足

$$10 \lg \frac{P_0 + P'}{P_0} = 0.1$$

时的注入光波长。ITU-T 建议 λ_{ct} 的基准测试法为传输功率法，其装置如图 3-13 所示。

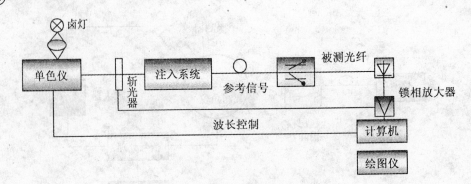

图 3-13 截止波长的测量（传输功率法）

3.4 光纤的传输特性

本节讨论光纤的传输特性，包括光纤的损耗特性、色散特性以及非线性特性。

3.4.1 光纤的衰减特性

在光纤传输系统中，光信号的能量损耗是限制光通信中继距离的重要因素之一，光纤通信系统中的损耗主要由下列部分组成：光源与光纤之间的耦合损耗、光纤的传输损耗、光纤的连接损耗、光路元件的插入损耗、光纤和光电探测器之间的耦合损耗。本节讨论光纤本身的传输损耗。

损耗系数 α 是光纤的一个重要传输参数，是光纤传输系统中中继距离的主要限制因素之一。光纤损耗定义为长度 L（km）的光纤输入端光功率 P_{in} 与输出端光功率 P_{out} 的比值，

$$\alpha = \frac{10}{L} \lg P_{in} / P_{out} \quad (dB/km)$$

引起光纤损耗的主要机理是光能量的吸收损耗、散射损耗及辐射损耗。吸收与光纤材料有关，散射与光纤材料及光波导中的结构缺陷、非线性效应有关，这两项损耗是光纤材料固有的，辐射则与光纤几何形状的扰动相关。

图 3-14 为石英光纤的衰减谱，其中自然地显现出了光纤通信系统的三个低损耗传输窗口：短波长的 850nm 波段、长波长的 1 310nm 与 1 550nm 波段。典型的衰减值在 850nm 时约 1.5dB/km，1 310nm 波长约 0.35dB/km，而在 1 550nm 波长上最小，仅约 0.2dB/km，已接近理论极限。图中亦标出了几种主要的损耗机制，如瑞利散射、OH 吸收等，下面要分别进行简要的介绍。

1. 材料的吸收损耗

光纤材料吸收损耗包括紫外吸收、红外吸收和杂质吸收等，它是材料本身所固有的，因此是一种本征吸收损耗。

（1）红外和紫外吸收损耗

光纤材料组成的原子系统中，一些处于低能级的电子会吸收光波能量而跃迁到高能级状态，这种吸收的中心波长在紫外的 $0.16\mu m$ 处，吸收峰很强，其尾巴延伸到光纤通信波段，在短波长区，该值达 1dB/km，在长波长区则小得多，约 0.05dB/km。

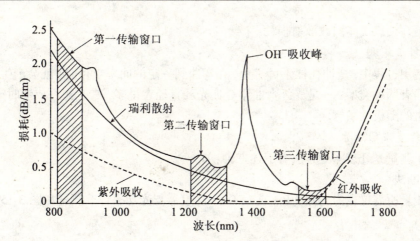

图 3-14　光纤衰耗特性曲线

在红外波段光纤基质材料石英玻璃的 Si-O 键因振动吸收能量,产生振动或多声子吸收带损耗,这种吸收带损耗在 9.1μm 及 21μm 处峰值可达 10^{10} dB/km,因此构成了石英光纤工作波长的上限。红外吸收带的带尾也向光纤通信波段延伸,但影响小于紫外吸收带。在 λ=1.55μm 时,由红外吸收引起的损耗小于 0.01dB/km,基本上可以忽略。

（2）OH 离子吸收损耗

在石英光纤中,O-H 键基本谐振波长为 2730nm,与 Si-O 键的谐振波长相互影响,在光纤的传输频带内产生一系列的吸收峰,影响较大的是在 1390nm、1240nm 及 950nm 波长上,在这些吸收峰之间的低损耗区构成了光纤通信的三个低损耗窗口。

（3）金属离子吸收损耗

光纤材料中的金属杂质,如过渡金属离子铁（Fe^{3+}）、铜（Cu^{2+}）、锰（Mn^{3+}）、镍（Ni^{3+}）、钴（Co^{3+}）、铬（Cr^{3+}）等,它们的电子结构产生边带吸收峰（0.5~1.1μm）,造成损耗。现在由于工艺的改进,使这些杂质的含量低于 10^{-9} 以下,因此它们的影响已可忽略不计。

2. 光纤的散射损耗

① 瑞利散射损耗

这是由于材料的不均匀使光散射而引起的损耗,瑞利散射损耗是光纤材料的本征损耗,它是由材料折射指数小尺度的随机不均匀性所引起的。在光纤制造过程中,SiO_2 材料处于高温熔融状态,分子进行无规则的热运动。在冷却时,运动逐渐停息。当凝成固体时,这种随机的分子位置就在材料中"冻结"下来,形成物质密度的不均匀,从而引起折射指数分布不均匀。这种不均匀,就像在均匀材料中加了许多小颗粒,当光波通过时,有些光子就要受到它的散射,从而造成了瑞利散射损耗,这正像大气中的尘粒散射了光,使天空变蓝一样。瑞利散射的大小与光波长的四次方成反比,因此对短波长窗口的影响较大。

② 波导散射损耗

当光纤的纤芯直径沿轴向不均匀时,产生传导模和辐射模间的耦合,能量从传导模转移到辐射模,从而形成附加的波导散射损耗。

③ 非线性散射损耗

当光纤中传输的光强大到一定程度时,就会产生非线性受激喇曼散射和受激布里渊散射,使输入光能部分转移到新的频率分量上。但在常规光纤通信系统中,半导体激光器发射的光功率较弱,因此这项损耗很小。在波分复用系统（DWDM）中由于总的光功率强,超过非线性阈值，构成了非线性散射损耗。

3. 辐射损耗

光纤使用过程中，弯曲往往不可避免，在弯曲到一定的曲率半径时，就会产生辐射损耗。光纤的弯曲有两种类型：一是光纤弯曲半径比光纤直径大得多，二是光纤成缆时或在使用中其轴线产生的随机性微弯。

4. 光纤衰减的测量

常用于测量光纤衰减的方法有下述三种：

① 剪断法

此种测量所需仪表为光源（LD 或 LED）、滤模器与光功率计，测量如图 3-15 所示。

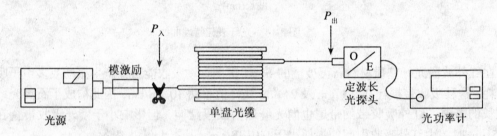

图 3-15 剪断法测量示意图

被测光纤损耗值由下式确定：

$$\alpha = \frac{10}{L} 10 \frac{P_入}{P_出} \quad \text{dB/km}$$

剪断法测量原理与光纤损耗的定义相符，故测量结果准确。ITU-T 将剪断法规定为光纤损耗测量的基准方法。为消除光纤耦合时重复性的影响，一般需反复测量三次取平均值。

② 插入法

测量装置与剪断法相似，但被测光纤是由耦合器介入测量，由于耦合器插入损耗的不确定，故此种测量的准确性不如剪断法。光纤损耗插入法测量如图 3-16 所示。

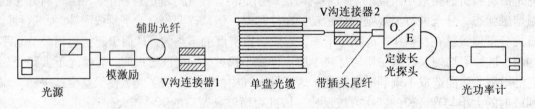

图 3-16 插入法测量示意图

③ 背向散射法（OTDR）

利用光纤传输中的背向散射原理，使用光时域反射仪（OTDR）测量光纤损耗。OTDR 测量操作简单，对测量线路无破坏性，工程实际中广泛采用。

OTDR 工作原理、测量操作参数设置等相关问题将在光缆线路检测一章中详细介绍。

背向散射法测量如图 3-17 所示。

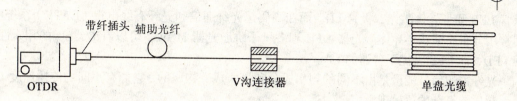

图 3-17 背向散射法测量示意图

3.4.2 光纤的色散特性

色散是光纤的一个重要特性。光纤的色散引起传输信号的畸变，使通信质量下降，从而限制了通信容量和通信距离。在光纤的损耗已大为降低的今天，色散对高速光纤通信的影响显得更为突出。降低光纤的色散，对增加通信容量，延长通信距离，发展高速 WDM 通信和其他新型光纤通信技术都是至关重要的。

1. 光纤色散概念

为了解光纤色散，需要知道送进光纤中的信号结构。首先，送进光纤的并不是单色光。这由两方面的原因引起：一是光源发出的并不是单色光；二是调制信号有一定的带宽。实际光源发出的光不是单色的（或单频的），而是有一定的波长范围，这个范围就是光源的线宽或谱宽。图 3-18 示出了光源的归一化输出功率随波长的变化。一般认为光功率降低为峰值的一半所对应的波长范围即为光源的线宽或谱宽，即-3dB 处的谱线宽度。对于高速传输系统中的单纵模激光器则采用-20dB 处线宽表示。线宽既可用波长范围 $\Delta\lambda$ 来表示，也可用频率范围 Δf 来表示。它们的关系为：

$$\frac{\Delta\lambda}{\lambda} = \frac{\Delta f}{f}$$

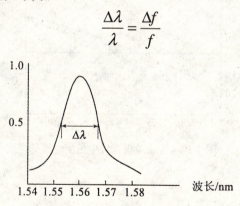

图 3-18 光源的谱宽

式中，λ、f 分别是光源的中心波长和中心频率。线宽越窄，光源的相干性就越强，色度色散的影响越小，同样对光频率的利用率越高。一个理想的相干光源发出的是单频光，即具有零线宽。实际光源的线宽列于表3-7。

通信的常用光源是半导体发光二

表 3-7 典型光源的谱宽

光源类型	线宽 $\Delta\lambda$ (nm)
发光二极管（LED）	20~100
激光二极管（LD）	1~5
分布反馈半导体激光器（DFB）	50(MHz)
多量子阱激光器（MQW）	0.01~0.1
Nd：YAG 固体激光器	0.1
氦氖气体激光器	0.002

极管 LED 和半导体激光二极管 LD。而在高码速光纤通信和光纤有线电视（CATV）系统中，则常用分布反馈式半导体激光器 DFB 和多量子阱激光器 MQW。可以看出，LD 的相干性优于 LED，而 DFB 又优于普通的 LD。

光纤中的信号能量是由不同的频率成分和模式成分构成的，它们有不同的传播速度，从而引起比较复杂的色散现象。

光的色散现象在日光通过棱镜而形成按红橙黄绿青蓝紫顺序排列的色谱中看得很明显。这是由于棱镜材料对不同波长（不同颜色）的光呈现的折射率不同，从而使光的传播速率不同而引起的，这就是光的材料色散。光纤中的类似现象借用了"色散"这一术语。

2. 光纤的色散机理

引起光纤色散的因素可归结为下列几类：

① 色度色散：是指光源光谱中不同的波长成分在光纤中传输的群延时所引起的光脉冲展宽现象。它包括材料色散和波导色散。

② 模式色散：多模光纤中，即使在同一波长，不同模式的传播速率也不同，它所引起的色散叫模式色散。

③ 偏振色散：单模光纤中实际存在偏振方向相互正交的两个基模。当光纤存在双折射时，这两个模式的传播速度不同。由此引起的色散叫偏振色散。它也属于模式色散范畴。

在多模光纤中，有模式色散、色度色散，而以模式色散为主。单模光纤中有材料色散与波导色散，一般情况下以材料色散为主，但在长波长区间，波导色散的影响将增大，如图 3-19 所示。至于偏振色散则是单模光纤所特有的且具有随机性，将在下节介绍。

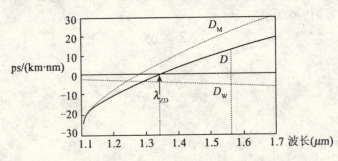

图 3-19 普通单模光纤中色度色散的组成

3. 色度色散

色度色散主要由光信号波长差异引起，它包括材料色散 D_M 与波导色散 D_W 两大部分：

$$D = D_M + D_W$$

（1）材料色散

材料色散是由于构成光纤的材料的折射率随着传输的光波频率而变化，引起模内不同频率信号的传输速度不同而引起的色散。

$$D_M = -\frac{2\pi}{\lambda^2}\frac{dn_{2g}}{d\omega} = \frac{1}{c}\frac{dn_{2g}}{d\lambda}$$

材料色散引起的脉冲展宽与光源的谱线宽度和材料色散系数成正比。这就要求尽可能选择谱线宽度窄的光源和色散系数较小的光纤，有些材料在某一波长附近，色散系数为零，从而时延差为零,这时没有脉冲展宽,通常称这个波长为材料的零色散波长。石英玻璃单模光纤的零色散波长在 $1.29\mu m$ 附近。

(2) 波导色散

由光纤的几何结构引起的色散称为波导色散。产生原因是由于波导效应引起模内频率低(或波长大)的光信号进入包层,使一部分光在纤芯中传播,另一部分在包层中传播,而包层折射率小于纤芯折射率,导致模内各信号传输速度($V=C/n$)不同产生的色散。

(3) 色散对数字信号传输的影响

目前,光纤通信都采用脉冲编码形式,即传输一系列的"1"、"0"光脉冲。同一脉冲包含有不同的波长成分,不同波长在光纤中的传播速度不同。在图 3-20 中,设 $\lambda 1$ 和 $\lambda 3$ 分别是最快和最慢的波长。其他波长的传输速度介于这两个极端情况之间。它们以稍有差别的时间到达光纤终端,即有时延差,其最大时延差为 $\Delta\tau$。由于各波长成分到达的时间先后不一致,因而使叠加后的脉冲加长了。这叫做脉冲展宽,展宽量为 $\Delta\tau$。传输的距离越远,展宽越严重。它将使前后码产生重叠(码间干扰),因而限制了传输的码速或传输距离。

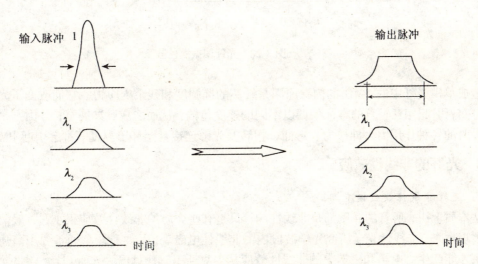

图 3-20 色度色散作用下的脉冲展宽

① 色散为负值($D(\lambda)<0$)时,光脉冲中长波长成分的光(低频分量)比短波长成分的光(高频分量)传得快,当光纤色散为正值($D(\lambda)>0$)时,情况相反。

② 光纤传输中的正、负色散可抵消,从而消除或减小对光脉冲展宽的影响。这就是色散补偿光纤(DCF)的作用机理。几种常用光纤的色散曲线如图 3-21 所示。

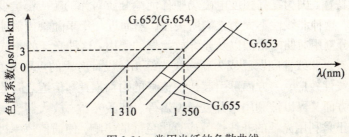

图 3-21 常用光纤的色散曲线

（4）偏振模色散

偏振是与光的振动方向有关的光性能。光纤中的光信号传输可描述为完全是沿 X 轴振动和完全是沿 Y 轴上的振动或一些光在两个轴上的振动，如图 3-22 所示。每个轴代表一个偏振"模"，两个偏振模到达的时延差称为偏振模色散 PMD。PMD 的度量单位为 ps，光纤的 PMD 系数表示的单位为 $ps/\sqrt{km}$。

偏振模色散 PMD 具有随机性，在短距离内，PMD 与传输距离成正比，但在较长距离上，由于会有模式耦合而减轻 PMD 的影响，故而根据统计量 PMD 的大小与传输距离的开方值成正比。

ITU-T 建议 PMD 值不大于 $0.5ps/\sqrt{km}$。不同速率的系统对 PMD 值的要求亦不同。

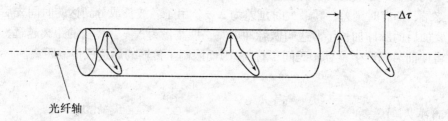

图 3-22　光纤偏振模色散

造成单模光纤中的 PMD 的内在原因是纤芯的椭圆度和残余内应力，它们改变了光纤折射率分布，引起相互垂直的本征偏振以不同的速度传输，从而造成脉冲展宽；外因则是成缆和敷设时的各种作用力，即压力、弯曲、扭转及光缆连接甚至环境温度等都会引起 PMD。

3.4.3　光纤的非线性效应

1. 光纤非线性效应概述

从本质上讲，所有的介质都是非线性的，只是有些介质的非线性效应很小，一般情况下难以表现出来。非线性光学研究光学波段内的非线性电磁现象，这种现象通常要用高强度的激光束才能产生。电学和磁学中的非线性效应从麦克斯韦时代就已为人所知。

在光纤通信系统中，大输出功率的激光器和超低损耗单模光纤的使用，使得光纤中的非线性效应愈来愈显著。这是因为单模光纤中的光场主要束缚于很细的纤芯内，场强非常高，低损耗又使得高场强可以维持很长的距离。20 多年来对光纤中非线性效应的研究产生了非线性光学一个新的分支——非线性纤维光学的出现。在这一领域中进行的大量研究都取得了很重要的进展。

在常规光纤系统中，光纤一般呈现线性传输特性。然而，当光功率增加到一定值时，光纤开始呈非线性特性。因为在高强度电磁场中任何电介质对光的响应都会变成非线性，光纤也不例外。过去，这种非线性不太为人们所关注，然而近几年来随着传输速率的提高，传输距离的延长，波分复用通路的增加以及光纤放大器的使用，这种光纤的非线性已成为最终限制系统性能的因素。非线性问题已成为新一代光纤系统设计考虑的重要方面。

光纤中的非线性效应，一方面可引起传输信号的附加损耗、信道之间的串扰、信号频率的移动等，另一方面又可以被利用来开发新型器件，如激光器、放大器、调制器等。新的光孤子通信方式就正是利用光纤的非线性效应克服色散的影响，使通信速率极大地提高，传输距离极大地延长。

通常，将产生某种非线性现象所需达到的光功率值称为其"阈值"。较低的"阈值"意味着非线性效应易于产生。

2. 受激散射效应

前述的由三阶偏振系数描述的非线性效应是弹性的。弹性非线性效应是指在作用过程中电磁场和介质之间无能量交换。第二类的非线效应来源于受激非弹性散射，在此过程中光场把部分能量转移给非线性介质。受激喇曼散射和布里渊散射就属于此类。

（1）受激喇曼散射（SRS）

受激喇曼散射是光纤中很重要的非线性现象，它可看做是介质中分子振动对入射光的调制。当一定强度的光入射到光纤中时会引起光纤材料的分子振动。调制入射光强产生了间隔恰好为分子振动频率的边带。低频边带的司托克斯线强于高频边带的反司托克斯线，当两个恰好分离司托克斯频率的光波同时入射到光纤时，高频波将衰减，其能量转移到低频波上去了，低频波将获得光增益。其结果将导致 WDM 系统中短波长通路（即高频波）产生过大的信号衰减，从而限制了通路数。

要获得明显的非线性作用，输入的泵浦功率必须足够强，即必须达到某一阈值。喇曼散射的阈值泵浦功率 P_g 可近似表示为：$P_g \approx \dfrac{16 A_{\text{eff}}}{L_{\text{eff}} G_g}$

式中，A_{eff} 为纤芯有效面积（或称有效截面积）：$A_{\text{eff}} \approx \pi s_0^2$

式中，s_0 为单模光纤的模场半径，L_{eff} 为纤芯的有效互作用长度：

$$L_{\text{eff}} = \frac{1 - \exp(-\alpha L)}{\alpha}$$

式中，L 为光纤长度，α 为光纤的衰减系数。当光纤较长时，L_{eff} 也长。

阈值泵浦功率与光纤的有效纤芯面积成正比，与喇曼增益系数成反比，且随光纤的有效长度增加而下降。尤其是对于超低损耗的单模光纤，喇曼阈值会很低。对于长光纤，在 $\lambda=1.5\mu m$ 处，$A_{\text{eff}}=50\mu m^2$ 时，预测的喇曼阈值是 60mW。

受激喇曼散射效应可以利用来制作喇曼光纤激光器、喇曼光纤放大器等元件。另一方面，在波分复用系统中，它又会引起系统中各信道之间的串话，对通信性能带来不良影响。在喇曼散射过程中，短波长的信道将会充当泵浦源而将能量转移给长波长的信道，从而引起信道间的串话，这就限制了系统的传输功率。

对于单信道系统，光纤中受激喇曼放大效应的阈值功率仍远大于目前通信系统使用的光源入纤功率，因而不会对系统的特性产生严重影响。

（2）受激布里渊散射（SBS）

受激布里渊散射与受激喇曼散射在物理过程上十分相似，入射的频率为 ω_P 的泵浦波将一部分能量转移给频率为 ω_S 的斯托克斯波，并发出频率为 Ω 的声波：$\Omega = \omega_P - \omega_S$。

光纤中的受激喇曼散射发生在前向，即斯托克斯波和入射波传播方向相同，而受激布里渊散射发生在后向，其斯托克斯波和入射波传播方向相反。光纤中的受激布里渊散射的阈值功率比受激喇曼散射的低得多。在光纤中，一旦受到受激布里渊散射阈值，将产生大量的后向传输的斯托克斯波，这将对光纤通信系统产生不良影响。另一方面，它又可用来构成布里渊放大器和激光器等光纤元件。在连续波的情况下，受激布里渊散射易于产生，因为它的阈值相对较低。脉冲工作情况下有所不同，如果脉冲宽度 $T_0 < 10ns$，受激布里渊散射将会减弱或被抑制，几乎不会发生。

对于多波长 WDM 系统,由于 SBS 增益带宽窄、频移小,因而每个通路与光纤的交互作用彼此独立,使产生 SBS 影响的功率门限值独立于通路数。

3. 非线性折射(kess 效应)

非线性折射是光强度波动引起光纤折射率的变化,即 $n = n_0 + \dfrac{N_2 P}{A_{\text{eff}}}$

n_0 是光纤的正常折射率,N_2 是非线性系数,P 为光功率,A_{eff} 是光纤有效通光面积。折射指数对光强度的依赖特性引起多种的非线性效应,其中自相位调制发生在单信道和多信道系统中,信号强度调制光纤折射指数,又反过来调制信号相位,相位调制展宽信号谱。交叉相位调制只发生在波分复用系统中,交叉相位调制某信道信号引起的折射指数调制,使其他同向传输光信号的相位产生调制。

(1)自相位调制(SPM)

自相位调制是指传输过程中光脉冲由于自身相位变化,导致光脉冲频谱扩展的现象。自相位调制与"自聚焦"现象有密切关系。

光脉冲在光纤的传播过程中相位改变为

$$\phi = \bar{n} k_0 L = (n + n_2 |E|^2) k_0 L = \phi_S + \phi_{NL}$$

其中 $k_0 = 2\pi/\lambda$,L 是光纤长度。

$$\phi = n k_0 L$$

是相位变化的线性部分,而 $\phi_{NL} = n_2 k_0 L |E|^2$

与光场强度的平均成正比,是在非线性的作用下,由于光场自身引起的相位变化,所以称为自相位调制。从原理上说,自相位调制可用来实现调相。但实现调相需要很强的光强,且需选择 n_2 大的材料。自相位调制的真正应用是在光纤中产生"光孤子"通信。这是光纤非线性特性的重要应用。

(2)交叉相位调制(XPM)

当两个或多个不同波长的光波在光纤中同时传输时,它们将通过光纤的非线性而相互作用。此时有效折射率不仅与该波长光的强度有关,也与其他波的强度有关。交叉相位调制就是指光纤中某一波长的光场 E1 由同时传输的另一不同波长的光场 E2 所引起的非线性相移。光场 E1 的相移 ϕ NL 如下式:

$$\phi_{NL} = n_2 k_0 L (|E_1|^2 + 2|E_2|^2)$$

前一项由自相位调制引起,后一项即为交叉相位调制项。交叉相位调制使共同传输的光脉冲的频谱不对称地展宽。定义相位调制引入了波之间的耦合,在光纤中产生了多种非线性效应。它包括不同频率、相同偏振的波之间以及同一频率但不同偏振的波之间的耦合。

(3)四波混频(FWM)

四波混频是指由两个或三个不同波长的光波混合后产生的新光波,其产生原理如图 3-23 所示。在系统中,某一波长的入射光会改变光纤的折射率,从而在不同频率处发生相位调制,产生新的波长。而且四波混频(FWM)与信道间隔关系密切,信道间隔越小,FWM 越严重。

光纤色散可以用来抑制 FWM 的影响,采用具有较大有效面积的光纤或较小非线性折射率的光纤,也同样可以减小 FWM 的影响。交替采用色散符号相反的光纤也是一种减轻 FWM 影响的措施,但这样会给实际安装、维护和运行工作带来困难。采用短段色散补偿光纤的方法可能是一种更加有效的实用方法。

为了进一步增加 WDM 系统的波长信道数,工作波长区正向 L 波段扩展。G.652 光纤与

G.654 光纤在 L 波段的色散很高，因此需要强有力的色散补偿措施。

光纤通信系统正在由高速（2.5Gbit/s、10Gbit/s）向超高速（40Gbit/s 或更高）、由单波长向多路波分复用（WDM）和密集波分复用 DWDM 系统发展。在这个发展阶段中，光纤放大器不仅直接从光路上补偿速率提高带来的灵敏度降低，而且也补偿了波分复用器引入的插入损耗增加，从而使超高速同步数字 SDH 传输体制和超大容量波分复用传输成为现实。

但是，光纤放大器引入光纤传输系统也给光纤带来非线性效应，进而使系统传输质量劣化。表 3-8 列出了上述五种非线性效应对带光纤放大器的传输系统的影响及抑制措施。

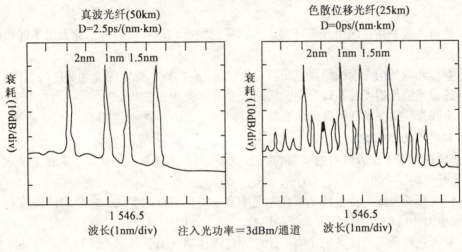

图 3-23 四波混频的光谱图

表 3-8　　　　　　　　　　非线性效应对系统的影响

主要影响	SPM	XPM	FWM	SBS	SRS
减小信道间距	——	↑	↑	+	+
增加信道数	——	↑	↑	+	↑
增加信道功率	↑	↑	↑	↑	↑
增加区段数	↑	↑	↑	↑	↑
增加信道比特率	↑	↑	——	↑	↑

3.5　光缆类型、结构与材料

3.5.1　光缆的分类方式

以光纤制成的光缆作为传输线路，已经历了近 30 年的发展历程，光缆制造技术日趋成熟，品种日益增多，应用场合不断拓宽，故应对种类繁多的光缆进行科学的分类，以便于在对不同种类光缆特点熟练掌握的基础上，按使用场所的具体要求正确合理地选择光缆。

可以按照下列不同的方式对光缆进行分类：

1. 按缆芯结构分

按缆芯结构的特点不同，光缆可分为中心管式光缆、层绞式光缆和骨架式光缆。

① 中心管式光缆是将光纤或光纤束或光纤带无绞合直接放到光缆中心位置而制成

的光缆。

② 层绞式光缆是将几根至十几根或更多根光纤或光纤带子单元围绕中心加强件螺旋绞合（S绞或SZ绞）成一层或几层的光缆。

③ 骨架式光缆是将光纤或光纤带经螺旋绞合置于塑料骨架槽中构成的光缆。

2. 按线路敷设方式分

按光缆敷设方式，光缆可分为架空光缆、管道光缆、直埋光缆、隧道光缆和水底光缆。

① 架空光缆是指光缆线路经过地形陡峭、跨越江河等特殊地形条件和城市市区无法直埋及赔偿昂贵的地段时，借助吊挂钢索或自身具有抗拉元件悬挂在已有的电线杆、塔上的光缆。

② 管道光缆是指在城市光缆环路、人口稠密场所和横穿马路时，穿入用来保护的聚乙烯管内的光缆。

③ 直埋光缆是指光缆线路经过田野、戈壁时，直接埋入规定深度和宽度的缆沟的光缆。

④ 隧道光缆是指光缆经过公路、铁路等交通隧道的光缆。

⑤ 水底光缆是穿越江河湖海水底的光缆。

3. 按缆中光纤状态分

按光纤在光缆中是否可自由移动的状态，光缆可分为松套光纤光缆、紧套光纤光缆和半松半紧光纤光缆。

① 松套光纤光缆的特点是光纤在光缆中有一定自由移动空间，这样的结构有利于减小外界机械应力（或应变）对涂覆光纤的影响。

② 紧套光纤光缆的特点是光缆中光纤无自由移动空间。紧套光纤是在光纤预涂覆层外直接挤上一层合适的塑料紧套层。紧套光纤光缆直径小，重量轻，易剥离、敷设和连接，但高的拉伸应力会直接影响光纤的衰减等性能。

③ 半松半紧光纤光缆中的光纤在光缆中的自由移动空间介于松套光纤光缆和紧套光纤光缆之间。

4. 按使用环境与场合分

主要分为室外光缆与室内光缆两大类。由于室外环境（气候、温度、破坏）相差很大，故两类光缆在构造、材料、性能等方面亦有很大区别。

室外光缆由于使用条件恶劣，光缆必须具有足够的机械强度、防渗水能力和良好的温度特性，其结构复杂。而室内光缆则主要考虑结构紧凑，轻便柔软并应具有阻燃性能。

5. 按网络层次分

可分为长途光缆（长途端局之间的线路包括省际一级干线、省内二级干线）、市内光缆（长途端局与市话局以及市话局之间的线路）、接入网光缆（市话端局到用户之间的线路）。

根据不同环境与应用要求还研制出了多种特殊用途光缆，它们包括电力光缆、阻燃光缆、防蚁光缆以及各类轻便型光缆等。

3.5.2 光缆的结构类型

光缆的结构通常是根据其应用条件与场合，习惯上分为室外光缆、室内光缆以及特种光缆三大类。

1. 室外光缆

常用的基本结构有层绞式、中心管式和骨架式三类。

每种基本结构中既可放置分离光纤，亦可放置带状光纤。其特点分述如下：

（1）层绞式光缆

层绞式光缆结构是由多根二次被覆光纤松套管（或部分填充绳）绕中心金属加强件绞合成圆整的缆芯，缆芯外先纵包复合铝带并挤上聚乙烯内护套，再纵包阻水带和双面覆膜皱纹钢（铝）带加上一层聚乙烯外护层组成。如图 3-24 所示。

按松套管中放入的分离光纤、光纤带，层绞式光缆又可分为分离光纤层绞式光缆和光纤带层绞式光缆。

层绞式光缆的结构特点是光缆中容纳的光纤数多，光缆中光纤余长易控制，光缆的机械、环境性能好，它适宜于直埋、管道敷设，也可用于架空敷设。层绞式光缆结构的缺点是光缆结构、工艺设备较复杂，生产工艺环节较繁琐，材料消耗多等。

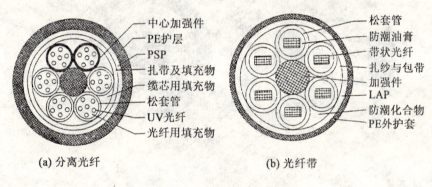

图 3-24　层绞式光缆结构

（2）中心管式光缆

中心管式光缆结构是由一根二次光纤松套管或螺旋形光纤松套管，无绞合直接放在缆中心位置，纵包阻水带和双面覆塑钢（铝）带，两根平行加强圆磷化碳钢丝或玻璃钢圆棒位于聚乙烯护层中组成的。如图 3-25 所示。按松套管中放入的是分离光纤、光纤束、光纤带，中心管式光缆分为分离光纤的中心管式光缆或光纤带中心管式光缆等。

中心管式光缆的优点是光缆结构简单，制造工艺简捷，光缆截面小、重量轻，很适宜架空敷设，也可用于管道或直埋敷设。中心管式光缆的缺点是缆中光纤芯数不宜多（如分离光纤为 12 芯、光纤束为 36 芯、光纤带为 216 芯），松套管挤塑工艺中松套管冷却不够，成品光缆中松套管会出现后缩，光缆中光纤余长不易控制。

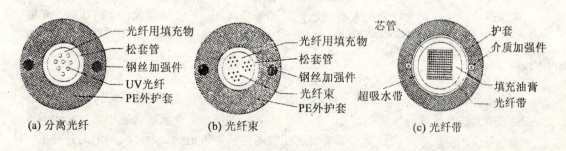

图 3-25　中心管式光缆结构

（3）骨架式光缆

目前，骨架式光缆在国内仅限于干式光纤带光缆。即将光纤带以矩阵形式置于U形螺旋骨架槽或SZ螺旋骨架槽中，阻水带以绕包方式缠绕在骨架上，使骨架与阻水带形成一个封闭的腔体。当阻水带遇水后，吸水膨胀产生一种阻水凝胶屏障。阻水带外再纵包双面覆塑钢带，钢带外挤上聚乙烯外护层。如图3-26所示。骨架式光纤带光缆的优点是结构紧凑、缆径小、光纤芯密度大（上千芯至数千芯），施工接续中无需清除阻水油膏，接续效率高。干式骨架式光纤带光缆适用于在接入网、局间中继、有线电视网络中作为传输馈线。骨架式光纤带光缆的缺点是制造设备复杂（需要专用的骨架生产线）、工艺环节多、生产技术难度大等。

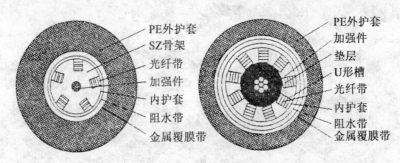

图3-26 骨架式光缆结构

2. 室内光缆

室内光缆均为非金属结构，故无需接地或防雷保护。室内光缆采用全介质结构保证抗电磁干扰。各种类型的室内光缆都容易开剥。紧套缓冲层光纤构成的绞合方式取决于光缆的类型。为便于识别，室内光缆的外护层多为彩色，且其上印有光纤类型、长度标记和制造厂家名称等。

与室外光缆的结构特点所不同的是，室内光缆尺寸小、重量轻、柔软、耐弯、便于布放、易于分支及阻燃等。

通常，室内光缆可分为三种类型：多用途室内光缆、分支光缆和互连光缆。

（1）多用途室内光缆

多用途室内光缆的结构设计是按照各种室内所用的场所的需要。这种光缆适用的光纤数范围大，用于传输各种语音、数据、视频图像和信令。该光缆的直径小、重量轻、柔软、易于敷设、维护和管理，特别适用于空间受限的场所。

多用途室内光缆是由绞合的紧缓冲层光纤和非金属加强件（如芳纶纱）构成的，光缆中的光纤数大于6芯时，光纤绕一根非金属中心加强件绞合形成一根更结实的光缆。如图3-27所示。

（2）分支光缆

为终接和维护，分支光缆有利于各光纤的独立布线或分支。分支光缆分三种不同的结构：2.7mm子单元适合于业务繁忙的应用，2.4mm子单元适合于业务正常的应用，2.0mm子单元适合于业务少的应用。这些分支光缆可布放在大楼之间的管道内、大楼内向上的升井里、计算机机房地板下和光纤到桌面。分支光缆结构如图3-28所示。

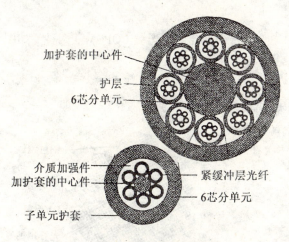
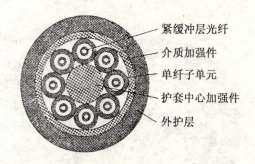

图 3-27　6芯子单元48芯多用途室内光缆　　　图 3-28　8芯分支光缆

与多用途光缆相比，由于分支光缆成本更高、重量更重、尺寸更大，所以这些光缆主要应用在中、短传输距离场所。在绝大多数的情况下，多用途光缆能满足敷设要求。只有在极恶劣环境或真正需要独立单纤布线时，分支光缆的结构才显出优势。

为易于识别，子单元应加注数字或色标，分支光缆的标准光纤数为2~24纤。分支光缆的最大长期抗拉强度范围是：2纤分支光缆为300N，24纤分支光缆为1 600N，短期允许的抗拉强度是最大长期抗拉强度的3倍。

（3）互连光缆

为布线系统进行语音、数据、视频图像传输设备互连所设计的光缆。适用的是单纤和双纤结构，这种光缆连接容易，在楼内布线中它们可用做跳线。如图3-29、图3-30所示。

互连光缆直径细、弯曲半径小，更易敷设在空间受限的场所，它们可以简单直接或在工厂进行预先连接作为光缆组件用在工作场所或作为交叉连接的临时软线。

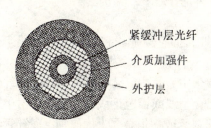
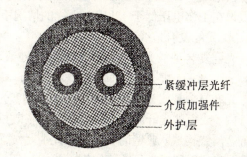

图 3-29　单纤互连光缆　　　图 3-30　双纤互连光缆

3. 特种光缆

（1）电力光缆

用于高压电力通信系统的电力光缆以及铁路通信网络的光电综合光缆，光纤对电磁干扰不敏感，使得架空光缆成为电力系统和铁路通信、控制和测量信号的一种理想的传输介质。

电力光缆的敷设趋势是将光缆直接悬挂在电杆或铁塔上，或缠绕在高压电力线的相线上。安装的光缆抗拉强度能承受自重、风力作用和冰凌的重量，并有合适的结构措施来预防枪击或撞、挂等破坏。

电力光缆主要有全介质自承式光缆（ADSS）和光纤复合地线光缆（OPGW）两种（如图3-31、图3-32所示）。

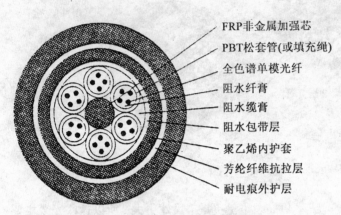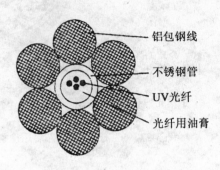

图3-31　全介质自承式光缆结构（ADSS）　　　　图3-32　光缆复合地线结构（OPGW）

① 全介质自承式光缆（ADSS）

全介质自承式光缆ADSS采用全介质结构，减小了安装时的危险，而且防止了在与相线接触情况下的短路。

典型的ADSS光缆的横截面，如图3-31所示。光缆的结构可为中心管式或层绞式结构。光纤以特定的大余长插入管内。因此，如果光缆受到额定拉力荷载作用，光纤不会受到任何应力作用。为阻止水渗透和迁移，管内注入阻水纤油膏。绕缆芯缠绕的芳纶纱提供给光缆所需的抗拉强度。

国际电工及电子工程委员会标准规定ADSS光缆敷设在工作电压为12kV及以上的高压电力输电线上，光缆外护层应选用一种耐电痕和自熄灭的特殊聚乙烯护套料组成。ADSS光缆敷设在工作电压低于12kV电力线的情况下，护层材料是普通聚乙烯护套料。

② 光纤复合地线缆（OPGW）

光纤复合地线光缆替代传统的架空地线和通信光缆，即它集地线和通信两个功能于一体。

光纤复合地线光缆分为两种基本结构：光纤既可置于中心管内，又可放入绞合的多纤金属管内。成束的光纤放入中心管内，铠装既可由双层铝合金线或铝包钢线构成，又可由单层组合金属线构成。典型的双铠装层光缆是缆芯由一根塑料管或一根金属（优质钢）多纤管组成。铠装的内层通常是由镀锌钢丝或铝包钢线（AW——铝包、铝焊）组成。铝合金线（AY）通常构成铠装的外层。铝合金是铝、镁、硅组成的高层电合金，它的抗拉强度是纯铝的两倍。

根据光纤数的多少，塑料管的直径变化范围为3.5~8mm，而金属管直径可达6mm。

绞合的多纤金属光缆，金属管直径与铠装线直径（外径大约为2.3~3.6mm）相同，每个管内可插入16~36根光纤。

OPGW的基本设计准则是防止光纤受到任何残余应变。因此，铠装线的横截面、质量和两种类型铝合金线的横截面关系由抗拉强度和载流性能确定。即使是在狂风和冰载的条件下，以螺旋形式排列的光纤也不应受到任何应力作用。典型的光纤余长为0.5%。

为消除短路情况下的负荷，所有的结构件都应兼容。因此，外铠装层应主要由优良的导体铝合金线构成。按这种方式组合可确保内铠装层的温度尽可能地低，以使得中心管的塑料物质（管材料、阻水纤用油膏、聚合物缓冲层）免遭破坏。

（2）阻燃光缆

在人口稠密及一些特殊场合如商贸大厦、高层住宅、地铁、矿井、船舶、飞机中使用的光缆都应考虑阻燃化。特别是接入网的骤然兴建，对室内的光缆提出了无卤阻燃的要求。

为确保要求低烟、无卤阻燃场所的通信设备及网络的运行可靠，必须切实解决聚乙烯护层遇火易燃、滴落会造成火灾的隐患，确保光缆处于高温下及燃烧条件下保护正常传输信号的能力，即所谓耐火性。要达到光缆阻燃的目的，需要用适当的结构及选用性能优良的合适材料。

无卤阻燃光缆的结构型式包括层绞式、中心管式、骨架式或室内软光缆，可以是金属加强件光缆，也可以是非金属加强光缆。最简单的无卤阻燃室内光缆结构，如图3-33所示。

3.5.3 光缆构造材料

在光纤传播特性优异，光缆结构设计合理，成缆工艺完善的前提下，光缆的机械、温度、阻水等特性主要取决于所选用的各种材料的性能及其匹配的好坏。只有保证了所有各种材料的独立性能和各类材料的兼容性能，光缆的机械、温度、阻水、寿命等实用性能才能得到根本保障。

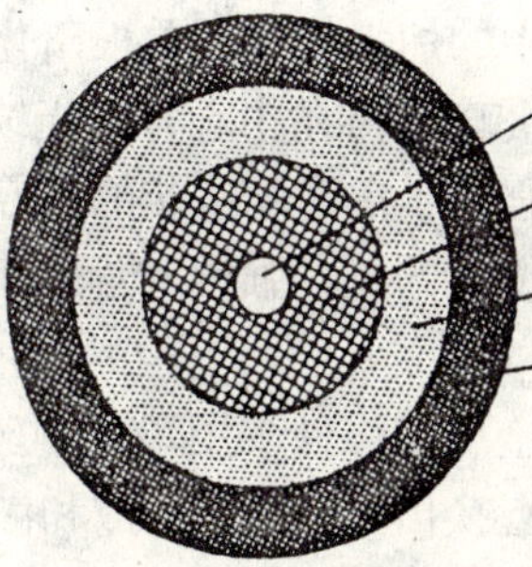

通常，除了光纤外，构成光缆的材料可分为三大类：

- 高分子材料：松套管材料、聚乙烯护套料、无卤阻燃护套料、聚乙烯绝缘料、阻水油膏、阻水带、聚酯带。

图3-33 无卤阻燃光缆结构

- 金属—塑料复合带：钢塑复合带、铝塑复合带。
- 金属或非金属加强件：磷化钢丝、钢绞线、芳纶纤维、玻璃钢棒等。

下面分别介绍。

1. 套管材料

目前，用做光纤构套管的材料有：聚对苯二甲酸丁二醇（PBT）、聚丙烯（PP）和聚碳酸酯（PC）等。

PBT以其优良的机械特性、热稳定性、尺寸稳定性、耐化学腐蚀以及与光纤用填充阻水油膏和光缆用涂覆阻水油膏的很好的相容性，而被广泛用来作为光纤松套管材料。

2. 阻水材料

（1）阻水油膏

光纤对水和潮气产生的氢氧根极为敏感。水和潮气扩散、渗透至光纤表面时，既会促使光纤表面的微裂纹迅速扩张致使光纤断裂，降低光缆使用寿命，同时水与金属材料之间的置换化学反应产生的氢会引起光纤的氢损，导致光纤的光传输损耗增加。

为了防止水和潮气渗入光缆，需要往松套管内纵向注入纤用阻水油膏，并沿缆芯纵向的其他空隙填充缆用阻水油膏，旨在防止各护层破裂后水向松套管和缆芯纵向渗流。

纤用阻水油膏应具有良好的化学稳定性、温度稳定性、憎水性、析氢小、含气泡少，与光纤、PBT 或 PP 相容性好，并且对人无毒无害等。

缆用阻水油膏一般为热膨胀或吸水膨胀化合物。

（2）阻水带

光缆阻水带的阻水方式有两种：憎水型阻水和吸水膨胀型阻水。

阻水带的阻水机理是吸水膨胀型阻水，即干性水溶膨胀材料阻水。阻水带是用粘接剂将吸水树脂粘附在两层聚酯纤维无纺布上构成的带状材料。当渗入光缆中的水与阻水带中的吸水树脂相接触时，吸水树脂就迅速吸收渗入水，其自身体积迅速膨胀数百倍甚至上千倍，膨胀体积充满光缆的空隙，从而阻止水进一步在光缆纵向和径向流动，达到阻水作用。

阻水带除了具有良好的阻水性、化学稳定性、热稳定性、机械强度外，还免去了接续中擦掉阻水油膏的工作（特别适用于接入网光缆施工），并兼有对缆芯的绕包带和缆芯进行保护的作用。

3. 加强元件

为了抵御光缆在敷设和使用中可能产生的轴向应力，保证光缆在所允许的应力作用下工作，所以必须选用加强件来赋予光缆良好的抗拉伸、压偏和弯曲特性。

通常，用做光缆中的加强件有：单根磷化钢丝、钢绞线、玻璃钢圆棒、芳纶纤维等。磷化钢丝或不锈钢丝或玻璃圆棒在中心管式光缆中嵌在外周作为加强件，在层绞式光缆中置于缆芯中心作为中心加强件，在钢丝铠装的水底光缆中，在聚乙烯内护套外，用单层或双层钢丝作铠装层能赋予光缆大的抗拉强度和小的延伸性。

（1）磷化钢丝

现在，光缆中心金属加强件多用磷化钢丝而不用镀锌钢丝。因为缆用阻水油膏呈酸性，锌元素属活泼金属会置换出氢，氢的扩散和渗透使光纤产生氢损。选用磷化钢丝可防止光纤的氢损。磷化钢丝是在高碳钢丝表面镀上一层均匀、连续、牢固的磷化层，磷化层的重量应大于 3g/m。

（2）钢绞线

钢绞线由多股细钢丝绞合而成（常用为 1mm×7 根），应用最为广泛的层绞式光缆以及骨架式光缆均采用钢绞线作为中心加强件。

钢绞线各项性能指标应符合 GB8358 与 YB/T098 规定。

（3）芳纶纱

架设在高压电力输电线路上的全介质自承式光缆（ADSS 光缆），其重量不是靠悬挂钢索支承，而是靠光缆自身配置的抗拉元件玻璃钢圆棒和芳纶纱来支承自重和抗拉强度悬挂在杆塔上。芳纶纱的优点是重量轻、抗拉强度大。通常，芳纶纱被放置在光缆的内外护套之间，以赋予光缆大的纵向抗拉强度。一般用芳纶纱作为标准元件的 ADSS 光缆的跨度范围为 75~1 000m。

（4）玻璃钢棒

玻璃钢棒 FRP 作为非金属中心加强件，其主要特点是重量轻、机械性能好和抗电磁干扰。

当光缆需要用于雷电频繁区和防强电场作用的场所，例如，高压电力输电线路上的 ADSS 光缆中的中心加强件应选用玻璃钢加强件，以达到免遭雷电和电场作用的目的。

4. 护套材料

（1）聚乙烯（PE）

聚乙烯护套料用做缆芯的防潮保护，称为内护套。内护套又分为聚乙烯护套（Y护套）、铝—聚乙烯粘结护套（A护套）、钢—聚乙烯粘结护套（S护套）、夹带平行钢丝的钢—聚乙烯粘结构套（W护套）等。聚乙烯护套料用做铠装保护层时称为外护层，外护层主要起到抗侧压、防湿、耐磨、抗紫外线等作用。

评定聚乙烯护套料质量好坏的性能指标有：熔融指数、抗拉强度、断裂伸长率和耐环境应力开裂等。

（2）无卤阻燃聚烯烃

无卤阻燃聚烯烃护套料主要用做有低烟、无卤阻燃要求的光缆的外护层。无卤阻燃聚烯烃护套料是无卤低烟的洁净阻燃材料，其阻燃原理是光缆遇火燃烧时，护套料中添加的无机阻燃剂 $Al(OH)_3$ 或 $Mg(OH)_2$ 会遇热分解，释放出结晶水，吸收大量热量，稀释氧气，抑制燃烧护层的温度上升，而 Al_2O_3 或 MgO_2 则形成阻燃壳层，从而达到阻燃之目的。

评定无卤阻燃聚烯烃护套料质量的主要性能指标有：抗拉强度、断裂伸长、极限氧指数等。

（3）耐电痕黑色聚乙稀

按国际电气工程师协会标准 IEEEP 化 1222（1997 草案）规定，安装在架空电力线路上的全介质自承式光缆（ADSS 光缆）悬挂点的空间电位大于 12kV 时，为防止由于放电作用而使光缆外护层产生电痕电蚀，ADSS 光缆外护层必须选用一种耐电痕的聚乙烯护层料。

（4）高密度聚乙烯绝缘料

高密度聚乙烯绝缘料是以其优良的机械特性、化学稳定性和良好的电气性能能使之在光缆中分别用做骨架和填充绳材料。

高密度聚乙烯绝缘料还具有良好的耐热应力开裂和耐环境应力开裂性能，与光缆涂覆阻水油膏有好的相容性。

评价高度密度聚乙烯绝缘料质量好坏的性能指标有：熔融指数、抗拉强度、断裂伸长率等。

（5）金属—塑料复合带

对于室外光缆，例如架空、直埋和管道敷设的光缆，通常采用钢塑复合带或铝塑复合带来对缆芯进行纵向包装，再与聚乙烯护层构成综合性外护套。光缆经金属复合带包装后除了能达到防水隔潮作用外，还保护了缆芯免遭机械损伤，并提高了光缆抗冲击、耐侧压等机械性能。

评定金属—塑料复合带质量的主要指标有：金属带厚度、覆塑膜厚度、抗拉强度、断裂伸长率、金属带与覆塑膜之间的剥离强度和耐油膏侵蚀性等。

（6）聚氯乙烯

聚氯乙烯高分子复合材料具有机械强度高、挠性好、抗热阻燃等性能，用于室内光缆或光纤跳线的外护套。

（7）金属铠装

某些光缆应用于环境恶劣、侧面机械受力或破坏严重的场合，需在光缆缆芯外加装铠装层进行保护。

铠装材料有：细钢丝（绕包）、钢带（绕包）、轧纹钢带（纵包）等。

5. 聚酯带

聚酯带具有良好的耐热性、化学稳定性和抗拉强度，并具有收缩率小、尺寸稳定性好、低温柔性好等优点。

聚酯带在光缆中用做包扎材料。

3.5.4 光缆出厂检测项目与标识

（1）光缆出厂检测项目包括如下方面：

① 根据合同要求确定的项目

缆芯结构、光纤类型、光纤数目

② 光缆机械特性项目

拉伸、弯曲、扭转、冲击、曲绕、压扁、振动

③ 光纤特性

几何特性：包层不圆度、同心度误差、包层外径

传输特性：衰减、色散、截止波长、偏振模色散、模场直径

④ 工程特性项目

接续损耗、光缆金属护层绝缘电阻、护层材料及厚度、金属带搭接强度、金属层与PE护层的粘接强度等。

缆中光纤的排序色谱规定：光缆外护套标识，缆盘标识等。

⑤ 耐环境性能（温度、水分）

缆中油膏的滴流性、脆硬性、纵向渗水性、外护套开裂性等。

（2）成品光缆外护套上每间隔为1m处应有如下标识：

① 制造厂商名称或产品注册商标标识；

② 制造年份；

③ 光缆主要型号、光纤类别、光纤芯数；

④ 光缆长度尺码带。

3.6 光缆型号命名方式（YD/T908—2000）

3.6.1 型号命名的格式

光缆型号命名由两大部分组成：

光缆型式代号 — 光纤规格代号

1. 光缆型式代号（由五部分组成）

光缆型式代号如图3-34所示。

（1）分类的代号

GY——通信用室（野）外光缆

GM——通信用移动式光缆

GJ——通信用室（局）内光缆

GS——通信用设备内光缆

GH——通信用海底光缆

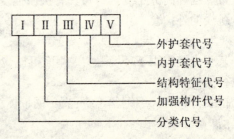

图3-34 光缆型式代号

GT——通信用特殊光缆

（2）加强件的代号

加强构件指护套以内或嵌入护套中用于增强光缆抗拉力的构件。

（无符号）——金属加强构件

F——非金属加强构件

（3）缆芯和光缆派生结构特征代号

光缆结构特征应表示出缆芯的主要类型和光缆的派生结构。当光缆型式有几个结构特征需要注明时，可用组合代号表示，其组合代号按下列相应的各代号自上而下的顺序排列。

D——光纤带结构

（无符号）——光纤松套被覆结构

J——光纤紧套被覆结构

（无符号）——层绞结构

G——骨架槽结构

X——缆中心管（被覆）结构

T——油膏填充式结构

（无符号）——干式阻水结构

R——充气式结构

C——自承式结构

B——扁平形状

E——椭圆形状

Z——阻燃

（4）护套代号

光缆外护套材料如表3-9所示。

Y——聚乙烯护套

V——聚氯乙烯护套

U——聚氨脂护套

A——铝-聚乙烯粘结护套

S——钢-聚乙烯粘结护套（简称S护套）

W——夹带平行钢丝的钢-聚乙烯粘结护套（简称W护套）

L——铝护套　　　　G——钢护套

Q——铅护套

表3-9　光缆外护套材料

代号	外被层或外套
1	纤维外被
2	聚氯乙烯套
3	聚乙烯套
4	聚乙烯套加覆尼龙套
5	聚乙烯保护套

2. 光纤规格代号

光纤的规格由光纤数和光纤类别组成。如果同一根光缆中含有两种或两种以上规格（光纤数和类别）的光纤时，中间应用"+"号连接。光纤规格代号如图3-35所示。

（1）光纤数目代号

光纤数的代号用光缆中同类别光纤的实际有效数目的数字表示。

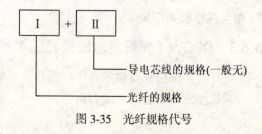

图3-35　光纤规格代号

（2）光纤类别代号

光纤类别应采用光纤产品的分类代号表示，按 IEC60793-2（2001）《光纤第 2 部分：产品规范》等标准规定，用大写 A 表示多模光纤，大写 B 表示单模光纤，再以数字和小写字母表示不同种类、类型光纤。A——多模光纤，见表 3-10；B——单模光纤，见表 3-11。

表 3-10　　　　　　　　　　　　多模光纤

分类代号	特　性	纤芯直径(μm)	包层直径(μm)	材　料
A1a	渐变折射率	50	125	二氧化硅
A1b	渐变折射率	62.5	125	二氧化硅
A1c	渐变折射率	85	125	二氧化硅
A1d	渐变折射率	100	140	二氧化硅
A2a	阶跃折射率	100	140	二氧化硅

表 3-11　　　　　　　　　　　　单模光纤

分类代号	名　称	材　料
B1.1	非色散位移型	二氧化硅
B1.2	截止波长位移型	
B2	色散位移型	
B4	非零色散位移型	

注："B1.1"可简化为"B1"。

3.6.2　光缆型号示例

例 3-1　光缆型号为 GYTA53-12A_1

其表示意义：松套层绞结构，金属加强件，铝−塑粘接护层，皱纹钢带铠装，聚乙烯外护套，室外用通信光缆，内装 12 根渐变形多模光纤。

例 3-2　光缆型号为 GYDXTW-144B_1

其表示意义：中心管式结构，带状光纤，金属加强件，全填充型，夹带增强聚乙烯护套，室外用通信光缆，内装 144 根常规单模光纤（G.652）。

例 3-3　光缆型号为 GJFBZY-12B_1

其表示意义：扁平型结构，非金属加强件，阻燃聚烯烃外护套，室内用通信光缆，内含 12 根常规单模光纤（G.652）。

3.6.3　OPGW（光纤复合地线光缆）代号

光纤复合地线光缆根据对光纤数目或光缆强度要求，设有中心管式和层绞式两种结构，其代号标注方式与普通光缆有所区别。

OPGW 代号格式

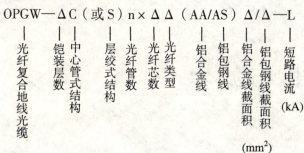

示例：

其表示意义为：OPGW—2S1×28SM（AA/AS）85/43-12.5

具有两层铠装，层绞式光纤复合地线光缆，一根光纤套管，管中装有 28 根常规单模光纤，内层为铝包钢线（AS），截面积为 43mm2，外层为铝合金线（AA），截面积为 85mm2，光缆短路电流为 12.5kA。

注：1. 中心管式 OPGW 中的光纤管数目若为 1，可省略。
    2. 若缆中无某种金属绞线，则对应其截面数字处标 0。

复习与思考

1. 光纤光缆的制造工艺分为哪几个步骤？
2. 单模光纤与多模光纤在结构上有何区别？长途线路采用哪一种？为什么？
3. 一光纤线路衰减为 20dB，若输入光功率为 500 微瓦，试求输出端光功率。
4. 某光纤芯径 2R=8μm，纤芯折射率为 1.464，包层折射率为 1.460，工作波长为 1.3μm，试验算此光纤是否为单模传输。
5. 某光纤纤芯折射率为 1.470，包层折射率为 1.465，试计算其全反射临界角 θc 与数值孔径 NA。
6. 某 12 芯骨架式光缆，采用领示色标，其着色光纤应编为(　　)号，若在 B 端，顺时针方向紧靠其着色光纤的那一根光纤则应编为(　　)号。
7. 解释光缆型号:GYTA33——32D9/125（205）B。
8. 解释下列名词缩略语：
    EDF——
    DCF——
    LEAF——
    SRS——
    FWM——
9. 光纤的数值孔径与模场直径是如何定义的？
10. 光缆的出厂检测项目应有哪些？

第四章 光发送接收与放大

在光纤传输系统中，将光的发送与接收单元组合在一起并带有其他功能单元及辅助系统的设备称为光传输终端机或光网络单元。它是光信号传输的终端设备，主要完成光电转换与光信号的处理。在系统中光终端机的位置介于数字通信设备与光纤传输线路之间。目前，许多设备制造商将光电设备合为一体。而在光传输终端设备中，最重要的部分是光发送与光接收单元。

本章介绍光纤传输系统中光发送器件光源与光接收器件探测器的工作机理、特性以及目前广泛采用的光收发组件与模块，而后介绍光放大器的类型及应用。

4.1 光　　源

光源是光纤传输系统中的重要器件。它的作用是将电数字脉冲信号转换为光数字脉冲信号并将此信号送入光纤线路进行传送。

目前，光纤通信系统中普遍采用的两大类光源是激光器（LD）与发光管（LED）。在高速率、远距离传输系统中，均采用光谱宽度很窄的分布反馈式激光器（DFB）和量子阱激光器（MQW）。

在采用多模光纤的数据网络中，现在使用了新型的垂直腔面发射激光器（VCSEL）。

4.1.1 对光源性能的基本要求

（1）发光波长与光纤的低衰减窗口相符

石英光纤的衰减—波长特性上有三个低衰耗的"窗口"，即850nm附近、1 300nm附近和1 550nm附近。因此，光源的发光波长应与这三个低衰减窗口相符。AlGaAs/GaAs激光二极管和发光二极管可以工作在850nm左右，InGaAsP/InP激光二极管和发光二极管可以覆盖1 300nm和1 550nm两个窗口。

（2）足够的光输出功率

在室温下能长时间连续工作的光源，必须按光通信系统设计的要求，能提供足够的光输出功率。以单模光源为例，目前激光二极管能提供500μW到2mW的输出光功率（指尾纤输出，下同），发光二极管可输出10μW左右的输出光功率。为了适应中等距离（例如10～25km）传输要求，有的厂家研制了输出光功率为100～300μW左右的小功率激光器。

（3）可靠性高、寿命长

光纤通信系统一旦割接进网，就必须连续工作，不允许中断，因此要求光源必须可靠性高、寿命长，初期激光二极管的寿命只有几分钟，是无法实用的。现在的激光二极管寿命已达百万小时以上，这对多中继的长途系统来说是非常必要的。例如北京到武汉约1 000km，若平均 50km 设一个中继站，单系统运行（无备用系统），则全程不少于 40 只激光二极管，若每只二极管的平均寿命为 100 万小时，则从概率统计的角度，每 2.5 万小时（相当于 2.8 年）就可能出现一次故障。

（4）温度稳定性好

光源的工作波长和输出光功率，都与温度有关，温度变化会使光通信系统工作不稳定甚至中断，因此希望光源有较好的温度特性。目前较好的激光二极管已经不再需要用致冷器和 ATC 电路来保持工作温度恒定，只需有较好的散热器即可稳定工作。

（5）光谱宽度窄

由于光纤有色散特性，使较高速率信号的传输距离受到一定限制。若光源谱线窄，则在同样条件下的无中继传输距离就长。例如，单模 155Mb/s 系统要求无再生传输全程总色散为 300ps/nm，当采用普通单模光纤工作在 1 550nm 窗口时，是一个色散限制系统，这时光纤色散约为 18～20ps/(km·nm)。如果光源谱宽为 1nm，只能传输 17km 左右；若光源谱宽为 0.2nm 时，传输距离可达 80 多 km。目前较好的激光二极管谱宽已可做到 <0.1nm。

（6）调制特性好

光源调制特性要好，即有较高的调制效率和较高的调制频率，以满足大容量高速率光纤通信系统的需要。

（7）与光纤的耦合效率高

光源发出的光最终要耦合进光纤才能进行传输，因此希望光源与光纤有较高的耦合效率，使入纤功率大，中继间距加大。目前一般激光二极管的耦合效率为 20%～30%，较高水平的耦合效率可超过 50%。

（8）尺寸小、重量轻

通信用光源必须尺寸小、重量轻，便于安装使用，利于减小设备的重量与体积。

4.1.2 一般光源的类型与应用特点

目前光纤通信使用的光源均为半导体激光器（LD）和发光二极管（LED）。半导体光源最突出的优点是其工作波长可以对准光纤的低损耗、低色散窗口，此外它们还具有体积小、功耗低、易于实现内调制等特点，因而特别适用于光纤通信。半导体光源也存在非常突出的缺点，包括输出功率小、热稳定性差、远场发散角大。所谓远场发射角大，是指半导体光源发出的激光功率（与其他激光器相比）不够集中，因而有相当一部分光功率不能耦合进光纤，这一部分丢失的光功率就是"入纤损耗"的主要机理。半导体光源的输出功率小和入纤损耗大，对于光通信应用的主要影响是限制了通信的无再生距离。半导体光源的热稳定性差，因而对端机的环境温度有严格要求。

目前国内实用的 LD 有：双异质结（DH）激光器、掩埋条形（HL）激光器、分布反馈（DFB）激光器和多量子阱（MQW）激光器。输出功率大、阈值电流低、热稳定性好的量子阱（QW）激光器已完全达到商用水平。发光二极管亦分为边发光、面发光和超辐射三种结构。GaAs-GaAlAs 系列用于中心波长为 850nm 的短波长光源，InP-InGaAsP 系列则为 1 310nm、1 550nm 的长波长光源材料。光源的工作波长只取决于其材料的组分，与结构无关。同一波长的 LD 和 LED 采用相同组分的有源层（即发光层），它们的区别在于结构和工作原理不同。表 4-1 示出了半导体光源性能指标的大致量级。从表上可以看出 LD 的输出功率大、入纤耦合效率高，但稳定性较差，而 LED 的输出功率小、耦合损耗也较大，但稳定性好，一般长途干线使用 LD 作为光源，短距离的本地网发送机选用 LED。

表 4-1　　　　　　　　　　　　　　半导体光源的典型特性

	LD	LED
工作波长	1 330nm，1 550nm	1 100～1 600nm
输出功率	5～10mW	～1mW
入纤损耗	3～5dB	1.5～20dB
线　宽	<2nm	100nm
调制带宽	10GHz 以上	30MHz
寿　命	10^5 小时	10^7 小时
用　途	长距离、大容量	短距离、小容量

4.1.3　半导体光源的发光机理与工作特性

1. 半导体光源的发光机理

半导体发光器件是通过电子在能级之间的跃迁而发光。在构成半导体晶体的原子内部各个电子都占有所规定的能级。

如果让占据高能级 E_i 的电子跃迁到较低能级 E_j 上，就会以光的形式放出等于能级差的能量，这时能级差 E_g 和光的振荡频率 f 之间的关系为：

$$E_g = h \cdot f$$

其中，h 为普朗克常数，$h=6.626\times10^{-34}$J·s（焦耳·秒）。

半导体发光器件由适当的 P 型材料和 N 型材料所构成，两种材料的交界区形成 P-N 结，如果在 P-N 结上加上正向电压，则 N 型区的电子及 P 型区的空穴源源不断地流向 P-N 结区。在那里电子与空穴自发地复合，复合时电子从高能级的导带跃迁至低能级价带而释放能量并产生光子，此为自发光，该发光器件即为发光管。其发光机理如图 4-1 所示。

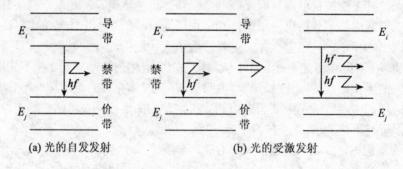

图 4-1　发光机理示意图

另一种光称为激光，系采用谐振腔产生振荡的原理而获得。在 P-N 结的两端加工出两个平行光洁的反射镜面。此镜面垂直于 P-N 结的平面，和它的长度方向形成一个谐振腔。当施加正向电压于 P-N 结时，P-N 结内首先发出自发光，其中部分光子沿着与反射面垂直的方向前，这一部分光子受反射镜面的反射，在谐振腔内来回反射。同时，激光腔内的电子与空穴复合，即激发电子从导带跃迁至价带而产生新的光子。部分新产生的光子也同样地在谐振腔内来回反射。只要外加的电压和电流足够大,则光子的来回反射将激发更多的光子,产生了正反馈作用,使受激发光大为加强,遂产生激光。反射镜面是半透明的,既可使部分光子反射回腔内,也可让部分光子辐射出去。这种发光器件即为激光器。

半导体发光器件所采用的半导体材料,根据不同的组合,其发光波长从可见光到红外光区域。发光波长基本上由半导体禁带宽度(即导带与价带的能级差)$E_g = h \cdot f$ 决定。由 $\lambda = \dfrac{c}{f}$ 可得 $\lambda = \dfrac{h \cdot c}{E_g}$,其中 c 为光速($c=3 \times 10^8$ m/s)。

光子能量 E 和波长 λ 之间的变换关系如下:

$$E(\text{eV}) = 1.2398/\lambda(\mu m)$$

例如,砷化镓半导体的带隙为 1.36 电子伏特,则砷化镓发光二极管的辐射波长 λ1.2398/1.36=910nm。该波长处于近红外区,在掺入铝后可改变波长。因此短波长光源采用 GaAlAs,而长波长光源采用 InGaAsP。目前,光纤通信使用的光源,短波长的有 AsAlAs 激光器(LD)和 GaAlAs 发光二极管(LED);长波长的有 InGaAsP 激光器(LD)和 InGaAsP 发光二极管(LED)。

目前实用的动态单纵模激光器是 DFB 和 MQW 激光器。图 4-2 为 DFB 激光器的结构示意图。

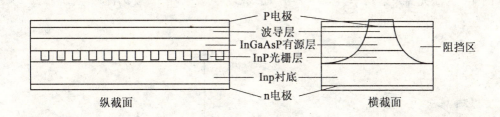

图 4-2 DFB 激光器的管芯结构

图 4-3 为多量子阱激光器的结构示意图。单个量子阱相当于一个有源层极薄的双异质结。有源层的厚度极薄(75Å),有源材料(InGaAsP)的禁带宽度又明显地低于其他侧异质材料(InP)的禁带宽度。这样在能级图上就形成了一个量子势阱。量子阱有源层中的带—带跃迁

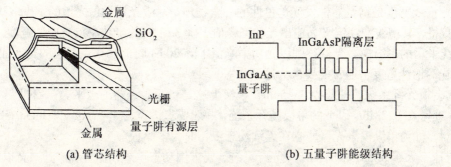

(a) 管芯结构 (b) 五量子阱能级结构

图 4-3 多量子阱激光器结构示意图

辐射就接近于其他气体、固体激光器的能级—能级间的跃迁辐射,而具有比普通半导体激光

器窄得多的输出谱线。多量子阱结构带来了阈值电流小、输出光功率大以及热稳定性好的优点。

2. 半导体激光器工作特性

（1）I-V 特性

半导体激光器通常在正向偏压下工作。当接通电源后，激光器并不立即产生电流，而有一个通导电压（一般为 1 伏以下）。当外加电压超过此电压后，电流随着外加电压而增大。

在阈值以上，半导激光器的 I-V 关系为：

$$V = \frac{E_g}{e + TR_s}$$

其中 E_g 为禁带能量，取决于材料本征值，$E_g = h \cdot f$（h 是普朗克常数等于 $6.626 \times 10^{-34} J \cdot s$，$f$ 是发光振荡频率 Hz），e 为电子荷，R_s 为二极管串联电阻。

图 4-4 为 GaAlAs 激光器的 I-V 曲线。通常要求在阈值附近电压 $V<2V$，$S<5\Omega$，以防烧坏。

（2）P-I 特性

当激光器注入电流增加时，受激发射量增加—旦超过 PN 结中光的吸收损耗，激光器就开始振荡，于是光输出功率急剧增大，使激光器发生振荡时的电流称为阈值电流 I_{th}，只有当注入电流等于或大于阈值，激光器才发射激光。

图 4-5 为激光器发射功率-电流（P-I）曲线。P 为发射功率，I 为注入电流。

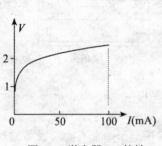

图 4-4　激光器 I-V 特性

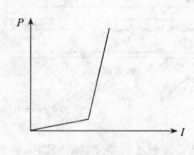

图 4-5　激光器 I-P 特性

（3）光谱特性

光源谱线宽度是衡量器件发光单色性的一个物理量。激光器发射光谱的宽度取决于激发的纵模数目，其谱线宽度定义为输出光功率峰值下降 3dB 时的半功率点对应的宽度。对于高速率系统采用的单纵模激光器，则以光功率峰值下降 20dB 时的功率点对应的宽度评定。

对光源谱线宽度，通常的要求为：

① 多模光纤系统，一般为 3~5nm，事实上这是初期激光器的水平。

② 速率在 622Mb/s 以下的单模光纤系统，一般要求谱宽为 1~3nm。即 InGaAsP 隐埋条型激光器，称为单纵模激光器，它在连续动态工作时为多纵模。

③ 速率大于 622Mb/s 时的单模光纤系统，要求用动态单纵模激光器，其谱宽以 MHz 来计量，不再以 nm 来衡量。实用分布反馈型激光器（DFB-LD）或量子阱激光器等，其谱线宽度非常窄，接近单色光。长波长 LD 光谱特性如图 4-6 所示。

（4）温度特性

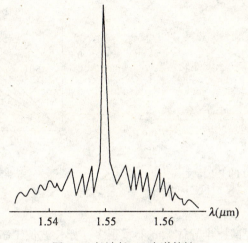

图 4-6　长波长 LD 光谱特性

半导体激光器阈值电流随温度增加而加大。尤其对于波长波段的 InGaAsP 激光器，阈值电流对温度更敏感。

半导体激光器输出光功率—阈值电流曲线受温度变化影响见图 4-7 和图 4-8。

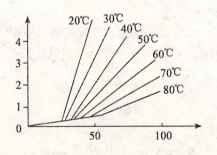

图 4-7　激光器阈值电流随温度的变化

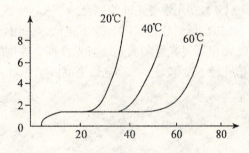

图 4-8　长波长 LD 温度特性

由图可知，短波长激光器的阈值电流随温度变化较小，而长波长激光器的阈值电流随温度变化较大，即其温度特性较差。所以为了得到稳定激光器输出特性，一般应使用各种自动控制电路来稳定激光器阈值电流和输出功率。

近年来国内外已研制出无致冷激光器。这种激光器的阈值电流在特定条件下不随温度变化，即不再用致冷器来控制温度。它适用于野外无人值守的中继站。

3. 光发二极管工作特性

（1）光输出特性

光发二极管的光输出特性，亦即 $P\text{-}I$ 特性，如图 4-9 所示。当注入电流较小时，发光二极管的输出功率曲线基本是线性的，所以 LED 广泛用于模拟信号传输系统。但电流太大时，由于 PN 结发热而出现饱和状态。

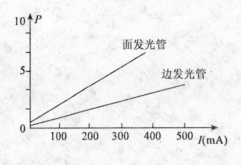
图 4-9　LED 的 P-I 特性

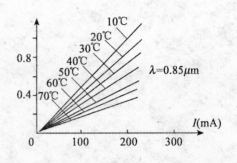
图 4-10　短波长 LED

（2）光谱特性

发光二极管的发射光谱比半导体激光器宽很多，如长波长 LED 谱宽可达 100nm。发光二极管对光纤传输带宽的影响也因之比激光器大。因光纤的色散与光源谱宽成比例，故 LED 不能用于长距离传输。

（3）温度特性

温度对发光二极管的光功率影响比半导体激光器要小。例如边发射的短波长管和长波长管，在温度由 20℃ 上升到 70℃ 时，发射功率分别下降为 1/2 和 1/1.7（在电流一定时）。因此，对温控的要求不像激光器那样严格。其温度特性参见图 4-10 及图 4-11。

（4）发光管与光纤的耦合

LED 与光纤直接耦合效率很低，采用合理工艺，加透镜等措施可以提高耦合效率。图 4-12 示出了发光管和激光器与光纤耦合效率的相互关系。耦合效率与光纤的数值孔径有关，数值孔径 NA 越大，则耦合效率高。

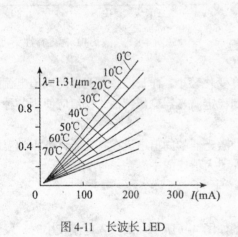
图 4-11　长波长 LED

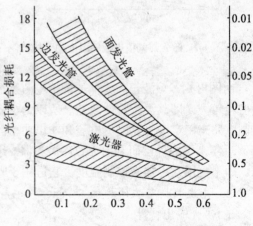
图 4-12　耦合效率与 NA 的关系

由图可知，边发光管的耦合效率比面发光管高。这是因为边发光管的发光面窄，一般小于光纤的截面积，易与光纤耦合匹配，虽然面发光管的输出功率大，但边发光管的发光面窄，辐射强度大，进入光纤的功率相应地增大。自单模光纤大量推广应用以来，因其芯径很小，面发光管与它耦合更困难，故边发光管受到重视。在提高工艺水平和放宽谱线度后，边发光管已应用于数百 Mb/s 的高速通信系统。但因边发光管的谱线较宽，故只能应用于中、短距离系统。边发光管在市内用户网中应用的前景广阔。

4.1.4 垂直腔面发射激光器（VCSEL）

目前采用多模光纤构建计算机互联网络成为光纤传输技术的应用热点，多模光纤系统传统上采用短波长发光管，它存在传输带宽严重受限的问题。近年开发成功并投入应用的垂直腔面发射激光器（VCSEL）突破了发光管的一系列技术限制，极大提高了传输带宽（可达数 Gb/s 以上），已成为多模光纤局域网数据传输系统的新型光源。

1. VCSEL 的结构

VCSEL 是英文 Vertical Cavity Surface Emitting Laser 首字母的缩写，形象地说，VCSEL 是一种电流和发射光束方向都与芯片表面垂直的激光器。

图 4-13 是 VCSEL 结构的原理图，和常规激光器一样，它的有源区位于两个限制层之间，并构成双异质结（DH）构形。为了能使注入电流限制在有源区内，利用隐埋制作技术使注入电流完全被限制在直径为 D 的圆形有源区中。与常规激光截然不同的地方是腔长的概念，VCSEL 的腔长是隐埋 DH 结构的纵向长度，一般为 5~10μm，而它的谐振腔的两个反射镜不再是晶体的解理面，它的一个反射镜设置在 P 边（键合边）上，另一个反射镜在 N 边（衬底边或光输出边）上。反射镜 1 的直径大于模式斑点尺寸，反射镜 2 的直径与有源区直径 D 相等。为了增加反射镜头的反射率，引入与反射镜头隔离的环形电极。

由于 VCSEL 的结构特点，因而它的结构设计参数不同于常规激光二极管，它的主要结构设计参数包括腔长（L）、有源区厚度（d）、有源区直径（D）和前后反射镜的反射率（R_f、R_r）等。

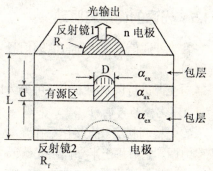

图 4-13 VCSEL 结构原理图

2. VCSEL 的特点

（1）发光效率高。以 850nm 波长的 VCSEL 为例，在 10mA 驱动时可以获得高达 1.5mW 的输出光功率。如适当地使用 VCSEL，可更加容易地设计接收电路，因为更多的光功率可从 VCSEL 的输出端得到，这样使接收电路的灵敏度设计可以不像以前那样严格且不牺牲任何光预算，即使在高速光传输中有非常头痛的噪声干扰，仍可保证所需的信噪比。

（2）工作阈值极低。可以从 1mA 以内接近 1μA。由于 VCSEL 的阈值极低，故它的工作电流也不高，一般为 5～15mA，这样低的工作电流可以由 PECL 或 ECL 逻辑电路直接驱动，从而简化驱动电路的设计。

（3）动态单一波长工作。

（4）不仅可以单纵模方式工作，也可以多纵模方式工作，从而减少了多模光纤应用时的相干和模式噪声，这一特点十分重要，因为 VCSEL 主要应用于以多模光纤（62.5μm 芯径）为传输媒介的局域网（LAN）中。

（5）温度稳定性好。VCSEL 芯片对温度具有高的温度稳定性，测试数据表明，对于

200Mb/s 以下的数据速率，不再需要持续的光电二极管反馈控制，这对简化驱动电路的设计是有利的。但对 200Mb/s 以上数据速率的应用，仍需光电二极管的反馈控制，以保证 Gb/s 速率系统的稳定。

（6）工作速率高。VCSEL 最引人注目的优点是它的速度快，其速度极限大于 3Gb/s，在超过 1GHz 测试条件下其光脉冲的上升和下降时间的典型值为 100ps。

（7）工作寿命长。数据表明，在 25℃和 10mA 工作电流下，VCSEL 的平均无故障寿命（MTFF）达到 3.3×10^7 小时，而在 50℃和 10mA 工作电流下，VCSEL 的 MTFF 达到 1.4×10^6 小时，寿命的定义为输出光功率的 2dB 衰减。

（8）对所有不同芯径的光纤（从单模光纤到 1mm 左右的大口径光纤）都有好的模式匹配。

（9）价格低、产量高。VCSEL 采用与普通 LED 几乎完全相同的生产工艺，可以大批量地生产。

3. VCSEL 的应用

由于 VCSEL 的一系列优点，因而具有极其广泛的应用领域，这些领域包括：

① 多模光纤数据网络。目前报道的以超高速光互连为目的 10Gb/s 高速传输和 1Gb/s 无偏置调制传输试验，其最高调制速率已达 12.5Gb/s。人们将应用 VCSEL 阵列组成千兆以太网的并行大容量光传输系统。

② 波分复用系统。

③ 宽带传输传感光电子技术。

4.1.5 光源的调制与驱动

在光纤通信系统中，将电的信息（数字量或模拟量）加"载"到光波上，即称为对光源进行调制。

对光源进行调制的方式，可分为以下两种：

1. 光源的内调制

它是将调制信号直接作用在光源上，对光源进行调制，故将这种调制方式称为直接调制或称内调。它可用于半导体激光器或半导体发光二极管这类光源。

在半导体激光器 P-I 曲线中，注入电流超过阈值电流 I_t 以后，P-I 曲线基本是直线，而半导体发光二极管的 P-I 曲线亦基本呈直线。这样，只要在呈直线的部位加入调制信号（即加入跟随输入信号变化的注入电流），则输出的光功率 P 就跟随输入信号变化。于是，信号就调制到光波上了。

下面，分别就模拟信号内调制和数字信号内调制，用图 4-14 来说明它们的工作原理，并介绍相应的电路图。

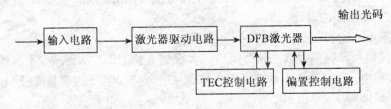

图 4-14　光源内调制示意图

（1）模拟信号的内调制

所谓模拟信号内调制就是直接让 LED 的注入电流跟随反映语音或图像等模拟量变化，从而使 LED 管输出的光功率跟随模拟信号变化，如图 4-15 所示。

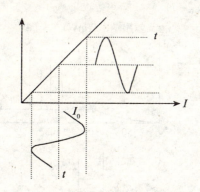

图 4-15　LED 模拟信号内调制原理图　　图 4-16　一种简单模拟信号内调制电路

图 4-16 是一个简单的模拟信号内调制电路。图中 VT_1 是提供 LED 管注入电流的晶体管。当信号从 A 点输入后，晶体管放大器集电极电流就跟随模拟量而变，亦即发光二极管 LED 的注入电流跟随模拟信号变化。于是 LED 的输出光功率就跟随模拟量变化，就这样实现了对光源的内调制。

实际使用的调制电路往往要比图 4-16 复杂，而且有许多形式。例如，在调制上加补偿电路，补偿 LED 管 P-I 曲线的非线性。

（2）数字信号的内调制

如果光纤通信系统所传的信号是"0"、"1"这种数字信号，如采用发光二极管进行调制，则可如图 4-17 所示来选择偏置电流；若采用半导体激光器进行数字信号内调制，则应如图 4-18 所示来选择偏置电流。

图中给出了注入调制电流 I_D、阈值电流 I_t、偏置电流 I_B、输出光功率之间的对应关系，其中 I_B 稍低于 I_{th}。

一种简单的 LED 数字信号调制电路如图 4-17 所示，它是只有一级共发射极的晶体管调制电路，晶体管用做饱和开关。晶体管的集电极电流就是 LED 的注入电流。信号由 A 点接入。

2. 光源的外调制

它的特点是光源本身不被调制，但当光从光源射出以后在其传输的通道上被一只调制器调制，这只调制器是利用物质的电光、声光、磁光等效应对光波进行调制的，这种调制方式又称为间接调制或称外调制。

与直接调制不同，在外调制情况下，高速电信号不再直接调制激光器，而是加载在某一媒介上，利用该媒介的物理特性使通过的激光器信号的光波特性发生变化，从而间接建立了电信号与激光器的调制关系。在外调制情况下，激光器产生稳定的大功率激光，而外调制器以低啁啾对它进行调制，从而获得远大于直接调制的色散受限距离。目前，投入实用的主要有两种：一种是电吸收型外调制器（EA），一种是波导型铌酸锂马赫—曾德尔调制器（M-Z）。

电吸收外调制器是一种强度调制器，也是第一种大量生产的铟镓砷磷（InGaAsP）光电集成器件。它将激光器和调制器集成到一块芯片上。EML 激光器芯片的激光器工作于恒定功率或连续波（CW）模式。输入信号加在调制器上，因此调制器像一个开关，让光通过或把光关断。这使得产生的信号的啁啾声（Chinp）非常小，因此可以在标准的光纤上传播非常长距离，并且信号的失真很小。典型的 EML 激光器支持超过 600km 的距离。

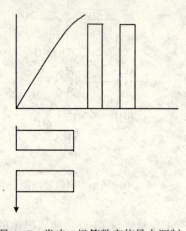

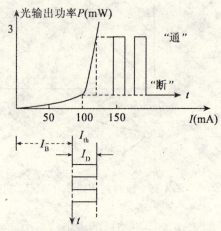

图 4-17 发光二极管数字信号内调制　　　　图 4-18 激光器数字信号内调制

　　电吸收外调制器的最突出的优点是体积极小、集成度好，另外驱动电压低、耗电量小。在已有的 WDM 系统中，绝大部分公司的产品都采用了这种类型的外调制器。

　　外调制器马赫—曾德尔（Mach-Zehnder）波导型外调制器也是一种强度调制器，它使用单独的一个单纵模 DFB 激光器和一个外调制器，激光器也工作于连续波（CW）状态。在外加调制电场的情况下，由于铌酸锂（$LiNbO_3$）良好的电光效应，使波导的折射率发生改变，通过波导的光的强度相应发生变化，实现波导输出的光幅度调制。马赫—曾德尔调制器在原理上其啁啾参数可以为零，因而调制速率极高，几乎不受光纤色散的限制，调制线宽很窄，消光比高。缺点是调制器与偏振态相关，激光器和调制器之间的连接必须使用保偏光纤。在 10Gbit 以上超高速 WDM 系统传输时，MZ 外调制器成为克服光纤色散影响的主手段。

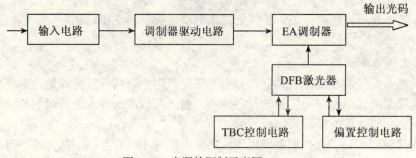

图 4-19　光源外调制示意图

4.2　光电探测器

　　对光电探测器的基本要求：

光纤通信系统所采用的光接收器件,叫做光检测器。其作用是把接收到的光信号转化为电信号。光电检测器决定着整个信息系统的灵敏度、带宽及适应性。因而不同的光纤通信系统对于光电检测器有不同的要求,归纳起来主要有以下几点:

① 在光纤通信所用的波长内,要有足够的灵敏度。它由响应度 R_0 及量子效率来衡量。
② 要有足够的带宽,即对光信号有快速的响应能力。一般以脉冲上升时间 tr 来衡量。
③ 在对光信号解调的过程中引入的噪声要小。
④ 光电检测器要体积小,使用方便,可靠性高。
⑤ 可低功率工作。不需要过高的偏压或偏流。

4.2.1 探测器的工作机理与类型

1. 光电二极管原理

光电二极管(PD)由半导体 PN 结组成,结上加反向偏压(见图 4-20)。当有光照射时,若光子能量(hf)大于或等于半导体禁带宽度(E_g),则占据低能级(价带)的电子吸收光子能量而跃迁到较高能级(导带),在耗尽区里产生许多电子空穴对,称为光生载流子。这些光生载流子受到结区内电场(自建场)的作用,电子漂移到 N 区,空穴漂移到 P 区,于 P 区就有过剩的空穴积累,N 区则有过剩的电子积累,也就是在 PN 结两边产生了一个发光电动势,即光生伏特效应。如果把外电路接通,就会有光生电流 I_S 流过负载。入

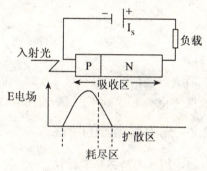

图 4-20 光电二极管工作

射到 PN 结的光越强,光生电动势越大。如果将被调光信号照射到该连接了外电路的光电二极管的 PN 结上,它就会将被调制的光信号还原成带有原信息的电信号。

这种光电二极管由于响应速度低,不适用于光纤通信系统。

2. PIN 光电二极管

它是在光电二极管的基础上改进而成的(见图 4-21)。用半导体本征材料(如 Si 或 InGaAs)做本体,分别在两侧掺杂而形成 P 区和 N 区,厚度均为数微米,本征材料夹在中间,厚度为数十至一百微米,称为 I 区。在反向偏置电压下,形成一较宽的耗尽区,当被光照射时,在 P 区和 N 区产生的空穴和电子,在耗尽区内进行高效率高速度的漂移和扩散所形成的光生电流,通过 PIN 结时,虽然 I 区较厚,但是它处于强反向电场作用(反向偏置)下,载流子以极快速度通过。而在 P 区和 N 区,虽然没有反向电场作用,但它们很薄,渡越时间短,所以总速度提高了。而且每一个光子入射到 PIN 器件所产生的电子数比光电二极管高,亦即 PIN 器件的量子效率比光电二极管的高,所以 PIN 管广泛用于短距离光纤通信。由于 PIN 器件的本身无增益,接收灵敏度限制因而不能在长距离通信系统应用。通常将具有电流放大效应的场效应晶体管(FET)与 PIN 管集成在一起使用。以 Si 作本体材料的短波长 PIN 管,称为 Si-PIN;以 InGaAs 作本体材料的长波长 PIN 管,称为 InGaAs-PIN。

3. 雪崩光电二极管

在很强反向电场(反向电压数十伏或数百伏)作用下,电子以极快的速度通过 PN 结。在行进途中碰撞半导体晶格上的原子离化而产生新的电子、空穴,即所谓二次电子和空穴,

而且这种现象不断连锁反应,使结区内电流急剧倍增放大,产生"雪崩"现象。雪崩光电二极管(APD)使用时,需要数十以至数百伏的高反向电压。雪崩电压对环境温度变化较敏感,使用有点不方便。但由于有内部电流放大作用,可以提高接收机灵敏度,因此,广泛用于中、长距离的光纤通信系统。APD工作原理如图4-22所示。

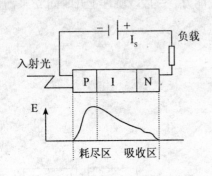

图4-21　PIN工作原理

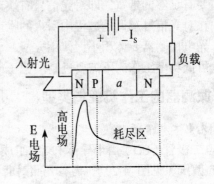

图4-22　APD工作原理

在光纤通信的短波长区(0.8~0.9μ)雪崩光电二极管用Si作本体,称为Si-APD。在长波长区(1.0~1.65μm)用Ge或用InGaAs作本体,分别称为Ge-APD和InGaAs/InP-APD。

4.2.2　光电探测器的特性

1. PIN光电二极管特性

(1)暗电流

PIN在无光照射时的反向电流称为暗电流,用I_d表示。一般PIN管的暗电流较小,在lnA以下。

(2)响应度和量子效率

① 当光照PIN器件时,单位入射光功率所产生的光电流,叫做PIN光电二极管的响应度。它是反映光电检测器能量转换效率的一个参数,可表示为:$R_o = \dfrac{I_{po} - I_d}{P_o}$

② 每一个光子入射到PIN器件所产生的电子数,叫做PIN器件的量子效率。这是响应度的另一种表达方式,即

$$\eta = \frac{(I_{p0} - I_d)/e}{P_0 / \left(\dfrac{hc}{\lambda}\right)} = \left(\frac{hf}{e}\right) R_0$$

其中,e为电子电荷=1.602×10^{-15}C(库仑),

h为普朗克常数=6.626×10^{-34}Js(焦耳·秒),

f为光频(Hz),

c为光速=3×10^8(m/s),

λ为光波长(μm)。

由上式可知,响应度是波长和量子效率的函数。例如,对于λ=0.825μm光的量子效率η=75%的光电检测器,其响应度R_0=0.5(A/W),即每入射1mW的光功率,器件能产生0.5nA的光电流。

③ 响应速率（响应时间）：

$$tr = \frac{W}{V_{max}}$$

其中,tr 为 PIN 光电二极管的响应时间，V_{max} 为载流子在电场中漂移的速度，W 为耗尽层的宽度。

2. 雪崩光电二极管特性

雪崩光电二极管除具有上述 PIN 光电二极管相同的三个参数外，尚有下列重要特性。

（1）倍增因子

在前面已经指出，一个量子效率 $\eta=0.75$ 的 PIN 管，其响应度 $R_0=0.5$（A/W）。当接收机输入的光信号为 1nW（纳瓦）时，PIN 的输出电流仅为 0.5nA（纳安），要对这样微弱的信号的放大处理是相当困难的。因此，人们希望在信号进入电放大器之前，利用雪崩倍增机理，在光电检测器内部对微弱的光电流进行放大，这就是 APD 的倍增特性。

光电倍增因子的定义是倍增的光电流与低偏压下未发生倍增的光电流之比，可用米勒方程表示：

$$M = \frac{I - I_{md}}{I_p - I_d} = \frac{1}{1 - \left(\frac{V - Vr}{V_B}\right)^n}$$

式中，M 为光电倍增因子；I 是倍增时的总电流；I_{md} 为倍增后的暗电流；I_p 为无倍增的总电流；I_d 为初期暗电流；n 是一个常数，它与器件材料、工作波长和掺杂等因素有关；R 为负载电阻和内阻；V 为外加的反向偏压；V_B 是击穿电压。

V 趋于 V_B 时，并且忽略暗电流，可以求出 APD 的最大倍增因子：

$$M_{max} \approx \sqrt{\frac{V_B}{nI_pR}}$$

由上式可知，最大倍增因子 M 与 I_PR 的根号成反比，与 V_B 的平方根成正比。要获得较大的 M 值，除必须减小 I_P 和 R 值（R 包括负载电阻和器件本身的内阻）外，还要有较大的击穿电压 V_P。目前，Si-APD 的 M 值较容易达到上述要求，其 M 值可达 200 以上，但一般只用到 80 左右；InGaAs-APD 的 M 值一般在 30 以下，实际应用在 10～20 之间。

（2）暗电流

APD 的暗电流有 I_d（初期暗电流）和 I_{md}（倍增后的暗电流）之分，同时又有表面漏电流和体内电流之分。表面漏电流不参加 APD 的倍增，但体内暗电流通过倍增而放大，是 APD 的噪声源之一。暗电流是按电压 $V=V_B$ 时测量，Ge-APD 的暗电流最大，达 1μA，这是其主要缺点。

（3）倍增噪声和附加（过剩）噪声指数

对于 PIN 管而言，其噪声源主要是"散粒噪声"，对于 APD 而言，其雪崩过程中会对初始电流的"散粒噪声"产生倍增作用，因此称雪崩倍增噪声。由于雪崩是半导体内电子——空穴对的多次反复撞击产生的，在雪崩过程中，每一电子空穴对的电子空穴碰撞的电离是不相同的，是随机的。这种随机的电流起伏增加了倍增过程中产生的附加噪声成分。

（4）温度特性

环境温度的变化对 APD 的特性有很大的影响，尤其是对倍增因子和暗电流更为严重。温度对倍增因子的影响是因为 APD 的击穿电压 V_B 随温度而变化，而工作偏压 V 一般是靠近 V_B 的，如果 V 不变化而 V_B 变化，将引起 M 值很大变化，甚至会使器件超出正常的使用范围。另外，由于半导体内的电子和空穴的电离碰撞能力（离化率）是随温度升高而降低的，故倍增因子 M 随温度上升而减小。因此，APD 在使用时要采用自动控制温度补偿电路。

（5）响应速度

雪崩光电二极管的响应速度主要由光电转换时间和结电容以及外部负载电路参数来决定。其中，光电转换时间主要决定于初始光载流子运动到达雪崩区和倍增后的载流子运动到器件的电极时间。为提高响应速度，应尽量减小雪崩光电二极管的结电容。目前，长波长用的 APD 脉冲响应上升时间可做到 1ns 以下，已可满足目前高速通信的要求。

4.3 光收发组件与模块

光传输系统的收发器件经历了单管分离收发器件，光收、发组件到光收发一体化模块的应用历程。在概念上单管器件容易理解，而组件和模块则较难以区分，区分的依据是在一个相对紧密的结构中包含了多少元器件或电路块，即相对紧密结构的集成单元数量，小的集成单元数称之为组件，大的集成单元数称之为模块。以光发射为例，把在一个相对紧密结构中包含了激光二极管、监视光电二极管、光隔离器、热电致冷器、温度传感器、控制电路、尾纤或连接器等且具有光发射功能的部件称之为激光器组件；而激光器模块是指在激光器组件内还包含一定量的电路部分（如驱动电路、AGC 电平检测电路、VCA 电路、电路状态监视电路等）的激光器组件。模块一出现，便受到欢迎，因为它使器件的功能更加完善，器件性能更加优异，用户使用更加方便，系统设计更加简便。因此，器件的模块化已成为发展的必然趋势。

根据用途不同，模块的种类也越来越多，但最基础的模块是光发射模块、光接收模块、光收发一体模块、单纤双向收发模块或突发式模块等。

目前，无论在单信道或是波分复用系统中，广泛采用集成度很高的光收发一体模块。

4.3.1 光发射组件

激光器组件是指在一个紧密结构中（如管壳内），除激光二极管（LD）芯片外，还配置其他元件和实现 LD 工作必要的少量电路块的集成器件。其他元件和电路应包括：

① 光隔离器：光隔离器的作用是防止 LD 输出的激光反射，实现光的单向传输，它位于 LD 输出边。

② 监视光电二极管：监视光电二极管的作用是监视 LD 的输出功率变化，它位于 LD 背出光面。

③ 尾纤的连接器。

④ LD 的驱动电路：包括电源和 LD 芯片之间的阻抗匹配电路。

⑤ 热敏电阻：其作用是测量组件内的温度。

⑥ 热敏致冷器（TEC）：热敏致冷器是一种半导体热电元件，通过改变热电元件的极性达到加热和冷却目的。

⑦ 自动温控电路（ATC）：ATC 和热敏电阻相接，其作用是保持 LD 组件内恒定的温度（如 25℃），以保证激光参数的稳定性。

⑧ 自动功率控制电路（APC）：自动功率控制电路的作用是使 LD 有一个恒定的光输出功率，当其 LD 的输出光功率因环境温度变化或因 LD 芯片退体时，LD 输出光功率都会发生变化。通过设置在 LD 背出光面的监视光电二极管（一般采用 PIN-PD）监视 LD 的光输出功率，并将监视光电二极管的输出反馈给驱动电路，当光输出光功率下降时驱动电流增加；当光输出光功率增加时驱动电流下降，始终使 LD 保持恒定的输出光功率。

最简单的激光器组件是包括 LD、PD 和尾纤的激光器组件，单纤双向传输的 LD/PD 组件就是一个例子。无致冷激光器组件不包括热敏电阻和 ATC 的激光器组件。高级的激光器组件基本上包括上述元件和电路块的集成。

由于激光器组件除 LD 芯片外，还包含其他元件和少量电路块，因而激光器组件和参数除单管激光二极管的参数外，还包括与上述元件和电路块相关的参数，例如监视输出的光功率、电流和暗电流及电容、组件致冷能力、致冷器电压/电流、热敏电阻的电阻和跟踪误差等。

4.3.2 光收发一体模块

光收发一体模块是将传统的分离发射、接收组件合二为一密封在同一管壳内的新型光电器件。这种收发合一的组件具有如下优点：

小型化：在组件中采用高集成度的集成电路（IC）来分别完成发射模块的 APC、温度补偿、驱动、慢启动保护等功能以及接收模块的前置放大、限幅放大、信号告警等功能，其尺寸和光发射模块或光接收模块相当或更小。

低的成本：光收发合一，不仅较以前分离的光接收和光发模块节省了原材料，而且节省了工时，加之可采用塑料管壳封装。

高的可靠性：在组件内采用 IC 并进行了隔离，保证了电路可靠性。同时采用 TO 管壳的同轴封装，保证了光电器件管芯的使用寿命。在制作工艺中，采用激光焊接工艺，提高了可靠性。

好的性能：光收发模块内部的发射和接收部分是完全独立的，且电源接地均单独使用，减少两者之间的串扰。

由于上述优点，使之非常适用于数据通信传输，可以满足计算机网络用户的需要。此外，在接入网中，光收发模块是不可缺少的核心部件。随着品种不断完善，光收发模块的数据通信和电信传输中均有广阔的应用前景。

（1）关键技术

① 总体方案设计：为实现光电器件、印刷电路板（PCB）、DUPLEX SC 光接口的混合集成，需在总体结构设计中解决面积配合问题。由于器件总长（不包括管脚长度）均超过 20mm，留给光源驱动电路的面积非常小。为此，应尽量采用短的光电器件以给 PCB 电路板留出尽可能大的面积，在 PCB 设计时可采用封装好的 IC 块进行自动化表面组装技术（SMT）工艺。

② 发射部分：为满足发射模块对光功率、可靠性、光反射、光路长度要求，需解决相应同轴激光器的耦合工艺设计的问题。为此，应采用全金属化耦合封装工艺，避免采用分离的自聚焦透镜、优化光路设计、采用光纤适配器的原理以提高激光器插拨重复性，并减小光反射。

③ 接收部分：为满足接收部分的灵敏度、抗干扰和稳定性要求，应采用集成前放的技术，以减小寄生参量的影响并提高抗外界干扰的性能。采用严格屏蔽技术提高整个接收模块的抗干扰性能。

④ 电路功能实现：应采用专用 IC 来实现发射部分的 APC、温度补偿和接收部分的 2R 或 3R 等功能。

（2）性能参数

由于光收发一体模块包括接收和发射部分且这两部分是独立的，故组件的光学性能参数分为接收部分性能参数和发射部分性能参数。光接收部分性能参数包括接收灵敏度（单位 dBm）、过载光功率（单位 dBm）、输出信号上升/下降时间（单位 ns）和光回波损耗（单位 dB）。光发射部分的性能参数包括输出光功率（单位 dBm）、光学消光比（dB）、谱宽（nm）、光上升/下降时间（ns）、中心波长（nm）、相对强度噪声（RIN，dB/Hz）等。光收发一体模块的电学性能参数也同样分两部分，发射部分主要是电源电流（mA），接收部分包括电源电流、数据输出差分电压（V）、数据输出上升/下降时间（ns）、TTL 信号检测输出（高/低、V）、BCL 信号检测输出（高/低，V）等。

（3）应用领域

光收发一体模块主要用于三个领域，它们分别是光纤接入网、ATM 交换机和 SDH 系统。根据应用不同，波段可分为 850nm（光源主要是 VCSEL）、1 310nm（光源有 LED、FP-LD、DFB-LD）和 1 550nm（光源有 FP-LD 和 DFB-LD）。光收发一体组件可以选择单模光纤或多模光纤做尾纤，封装多用 1×9SIP 或 2×9SIP 管壳，电源多用+5V 单电源、PECL 逻辑接口。传输速率可从几兆比特每秒到几吉比特每秒，传输距离可从几十米到数百公里。

4.3.3 光收发一体模块的封装结构

由于收发一体模块集发射和接收于一体，应用广泛，封装形式多样。尾纤可以选择单模或多模，管脚线有单列和双列，管壳分塑料和金属，光源有 LED、FP-LD、DFB-LD 等，可用于不同速率和距离。但根据普遍采用的管壳材料和外观结构以及连接方式的划分方法，大致可分为双 SC 插拔式封装、带尾纤全金属化封装以及 SFF 封装。

双 SC 插拔式塑料封装，这种封装将发射和接收集为一体的双 SC 连接方式，管壳以金属管壳和塑料外壳为基本形式。塑料管壳连接方便，封装成本低。塑料管壳分上下两部分，均采用高分子合成树脂，加上配料（如填充料、催化剂、增型剂、颜料等），加热加压一定时间，使其固化定型，并将发射组件、接收组件、PECL 逻辑接口等电路与相关元器件封装在一起，构成光收发一体模块。管壳采用塑料并胶封，节省了贵重金属，减轻了重量，降低了管壳的成本（一般比金属可降低 30%~60%）。缺点是机械性能差，导热能力弱，对电磁不能屏蔽，因而需对内部组装的电路部分采用屏蔽措施。

图 4-23 是塑封收发一体模块的内部结构示意图和外观图。它由三部分构成：印制电路板（PCB）、光发射组件、光接收组件。第一步是将装好的电路板插到塑料支撑板上，再将支撑板装配到下盖板上。第二步是组装光电器件，激光器和光电二极管都是事先封装好的组件，其结构必须适合模块的插拔式特点。先将光电器件或组件的管脚剪至适当的长度，并弯成 90° 角，插入 PCB 过孔中焊接到相应的位置上，然后用洗板水清洗干净焊点，吹干后在电路板上装上屏蔽罩。第三步是插入激光器组件和光接收组件橡胶过渡套。最后一步是上盖板粘接封装。

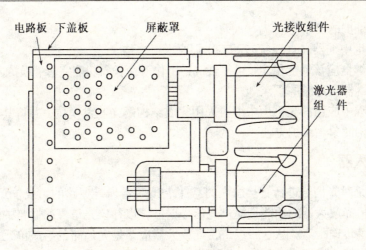

图 4-23 插拔式双 SC 塑封收发一体模块结构示意图

4.4 光再生中继器与光放大器

4.4.1 光再生器的作用与构成

在光纤传输线路上，除有光缆外，还有线路的中间设备，即光再生器。由于光纤的固有吸收和散射，会造成光能量的衰减。同时光纤在模式、材料和结构上的色散，会使信号脉冲产生展宽畸变，从而增加传输线路的噪声和误码，使信息传输质量降低、距离缩短。因而在长距离光纤传输系统中，每隔一定距离需设置一个再生中继器。

光再生器的功能是补偿光能的衰减，恢复信号脉冲的形状。采用光—电—光的转换方式，即先将接收光纤的已衰减光信号用光电检测器接收。经放大和定时再生恢复原来数字电信号，再对光源进行驱动，产生光信号送入光纤。图 4-24 为数字光再生器方框图。

光再生器除了没有接口设备和码形变换以及控制设备以外，其他部件与光端机相同。关于光再生器的结构要求视安装地点而不同。

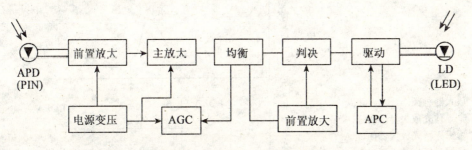

图 4-24 数字再生中继器方框图

安装于机房的光再生中继器在结构上应与机房原有的光传输设备配套。供电电源种类，引出线端子设置，设备工作环境要求也应统一。

埋设于地下人孔和架空线路上的无人维护再生中继器要求箱体密封、防水、防腐蚀等。光中继器应有远供接收设备、遥测、遥控等性能，还有能和有人维护站进行业务联络的功能。

应能满足无人维护的要求。

如果光再生中继器在直埋状态下工作则要求更严格。

光再生中继器应该性能稳定、可靠性高、工作寿命长、功能完善、维护方便、成本合理，这些都是光中继器设计时的重点。

现在，工程中应用的光再生中继器采用集成结构的光收发模块，并将其监控纳入网络管理系统，其结构简单、维护方便。

4.4.2 光放大器

光放大器是对光信号进行直接放大的器件，它既可看做光通路的组成单元，也可看做光设备的组成单元。光放大器的功能是提供光信号增益，以补偿光信号的通路中的传输衰减，增大系统的无中继传输距离。从这一点讲，光放大器应该是光通路的组成单元。而光放大器又常常与光源和光接收机组成子系统，因而也可将它看做光设备的组成单元。多数应用情况下光放大器安置在站内，与光发送机、光接收机同处一个机架，其调试与维护由设备工作人员承担，所以我们将光放大器安排在此处叙述。

目前所研制的光放大器可分为以下两类：

一类是半导体光放大器（SOA），它是由半导体材料制成的，可看成是没有反馈的半导体行波光放大器。

另一类是光纤放大器，它又包括两种：一种是非线性光纤放大器，即光纤喇曼放大器（FRA），它是利用强的光源对光纤进行激发，使光纤产生非线性效应而出现喇曼散射，光信号在这受激发的一段光纤的传输过程中得到放大，它的主要缺点是需要大功率的半导体激光器作泵浦源（约数 W）；另一种光纤放大器是掺铒光纤放大器（EDFA），铒（Er）是一种稀土元素，将它注入到纤芯中，即形成了一种特殊光纤，它在泵浦光源的作用下可直接对某一波长的光信号进行放大，因此称为掺铒光纤放大器。由于掺铒光纤放大器具有一系列优点，因此近年来得到迅速发展，并被广泛采用。

各类光放大器增益谱如图 4-25 所示。

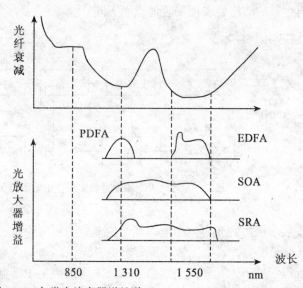

图 4-25 各类光放大器增益谱

掺铒光纤放大器的主要优点是：
① 工作波长处在 1 530～1 565nm 范围，与光纤最小损耗窗口一致；
② 对掺铒光纤进行激励的泵浦功率低，仅需几十毫瓦，而喇曼放大器需 1W 以上的泵浦源进行激励；
③ 增益高、噪声低、输出功率大，它的增益可达 40dB，噪声系数可低至 3～4dB，输出功率可达 14～22dBm；
④ 连接损耗低，因为它是光纤型放大器，与光纤连接比较容易，连接损耗可低至 0.1dB；
⑤ 对各种类型、速率与格式的信号传输透明。

鉴于以上优点，掺铒光纤放大器在各种光放大器中备受重视。因此本节将重点介绍掺铒光纤放大器的结构、工作原理及主要的特性指标。

1. EDFA 的基本结构

掺铒光纤放大器的英文缩写为 EDFA，它的基本结构如图 4-26 所示。

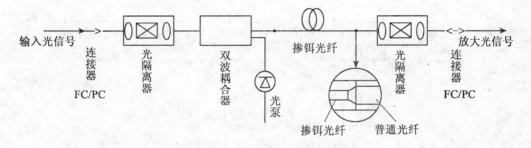

图 4-26　掺铒光纤放大器结构示意图

EDFA 主要由掺铒光纤（EDF）、泵浦光源、光耦合器、光隔离器以及光滤波器等组成。
● 光耦合器是将输入光信号和泵浦光源输出的光波混合起来的无源光器件，一般采用波分复用器（WDM）。
● 光隔离器是防止反射光影响光放大器的工作稳定，保证光信号只能正向传输的器件。
● 掺铒光纤是一段长度大约为 10～100m 的石英光纤，将稀土元素铒离子 E_r^{3+} 注入到纤芯中，浓度约为 25mg/kg。
● 泵浦光源为半导体激光器，输出光功率约为 10～100mW，工作波长约为 980nm 或 1 480nm。
● 光滤波器的作用是滤除光放大器的噪声，降低噪声对系统的影响，提高系统的信噪比。

从图 4-26 可以看出，EDFA 的主体部件是泵浦光源和掺铒光纤，按照泵浦光源的泵浦方式不同，EDFA 又包括三种不同的配置方式。

① 同向泵浦结构
输入光信号与泵浦光源输出的光波，以同一方向注入掺铒光纤，如图 4-26 所示。
② 反向泵浦结构
输入光信号与泵浦光源输出的光波，从相反方向注入掺铒光纤，如图 4-27 所示。

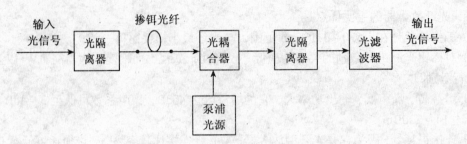

图 4-27 反向泵浦式掺铒光纤放大器结构

③ 双向泵浦结构

它有两个泵浦源，其中一个泵浦光源输出的光波和输入光信号以同一方向注入掺铒光纤，另一个泵浦光源输出的光波从相反方向注入掺铒光纤，如图 4-28 所示。

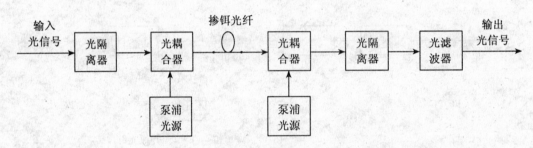

图 4-28 双向泵浦式掺铒光纤放大器结构

从输出功率上看，单泵浦的输出功率可达 14dBm，而双泵浦的输出功率可达 17dBm 以上。

2. EDFA 的工作原理

前面讨论了半导体激光器的工作原理，它是在泵浦的作用下，使得工作物质处于粒子数反转分布状态，从而具备光的放大作用。对于掺铒光纤放大器来说，其基本原理与之相同，它之所以能放大光信号，简单来说，是在泵浦的作用下，在掺铒光纤中出现了粒子数反转分布，产生了受激辐射，从而使光信号得到放大，由于 EDFA 具有细长的纤形结构，使得有源区的能量密度很高，光和物质和作用区很长，这样可以降低对泵浦源功率的要求。

由理论分析知道，铒离子有三个工作能级：E_1，E_2 和 E_3，如图 4-29 所示。其中 E_1 能级最低，称为基态，E_2 能级为亚稳态，E_3 能级最高，称为激发态。

E_r^{3+} 在未受任何光激励的情况下，处在最低能级 E_1 上，当用泵浦光源的激光不断地激发光纤时，处于基态的粒子获得了能量就会向高能级跃迁，如由 E_1 跃迁至 E_3。由于粒子在 E_3 这个高能级上是不稳定的，它将迅速以无辐射跃迁过程落到亚稳态 E_2 上。在该能级上，相对来讲粒子有较长的存活寿命。此时，由于泵浦光源不断地激发，则 E_2 能级上的粒子数就不断增加，而 E_1 能级上的粒子数就减少。这样，在这段掺铒光纤中实现了粒子数反转分布状态，就具备了实现光放大的条件。

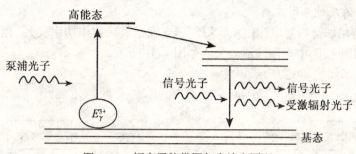

图 4-29 铒离子能带图与光放大原理

当输入光信号的光子能量 $E=hf$ 正好等于 E_2 和 E_1 的能级差时，即 $E_2-E_1=hf$，则亚稳态 E_2 上的粒子将以受激辐射的形式跃迁到基态 E_1 上，并辐射出和输入光信号中的光子一样的全同光子，从而大大增加了光子数量，使得输入光信号在掺铒光纤中变为一个强的输出光信号，实现了对光信号的直接放大。

3. EDFA 的增益带宽

图 4-30 为通过组合掺杂（除掺铒外还掺有一定比率的其他杂质，例如 Ge、Al 和 F 等）得到的增益谱线。真正平坦的区间大致在 1 540～1 560nm 范围内，这就是通常说的红带。红带的带宽为 2.5THz。如果按照 ITU-T 目前建议的波分复用的信道标称间隔为 50GHz 考虑，至多只能容纳 50 个支路。密集波分复用技术首先要改造利用的是 1 520～1 540nm 的蓝带区。然后还设想将掺铷光纤放大器与 EDFA 合用，将波分复用的带宽扩展到 1 310nm 波段。不过目前实用的 8 波、16 波和 32 波的波分复用系统在 C 波段内。C 波段内也存在增益不平坦问题。特别是使用多级 EDFA 时，由于增益差的积累，不同信道的信号强弱差异会明显化。解决该问题的一个途径是继续研究更好的组合掺杂方案。另一个途径是采取增益均衡技术。其中接近实用的是预加重均衡法和陷波滤波器法。所谓预加重均衡法是在发送端对波分复用系统各支路的输入功率进行反馈控制。输出功率或信噪比不平衡时，通过监控通路反馈到输入端调整输入功率，直到各路输出功率差别降低到容许值内。陷波滤波器均衡法是在通路中接入适当的陷波滤波器来抑制增益突起，以达到带内增益平坦的目的。

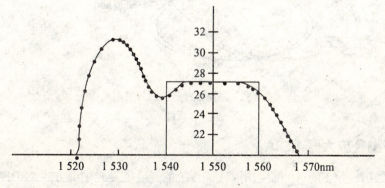

图 4-30 EDFA 的增益谱线

4. EDFA 的几种典型应用

根据不同应用场合与要求,EDFA 可用于光发送机后面作功率放大,用于光接收机前面作前置放大,或用于线路中途作线路放大。如图 4-31 所示。

EDFA 的外形如图 4-32 所示。

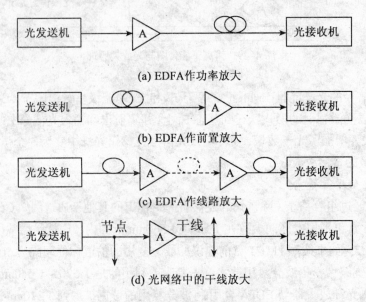

图 4-31 EDFA 的几种应用配置

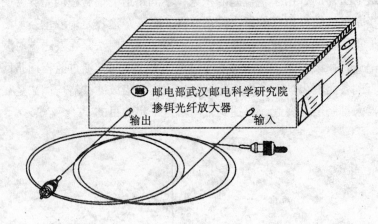

图 4-32 掺铒光纤放大器外形图

4.4.3 光纤喇曼放大器(FRA)

掺铒光纤放大器(EDFA)的应用取代了传统的光—电—光中继方式,EDFA 实现了在一根光纤中同时放大多路光波长信号,大大降低了光中继成本,并具有与传输光纤耦合容易、增益高、噪声低、传输透明等优点。但 EDFA 存在放大带宽较窄(约为 80nm)且增益不平坦的问题。在波分复用系统中,为进一步扩大传输带宽,需寻找放大带宽更宽的放大方式,光纤喇曼放大器近年已成为这一研究领域的热点。

（1）光纤喇曼放大器的工作原理

在某些非线性光学介质中，大能量、高频率的泵浦光将产生喇曼散射，并将部分能量转移到较低频率的光束中，其频率下移量由介质的振动模式决定。这一过程称为喇曼效应，量子力学将其描述为入射光波的光子被一个分子散射成为另一个低频光子。即较短波长的泵浦光通过散射频移将其能量转移到较长波长的信号光上去，从而实现信号光的放大。研究发现，石英光纤具有很宽的受激喇曼散射增益谱，在光纤中传输的弱信号若加入大功率、短波长的泵浦光源，送入光纤后产生受激喇曼散射效应，即可使弱信号得以放大。基于此原理制作的光放大器谓之光纤喇曼放大器。

光纤喇曼放大器的增益由下式表示：

$$G = R P_0 L_{eff} / A_{eff}$$

式中，R 为光纤的喇曼增益系数，P_0 为泵浦光功率，L_{eff} 为光纤有效作用长度，A_{eff} 则为光纤的有效通光面积。

（2）光纤喇曼放大器的特点

① 增益波长由泵浦光波长决定。只要泵浦源的波长适当，理论上可得到任意波长的吸引放大。

② 其增益介质为传输光纤本身，故而结构较简单。

③ 噪声系数低。

（3）光纤喇曼放大器的类型

① 集中式喇曼放大器

此种放大器所用光纤较短，泵浦功率要求较高，一般要达到数W，它像EDFA一样用来对光信号进行集中放大，主要用于EDFA无法放大的波段。实验表明，色散补偿光纤（DCF）用于分立式喇曼放大器的传输介质效果较好，这预示在对系统进行色散补偿的同时还可对信号进行高增益、低噪声的放大并互不影响。

② 分布式光纤喇曼放大器

此种应用是在线路沿途加装泵浦源对信号进行分段放大，泵浦功率较低，可有效避免光传输中的非线性效应。在波分复用系统中，分布式光纤喇曼放大器得到快速发展与应用。

采用分布式光纤喇曼放大器的WDM系统配置如图4-33所示。

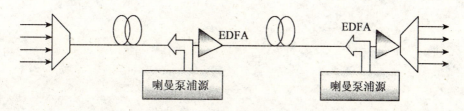

图4-33 光纤喇曼放大器示意图

在每一放大段的末端，喇曼泵浦光以相反于信号光的方向进入传输光纤，在光纤中对某一波段的光信号进行放大，与EDFA混合使用是为了充分利用EDFA低成本、高增益而喇曼放大器增益带宽大、低噪声的优点。

泵浦光反向进入光纤产生的噪声低，而且线路末端光信号微弱，不会因喇曼光信号放大而引起附加的光纤非线性效应。

光纤喇曼放大器的应用对扩展光波分复用系统的可用波长、延长跨距段长度、降低系统成本具有重大意义，因而引起广泛关注并逐步进入商用。可以预见，在下一代大容量、长距离的密集波分复用系统中，光纤喇曼放大器必将发挥重大作用。

复习与思考

1. 光纤通信系统中常用的光源有哪些?试对其性能与应用进行分析比较。
2. 某光源采用半导体材料组分为 InGaAsP 的带隙为 0.95eV,求其发光波长。
3. 光源的光谱宽度对数字信号的传输有何影响?工程上对光源的光谱宽度有何要求?
4. 掺铒光纤放大器的工作波长范围是多少?它由哪几大部分组成?
5. 通信光源的调制方式有哪几种?各应用于何种场合?
6. 掺铒光纤放大器按应用场合的不同分为哪三种?分别写出其代号。
7. 喇曼光纤放大器是利用什么原理工作的?
8. 解释下列名词缩略语:

LED——

LD——

DFB——

VCSEL——

PIN——

APD——

EDFA——

SOA——

FRA——

第五章 光无源器件

光无源器件在光传输系统中广泛应用。其特点是不需电源工作，不进行光电变换，在系统中起光路活动连接、光功率分配、光衰减与隔离，以及光的分波与合波等作用。

本章介绍光纤通信工程中常用的几种光无源器件。

5.1 光纤活动连接器

光纤活动连接器，工程中俗称"活接头"。光传输系统中光缆线路终端与光传输设备的连接，设备与设备之间的连接，以及设备或线路与测试仪表间的连接均需使用活动连接器。

5.1.1 活动连接器的基本结构与类型

光线路的活动连接，需使被接光纤的纤芯严格对准并接触良好，为满足这一基本要求，有多种对中方式得到采用，如套筒式、圆锥式、V形槽式等。目前，工程上广泛应用的是套筒式对中结构（见图5-1）。

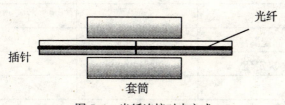

图5-1 光纤连接对中方式

工程中常用活动连接器的类型有：
- FC型——金属螺纹丝扣锁紧型，如图5-2所示。
- SC型——塑料矩形插拔型，如图5-3所示。
- ST型——金属圆柱卡口型，如图5-4所示。

此外，还有多芯连接的MT型与微型连接的MU、LC等型号。

下面，对目前工程中常用的几种光纤连接器的结构、型号、性能及应用加以介绍。

1. FC型光纤活动连接器

图5-2为FC型光纤光缆连接器示意图，该型号连接器零件名称、材料、数量及表面处理要求列于表5-1中。

目前，光纤活动连接器的插针与套筒均采用与石英光纤膨胀系数相近的氧化锆陶瓷，具有极大的耐磨性和一定的韧性及稳定的尺寸，以保证插拔次数达1 000次以上无磨损、不变形精确对准。

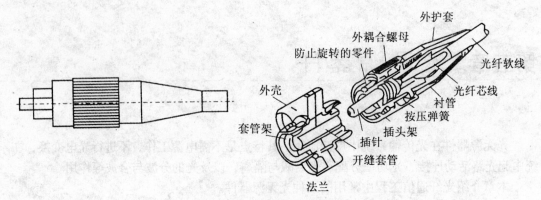

图 5-2 FC 型光纤活动连接器

表 5-1　　　　　　　　　FC 型光纤活动连接器结构及材料

序号	名称	材料	数量	表面处理
1	插针	氧化锆	1	
2	开缝套管	黄铜	1	镀镍
3	定位卡销	黄铜	1	镀镍
4	垫圈	黄铜	1	镀镍
5	外耦合螺母	黄铜	1	镀镍
6	按压弹簧	SPS	1	镀镍
7	插针定位套	黄铜	1	镀镍
8	固定漏斗	黄铜	1	镀镍
9	夹定环	黄铜	1	镀镍
10	尾套	PUC	1	黑色

FC 型是单芯光纤连接器的一个标准型号，具有插头—转接器——插头式结构。

FC/PC 型光纤连接器的特点是具有外径为 2.5mm 的圆柱形对中套管和采用 M8 螺纹式锁紧结构。

光纤连接器设计给出的是高性能连接器。并且不同厂家生产的所有的 FC 型连接器都必须遵循 IEC（国际电工委员会）标准。FC/PC 连接器的插针端面为球面，降低了对灰尘、污染物的敏感性。FC/UPC 与 FC/APC 连接器的连接特点是具有非常低的反射，对于多模光纤，也可以制作成超级 PC 和角度 PC 两种类型。

2. SC 型光纤活动连接器

SC 型光纤活动连接器由高强度工程塑料压制而成，外形为矩形，其特点是工艺较简单，生产成本低，插拔操作简便，占用较小的空间位置。缺点是易变形，连接可靠性较差，一般用于非重要光线路连接或光路测量连接。

图 5-3 为 SC 型光纤活动连接器，该型号连接器零件名称、材料、数量及表面处理列于

表 5-2 中。

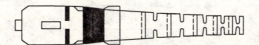

图 5-3　SC 型光纤活动连接器

表 5-2　　　　　　　　**SC 型光纤活动连接器的结构及材料**

序　号	名　称	材　料	数　量	表面处理
1	插针	氯化锆合金	1	
2	外套	PST	1	绿色
3	直套	PST	1	白色
4	弹簧	不锈钢丝	1	
5	插针尾柄	黄铜	1	镀镍
6	固定漏斗	铝	1	
7	夹定环	不锈钢	1	
8	尾套	PVC	1	绿色

　　SC 型光纤活动连接器外型为矩型的插拔式连接结构，其典型值为 2.5mm 圆柱形套管的单芯连接器的结构为插头—转接器—插头。

　　SC 型连接器设计特点是使用 PBT 材料塑压成型，选用氧化锆陶瓷作为插针体。它具有体积小巧、重量轻等特点，适应批量生产。采用推挽方式连接和分开，适用于高密度安装场合应用。该结构具有优良性能和可靠性。对于多模光纤可制作 SPC 型和 APC 型，它们具有低的回损光。主要应用在光接入网，数字通信系统，高密安装配线架等。

　　3. ST 型光纤连接器

　　图 5-4 是 ST 型光纤活动连接器示意图，其零件名称、材料、数量及表面处理要求列于表 5-3 中。

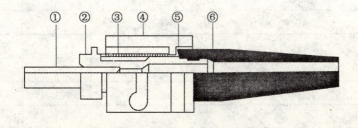

图 5-4　ST 型光纤连接器示意图

表 5-3　　　　　　　　　ST 型光纤光缆连接器结构及材料

序号	名称	材料	数量	表面处理
1	插针体	氧化锆陶瓷	1	
2	直套	ZnDe	1	镀镍
3	弹簧	不锈钢丝	1	
4	卡口帽	ZnDe	1	镀镍
5	C 形环	SK	1	
6	尾套	PVC	1	

ST 型光纤连接器是单芯光缆连接器的一种，其主要特征是有一个卡口锁紧结构和一个直径为 2.5mm 圆柱形套筒对中结构，具有插头—转接器—插头/插座结构。ST 型连接器设计是一种卡口旋转锁紧型连接耦合方式，可适用现场装配。该结构特点是具有良好的重复性、体积小、重量轻。适用于通信网和本地网。

4. D 型光纤连接器

D 型连接器，按照 IEC 标准规定，除了插针体选用 φ2mm 以外，其他结构和性能同于 PC 型连接器（见图 5-5）。D 型连接器典型零件名称、材料、数量及表面处理性能列于表 5-4 中。

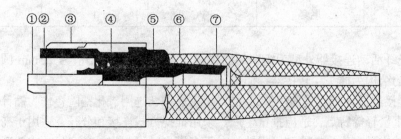

图 5-5　D 型光纤连接器示意图

表 5-4　　　　　　　　　D 型光纤光纤连接器结构及材料

序号	名称	材料	数量	表面处理
1	插针体	金属合金+铜管	1	φ2mm
2	定位卡销	不锈钢	1	
3	耦合螺母	ZnDe	1	镀镍
4	弹簧	不锈钢丝	1	镀镍
5	主直套	ZnDe	1	镀镍
6	支架	ZnDe	1	镀镍
7	尾套	PVC	1	

5. 微型连接器

为适应设备小型化的要求,解决高密度安装问题,LC、MU 等微型连接器应运而生。如在密集波分复用(DWDM)系统设备的多波长分波与合波盘中已普遍采用,如图 5-6 所示。

(a) LC型　　　　　　　　　　　　(b) MU型

图 5-6　微型光纤连接器

5.1.2　活动连接器插针端面

活动连接器的关键元件是插针与套筒。曾经采用多种材料制作,如塑料、铜、不锈钢等。但均因易变形,不耐磨损,与光纤材料膨胀系数相差太大而导致光纤断裂等一系列问题不能解决而放弃。目前,实用的插针与套筒材料采用氧化锆陶瓷,陶瓷所具有的性能可以克服上述材料的不足。

装有光纤的陶瓷插针,其端面的形状与连接器性能优劣密切相关。目前,应用的几种陶瓷插针端面如图 5-7 所示。

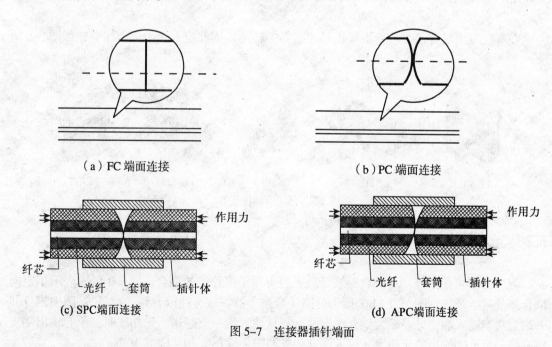

(a) FC 端面连接　　　　　　　　　　(b) PC 端面连接

(c) SPC端面连接　　　　　　　　　　(d) APC端面连接

图 5-7　连接器插针端面

5.1.3　光纤跳线类型与连接性能指标

光纤光缆跳线是指光缆两端都装上连接器插头,实现光路的跳接线式连接:一端装有插头,另一端直接与光器件或设备相连的则称为尾纤。分为单模、多模和数据光纤类型。插头有 FC、SC、ST 类型,其端面为 PC、SPC、APC 型。各类连接器一般性能指标如表 5-5 所示。

特点:
- 插入损耗低、回波损耗高;
- 重复性、互换性好。

应用:
- 长途干线网、城域网、接入网;
- 光纤 CATV 网、光纤数据网。

表 5-5　　　　　　　　各类连接器一般性能指标

器件型号	FC/PC	PC/SPC	FC/APC	SC/PC	SC/SPC	SC/APC	ST/PC	ST/SPC	ST/APC
插入损耗　　(dB)	单模≤0.3,多模≤0.2									
最大插入损耗(dB)	≤0.5								
重复性　　　(dB)	≤0.1								
互换性能　　(dB)	≤0.2								
器波损耗　　(dB)	≥45	≥50	≥60	≥45	≥50	≥60	≥45	≥50	≥60
插拔次数	>1000 次								
工作温度(℃)	−40～+80			−25～+70			−40～+80		

注:多模和数据光纤光缆跳线与尾纤没有回波损耗要求,型号只有 FC/PC、SC/PC、ST/PC。

在有些应用场合,需进行不同型号连接器的转接,因此应采用不同转接器,如图 5-8 所示。

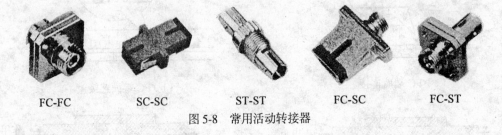

FC-FC　　　SC-SC　　　ST-ST　　　FC-SC　　　FC-ST

图 5-8　常用活动转接器

5.2　光耦合器

光耦合器可用于光功率的合路或分路,也可用于多路间的耦合。图 5-9(a)表示了定向耦合器的基本结构。图 5-9(b)则为分路(合路)器。按分路或合路的数目,图中耦合器一端为功率输入端,另一端为耦合输出端。当从输入端一支路送入光功率时,所有输出端支路有按一定比例输出的光功率,输入端其他支路应无输出(相互隔离)。

图 5-10 与图 5-11 分别示出了常用的树型光耦合器与星型光耦合器的外观图。

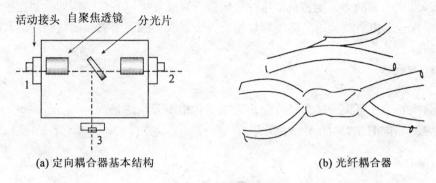

图 5-9 光耦合器原理

- 耦合器的主要指标：接口数目、插入衰耗、分光比、隔离度。
- 耦合器的特点：大带宽、低插损、均匀性、分光比可选。

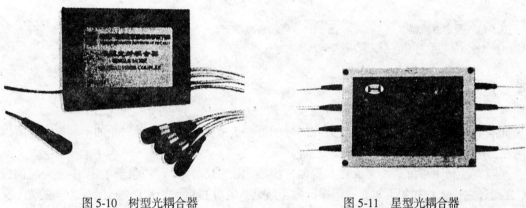

图 5-10 树型光耦合器　　　图 5-11 星型光耦合器

5.3 光衰减器

当接收机输入光功率超过某一范围或在测量光纤接收机灵敏度时都要用到光衰减器，其结构示意见图 5-12 所示。其中光衰减片可调整旋转角度，改变反射光与透射光比例来改变光衰减的大小。可制成步进式或能连续改变衰减值的结构。

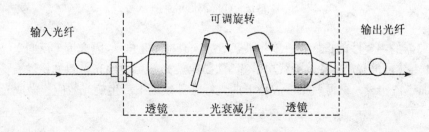

图 5-12 光衰减器示意图

光衰减器也有衰减为固定值的。这种衰减器的衰减片可以装在结构如活动连接器的插件中。光衰减片一般由蒸镀金属膜的玻璃片构成,衰减大小决定于镀膜的材料性能及膜厚度。衰减器的指标为:

- 插入衰减;
- 工作波长;
- 衰减精度,可调衰减器还应给出衰减变化范围及步进量。

各类衰减器如图 5-13~图 5-15 所示。

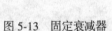

图 5-13 固定衰减器　　　图 5-14 可调衰减器　　　图 5-15 在线衰减器

5.4 光隔离器

光隔离器是一种只允许单向通过光信号的器件。主要用来去除反射光的不利影响,所以常用在高速单频激光管与耦合的光纤之间。

光隔离器利用法拉第旋光元件和偏振片构成。图 5-16 示出了它的结构。图中左为起偏振片,光通过它进入法拉第元件后,偏振面发生旋转,通过右检偏振片而输出。反方向的光(反射光)则由于与偏振器的偏振方向不同而无法通过。

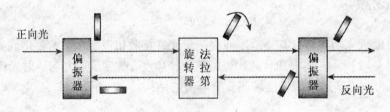

图 5-16 光隔离器示意图

光隔离器的主要性能指标是:工作波长、插入衰减(正向)、隔离度(反向)、波束直径、有效光路长度、回波损耗、最大承载功率等,法拉第旋光器可由磁光材料如钇铁石榴石(TIG)晶体及外加磁铁构成,也可利用绕成环形的光纤在外磁场下产生旋光效应,做成光纤型旋转器。

5.5 光波分复用器

波分复用器分发端的合波器和收端的分波器。合波器又称复用器，其功能是将多个不同波长的光信号合成为一路合波信号，然后耦合进同一根光纤传输。分波器又称解复用器，它的作用是在收端将一根光纤传输的合波信号再还原成不同波长的光信号，然后分别耦合进不同的光纤。

大多数波分复用器都是可逆器件，从一个方向看它们是合波器，反方向使用就成了分波器。

光波分复用器的种类很多，大致可分为：熔锥光纤型、介质膜干涉型、光栅型和波导型四大类。

5.5.1 熔锥光纤型

这是最早使用的一种波分复用器。熔锥型波分复用器的原理有人用瞬逝波理论描述。理论上可以说明当两根单模光纤的纤芯充分靠近时，单模光纤中的两个基模（LP01 横电横磁混合模）会通过瞬逝波产生相互耦合，在一定的耦合系数和耦合长度下，便可以造成不同波长成分的波道分离，而实现分波效果。图 5-17（a）熔锥型波分复用器制作装置的示意图，图中的夹具一方面是使两根光纤预先靠紧，同时又起控制光纤耦合距离的作用；合适的耦合系数则直接由通光监测来控制。图 5-17（b）为成品示意图。正是因为采用这种实验的方法制作，熔锥型波分复用器难以形成大批量生产。这种结构也具有可逆性，因此原则上可以由图示的基本单元组合成多路的合波器。例如用 7 个单元可以组成一个 8 波合路器。在其他类型的波分复用器逐渐商品化后，这种结构将不会再作为波分复用器使用，但熔锥光纤的耦合器在 WDM 系统中则大量被采用。

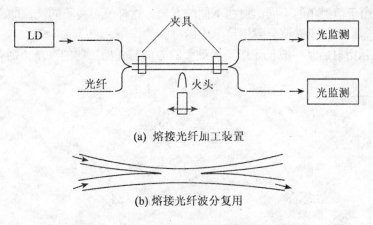

图 5-17 熔锥光纤波分复用器的结构与制造

5.5.2 介质膜干涉型

介质膜干涉型波分复用器的基本单元由玻璃衬底上交替地镀上折射率不同的两种光学薄膜制成，它实际上就是光学仪器中广泛应用的增透膜（见图 5-18）。这种波分复用器的优点是原理简单，有成熟的镀膜工艺，有两个可调整的因素（膜厚和入射角）便于调试。设计的关键在于结构的合理性。其最大的缺点是各波长成分的插损差异较大，要求相应调整各支路的发送功率。而且分光的线宽相对较宽，一般限于16波以下的波分复用系统使用。

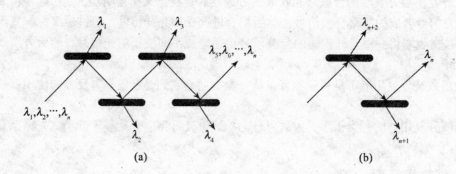

图 5-18 介质膜干涉型波分复用器

5.5.3 光栅型

衍射光栅也是一种角色散器件，与棱镜一样对含有多种波长的复合光信号能够按不同的波长将这些光进行空间分离，使不同波长的光分别处在不同的空间位置上，从而实现了信道分别。

所谓光栅就是在一块能透射或反射的平面上刻划平行且等距的槽痕，形成许多相同间隔的狭缝。沿着这些槽痕的地方显然它的透射率或反射率被明显地改变了，根据被衍射的光是反射还是透射，光栅可分为反射光栅和透射光栅。最常用的光栅是平面反射光栅，它实际是一块具有大量相互平行、等宽、等距的直线横痕的平面反射镜。

在图 5-19 中，当输入光纤中含有 λ_1，λ_2，$\cdots$，λ_n 的多波长光信号时，通过光栅衍射后，不同波长的光由于衍射角的不同出射在不同的方向，这样便可将不同波长的光分别送入不同的光纤或探测器，实现了光波分复用技术中的分波的作用。

如以 θ 表示衍射后某一波长光线衍射最大的方向与光栅法向的夹角，则有：

$$\sin\theta = \pm \frac{k\lambda}{d}, (k = 0, 1, 2, \cdots, n)$$

$$\frac{d\theta}{d\lambda} = \frac{k}{d\cos\theta}$$

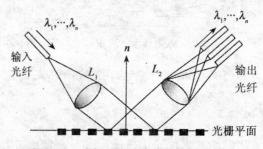

图 5-19 光栅型光波分复用结构示意图

5.5.4 平面波导型

在大容量，高密集波分复用系统中，需采用分合波数目更多的波分复用器，平面阵列波导光栅（AWG）是这一领域的热门研究项目，目前已有 AWG 的商用产品。

如图 5-20 所示，AWC 是由输入、输出波导，片型耦合器和波导阵列光栅构成。其中输出、输入波导制作成同单模光纤相同结构及光学参数，以便同单模光纤连接，具有较低的耦合损耗。片型区是一种紫外写入透射光栅。由于衍射效应，将输入的光按波长顺序注入阵列波导输入端。由于阵列波导一般由几百条其光差为 $\frac{1}{2}\Delta l \times n$ 的波导构成，在阵列波导光栅输入端，按波长顺序排列，并通过输出片型区传输到相应的输出波导端口，达到分波的目的。这种器件同其他器件相比最大特点是具有组合分配功能。

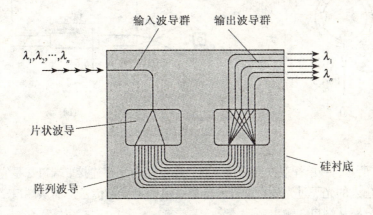

图 5-20 阵列波导光栅（AWG）示意图

图中阵列波导为圆弧形共计 168 根，输入与输出波导各 84 根。用户可根据需要选择使用波导数目。两片块状耦合器在此器件中起着关键作用：左片完成输入波导与阵列波导的耦合，右片则使输出波导分别对应于不同波长光的主极位置。

5.5.5 波分复用器的主要参数

- 插入损耗
- 波长串扰（或隔离度）
- 通带带宽
- 复用路数（见图 5-21）

图 5-21 密集波分复用器

5.6 光环行器

光环行器的作用是使在同一光纤中传输的某一波长或某一偏振态的光信号按某一方向从一个端口送到另一端口，并防止光信号沿错误方向传导而引起串扰。其工作原理类似于高速公路上的环岛，光信号如同经过环岛的汽车只能沿某一确定方向行驶。

5.6.1 环行器的结构

根据性能要求不同,光环行器有不同的结构。环行器的设计与选用需考虑:接口数目、工作波长、偏振敏感、隔离度及封装结构。

光环行器一般有三个以上端口,其基本原理与结构均较简单,基本的结构单元有:偏振分束器(PBS)、法拉第旋转器、半波片、棱镜和准直器。

偏振分束器的作用是把不同偏振态的光分开或融合,法拉第旋转器和半波片的作用是改变光的偏振态,准直器则是将光信号经聚焦对准输出端口。

光环行器原理与结构如图 5-22 所示。

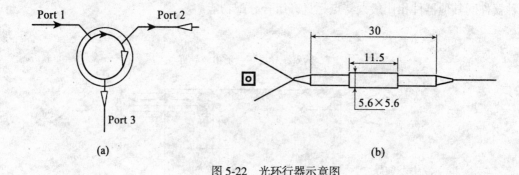

图 5-22 光环行器示意图

如图 5-22 所示,一单纤双向光传输系统,环行器与光路连接。端口 2 是它们的双向传输端口,端口 1 输入的光经过光环行器进入端口 2 沿固定光路传送,而从端口 2 反向传送的光则经光环行器分路从端口 3 输出。

从示意图可以看出,光环行器的工作特点是正向导通而反向截止。它的功能主要是阻止传输线路中的反向光返回到输入端或将反向光引向其他路径。光环行器主要基于光隔离器与光分路器原理工作。

5.6.2 光环行器的应用与性能指标

光环行器可用于光网络的双向传输、WDM 系统中的光信号的分插复用、光信号的隔离等。光环行器将成为构建全光网络的重要无源器件。

光环行器的主要性能指标有:

- 插入损耗　　　　　　一般小于　　0.8dB
- 隔离度　　　　　　　大于　　　　40dB
- 偏振敏感　　　　　　小于　　　　0.1dB
- 偏振模色散　　　　　小于　　　　0.05ps
- 端口数量　　　　　　　　　　　　3~4

除上述六种常用的光无源器件外,在光纤传输系统中应用的还有光纤偏振器、光开关、光纤光栅等。

5.7 光器件应用前景展望

光纤通信系统在各个信息传输领域广泛应用且朝着高速率、大容量、全光处理的方向发展。由于技术的进步，新材料、新工艺的出现，在系统中完成各项处理功能的各类光器件（包括有源与无源器件），亦会朝着小型化、集成化、多功能、低成本化方向演进。

① 首先，在光纤传输工程中应用量最大的活动连接器的材料与结构可能产生大的变化，表现在其体积变小，材料变换，连接性能提高，同时连接的纤数更多。

② 光分路器、光衰减器、光隔离器、波分复用器、光放大器等将在性能不断提高的演变中逐步集成。目前，正大力发展的 OEIC（光电集成回路）与 PIC（光集成器件）技术，正是朝这一方向的迈进。

③ PIC 技术则是将有源器件与光无源器件通过光波导集成在一块芯片上构成光集成器件。或将多个同种类器件如光源、探测器阵列并与光波导、光放大器集成在一起构成阵列光器件。这些技术的应用，将减小光传输设备的体积与数目。未来的光传输网络中 OEIC 与 PIC 光电集成元件与光器件将扮演主要角色。

④ 此外，光信号交叉连接（OXC），光波长分插复用（OADM）自交换光网络（ASON）技术目前已进入实用。具有波长选择功能的光开关、光波长变换器、光路由选择器、光功率自动平衡器、色散自动调节补偿器等一批具有全新功能的器件将随着应用的需求、技术的进步而由实验室走向实用化。

复习与思考

1. 光无源器件与光有源器件的区别是什么？
2. 通用型活动连接器按外形结构分为哪几种？其插针代号有哪几种？分别写出其代号。
3. 目前应用的微型连接器有哪几种型号？
4. 光波分复用器的作用是什么？主要有哪几种？
5. 光环行器中应包含哪几种关键器件？
6. 光隔离器在系统中起何作用？

第二部分 光缆工程技术

第六章 光缆线路敷设

光缆线路施工与测试是光纤通信系统建设的主要环节；光缆传输性能的优劣，线路施工质量的好坏，均直接影响系统的通信质量；对于长途干线，光缆线路投资占整个系统投资的大部分；此外，光缆线路障碍的准确定位与快速修复，均较设备障碍的排除要困难，故在光缆线路施工的各环节中，均应精细组织，严格管理并符合各项施工标准与规范。

光缆线路建设施工分为以下阶段进行：

① 线路施工准备（路由复测，光缆配盘与预留，施工仪器、工具的准备）；
② 光缆线路敷设；
③ 光缆线路接续与成端；
④ 光缆线路测试与竣工验收。

具体工程施工流程如图 6-1 所示。

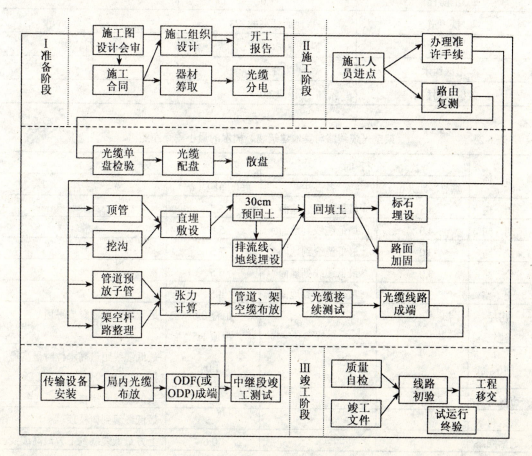

图 6-1 光缆线路施工流程表

6.1 路由复测

施工单位接受工程施工任务后,首先必须进行路由复测。所谓路由复测是由施工单位组织的,以业经批准的施工图设计为依据的实地考查与测量。路由复测的内容主要包括三个方面:

- 核对施工图纸,考查实际施工现场是否与图纸相符;
- 实地考查图纸设计的施工措施的可行性及施工难度,为制定工程施工计划提供资料;
- 丈量实际路由的地面距离,为光缆配盘提供根据。

复测中如果发现施工环境与设计环境发生变化,或者由于施工条件限制或其他原因不得不更改图纸设计时,由施工单位提出具体方案。小范围的修改,经协商只需原设计单位同意即可。大范围的更改,例如改变路由,改变敷设方式,尚需报原批准部门审批。

路由距离的测量应按地形起伏丈量。

光缆与建筑物、树木及其他设施的最小距离应符合表 6-1、表 6-2、表 6-3 的规定。

表 6-1　　　　架空光缆与其他设施、树木最小水平净距（m）

名　称	最小净距（m）	备　注
消防栓	1.0	
铁　道	地面杆高的 4/3	
人行道	0.5	从边石算起
市区树木	1.25	
效区农村树木	2.0	

表 6-2　　　　架空光缆线路与其他建筑物、树木的最小垂直净距

名　称	平行时		交叉时	
	垂直净距（m）	备　注	垂直净距（m）	备　注
街　道	4.5	最低缆线到地面	5.5	
胡　同	4.0	最低缆线到地面	5.0	
铁　路	3.0	最低缆线到地面	7.5	
公　路	3.0	最低缆线到地面	5.5	
土　路	3.0	最低缆线到地面	4.5	
房屋建筑			距脊 0.6 距顶 1.5	最低缆线距屋脊或平顶
河　流			1.0	最低缆线距最高水位时最高桅杆顶
市区树木			1.5	最低缆线到树枝顶
效区树木			1.5	最低缆线到树枝顶
通信线路			0.6	上方最低缆线到下方最高缆线

表 6-3　　　　　　　　　　　直埋光缆与其他建筑物间最小净距（米）

名　称		平行时	交叉时
市话管道边线（不包括人孔）		0.75	0.25
非同沟的直埋通信电缆		0.5	0.5
埋式电力电缆	35 千伏以下	0.5	0.5
	35 千伏以上	2.0	0.5
给水管	管径小于 30 厘米	0.5	0.5
	管径为 30~50 厘米	1.0	0.5
	管径大于 50 厘米	1.5	0.5
高压石油、天然气管		10.0	0.5
热力、下水管		1.0	0.5
排水沟		0.8	0.5
煤气管	压力小于 3 公斤/平方厘米	1.0	0.5
	压力 3~8 公斤/平方厘米	2.0	0.5
房屋建筑红线（或基础）		1.0	
树木	市内、村镇大树、果树、路旁行树	0.75	
	市外大树	2.0	
水井、坟墓		3.0	
粪坑、积肥池、沼气池、氨水池等		3.0	

路由复测最终应提供如下资料：
① 经复测核实后的施工图，图上应包含具体敷设路由，各接续段的长度。
② 提供障碍物的位置及机械敷设时安装导轮等装置的位置。
③ 光缆接头点的地形、交通等环境条件。

6.2　光缆的检验、配盘与搬运

6.2.1　光缆的检验

施工单位应在开工前，对运到工地的光缆进行检验。检验分核对、外观检查和性能测试三步进行。

核对：清点单盘光缆是否有产品质量检验合格证，其规格、程式、长度是否与订货合同、工程设计要求相符。

外观检查：先检查缆盘包装是否损坏，然后开盘检查光缆外皮有无损伤，光缆端头封装是否良好，填充型光缆的填充物是否饱满，在-30℃~+50℃温度范围内，填充油膏不应硬化或滴漏。对于包装严重损坏或光缆外皮有损坏的光缆，外观检查应有详细记录。

性能测试：现场检验应测试光纤衰减常数和光纤长度，一般使用光时域反射仪（OTDR）进行测试。光缆金属护套对地绝缘电阻应大于 1000 兆欧·公里，一般用电缆对地绝缘故障探测仪测量。

外观检查中发现有问题的光缆盘应作为性能指标测试的检验重点。不符合要求的光缆不能用于工程施工,属一般缺陷应修复合格后方可使用。

打开光缆端头检验时,应核对光缆端头端别,并在光缆盘上做醒目标注,一般还应在两端护套上标明端别,以红色表示 A 端,绿色表示 B 端,以便施工时识别。单盘光缆检验完毕,应恢复光缆端头的密封包装及光缆盘的包装。

6.2.2 光缆配盘与预留

(1) 再生段光缆敷设长度

再生段光缆敷设总长公式:

$$L_{总} = L_{直} + L_{管} + L_{架} + L_{水}$$

其中直埋、管道、架空三种敷设段的长度为复测丈量长度再加预留长度,如:

$$L_{直} = L_{直丈} + L_{直预}$$

这三种敷设方式的各种预留长度的规定见表 6-4。

表 6-4　　　　　　　　光缆布放预留长度

敷设方式	自然弯曲增长长度(米/公里)	人孔内弯曲增加长度(米/人孔)	杆上预留长度(米/每杆)	接头每侧预留长度(米)	设备每侧预留长度(米)	备注
直埋	7					1. 其他预留按设计要求。 2. 管道或直埋作架空引上时其地上部分每处增加 6~8 米。
管道	5	0.5~1		一般为 8~10	一般为 15~20	
架空	5		轻负荷区 0.03~0.04 重负荷区 0.1~0.12			

(2) 光缆配盘应遵循的原则

① 光缆应尽量做到整盘敷设,以利减少中间接头。
② 靠设备侧的第 1、2 段光缆的长度应尽量大于 1 公里。
③ 靠设备侧应选择光纤的几何尺寸,数值孔径等参数偏差小,一致性好的光缆。
④ 不同敷设方式及不同的环境温度,应根据设计规定选用相应的光缆。
⑤ 配盘后的接头应满足下列要求:
直埋光缆接头应安排在地势平坦和地质稳固地点,应避开水塘、河流、沟渠等。
管道光缆接头应避开交通要道口,接头点应安排在人孔中。
架空光缆接头应落在杆上或杆旁 1 米左右。
光缆配盘结果填入"中继段光缆配盘图"。

6.2.3 光缆盘的搬运与放置

为了避免光缆在搬运过程中受到机械损伤,当需要将光缆盘移动较远距离时,应由卡车或叉车装运,在移动距离较近时,也必须按盘上标示的箭头方向滚动。如图 6-2 所示。光缆盘应放置在平地上,并加制动器。不得已要放在倾斜地面上时,与倾斜方向垂直放置,低处面用木头垫平,并加制动器。光缆盘上的小割板应保留至光缆正式布放时才可以拆除。

6.2.4 光缆敷设的一般规定

①光缆敷设的静态弯曲半径应不小于光缆外径的15倍,施工过程中的动态弯曲半径应不小于20倍。

②布放光缆的牵引力应不超过允许张力的80%,瞬间最大牵引力不得超过允许张力的100%,主要牵引力应加在光缆的加强件上。

③为防止在牵引过程中扭转损伤光缆,牵引端头与牵引之间应加转环。

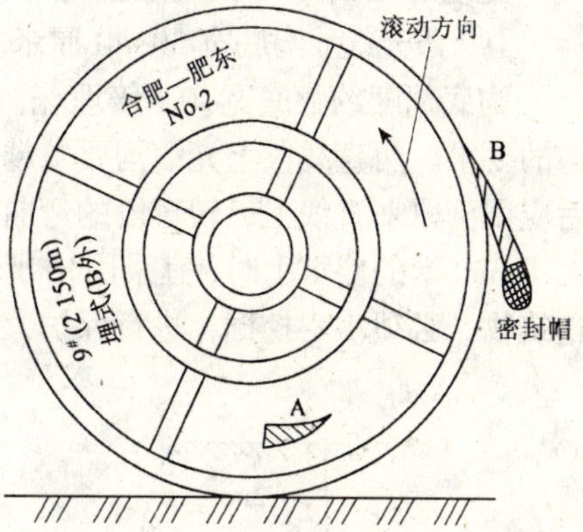

图6-2 光缆盘正确转动方向

④布放光缆时,光缆必须由缆盘上方放出并保持松弛弧形。光缆布放过程中应无扭转,严禁打小圈、浪涌等现象发生,严禁小于弯曲半径要求的急弯。

⑤光缆布放采用机械牵引时,应根据牵引长度、地形条件、牵引张力等因素合理地选用集中牵引、中间辅助牵引或分散牵引等方式。

⑥机械牵引的牵引机的牵引速度在1~20米/分,调节方式应为无级调速。其牵引张力可以调节,当牵引力超过规定值时,能自动发出告警并自动停止牵引。

⑦布放光缆,必须严密组织,有专人指挥,牵引过程中应有良好的联络手段。

⑧光缆布放完毕应检查光纤是否良好,光缆端头应做密封防潮处理,不得浸水。

6.3 直埋光缆的敷设

6.3.1 开沟与沟底处理

(1)开沟

直埋光缆的埋深如表6-5所示。

表6-5 直埋光缆埋深表

敷设地段及土质	埋深(米)	备注
普通土(硬土)	≥1.2	
半石质(砂砾土、风化石)	≥1.0	
全石质	≥0.8	从加垫10厘米细土或砂土上面算起
流沙	≥0.8	
市郊、村镇地段	≥1.2	
市区人行道	≥1.0	
穿越铁路、公路	≥1.2	从道石底或路面算起
沟、渠、水塘	≥1.2	
农田排水沟(沟宽1米以内)	≥0.8	

光缆沟的截面尺寸应按施工图要求，其底宽随光缆数目而变，一般为：

1~2条光缆，沟底宽30~40厘米。3条光缆，沟底宽55厘米。4条光缆，沟底宽65厘米。沟底宽度约为底宽+0.1倍埋深。同沟敷设的光缆不得交叉、重叠。图6-3为沟坎处光缆沟的要求。两直线段上光缆沟要求越直越好，直线上遇有障碍物时可以绕开，但绕开障碍物后应回到原来直线上，转弯段的弯曲半径应不少于20米。光缆敷设在坡度大于20度，坡长大于330米的斜坡上时，宜采用"S"形敷设或按设计要求的措施处理。当光缆沟遇到现有地下建筑物，必须小心挖掘，进行保护，图6-4是对原有地下管道、电缆等施行保护的例子。

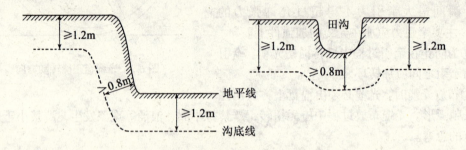

图6-3 沟坎处光缆沟的要求

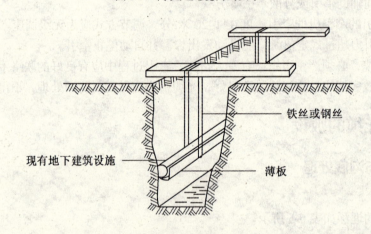

图6-4 原有地下建筑设施的保护

（2）沟底处理

一般地段的沟底填细土或沙石，夯实，夯实后其厚度约10厘米。

风化石和碎石地段应先铺约5厘米厚的砂浆（1∶4的水泥和沙的混和物），然后再填细石或沙石，以确保光缆不被碎石的尖刃顶伤。

若光缆的外护层为钢丝铠装时，可以免铺砂浆。

在土质松软易于崩塌的地段，可用木桩和木块作临时护墙保护。

6.3.2 光缆布放与回填

（1）光缆布放

直埋敷设大多在野外进行，只有路由沿公路时，才能采用机械布放。机械布放采用卡车或卷放线平车作牵引。先由起重机或升降叉车将光缆盘装入车上绕架，拆除光缆盘上的小割板或金属盘罩，指挥人员应检查准备工作确已就绪后，再开始布放。机动车应缓慢前移，同时用人手将光缆从缆盘上拖出，轻放在沟边（条件允许，即不至造成光缆扭折的情况下，可直接放入沟中的滑轮上），不得由机动车将光缆抛出。约每放出 20m 后，再由人工放入沟中。

直埋敷设目前使用机械牵引的条件往往很少，一般为人工布放。人工布放有两种方式。一种是直线肩扛方式（注意无论什么方式布放，都不准将光缆在地面拖拽），人员隔距小，由指挥人员统一行动，另一种是人工抬放方式，先将光缆盘成"∞"字形，每 2 公里光缆堆成 8~10 个"∞"，每组用皮线捆 5~6 处（先放的一组不捆），每组由 4 人抬缆，组间各配 1 人协调，第一组前边由 2~3 人导引（拉），前后指挥联络 3~5 人，合计 60~65 人。布放时在统一指挥下各组抬起，沿沟向前移动，逐个解开"∞"字布放，这种方式的特点是安全、省事、省时，缺点是不能穿越障碍物。

光缆布放后，应指定专人从末端朝前将光缆进行整理，防止光缆在沟中拱起和腾空，排除塌方，确保光缆平放在沟底。

（2）回填

回填之前必须对布放的光缆进行检查、测量。外观检查光缆外护套是否有损伤，如有损伤应进行修复。对有金属护套的光缆作对地绝缘电阻测试，一般用兆欧表。光纤作通光测试或 OTDR 后向散射测试。确认光缆无损伤后方可填土。

先回填 15cm 厚的细土或沙石，严禁将石块、砖头、冻土推入沟内，回填时应派人下沟踩缆，防止回填土将光缆拱起，沟内有积水时，为防止光缆成漂浮状态，可用木叉将光缆压入沟底填土。第一层细土填完后，应人工踏平后再填，每填 30cm 踏平一次，回填土应高出地面 10cm。

如果光缆的接头暂不接，则必须用混凝土板、砖等保护缆端的交叠部分，并标出醒目的标记，直到实际连接后拆除。

6.3.3 特殊路段的保护

① 路穿越铁道及不能开挖的公路时，应采取顶管方式。顶管在敷缆前要临时堵塞，敷缆后再用油麻封堵，保护钢管应长出路沟 0.5~1 米，在允许破土的位置采取直埋方式，并加直埋保护（如图 6-5 所示）。

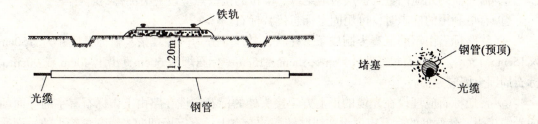

图 6-5 光缆穿越铁道的顶管保护

② 线路穿过机耕路，农村大道以及市区或易动土地段时，采取铺硬塑管、红砖、水泥盖板等保护措施。

③ 光缆穿越需疏浚的沟渠和要挖泥取肥、植藕湖塘时，除保证埋深要求外，应在光缆上方覆盖水泥板或水泥沙袋保护。

④ 光缆穿过汛期山洪冲刷严重的沙河时，应采取人工加铠或砌漫水坡等保护措施。

⑤ 光缆穿越落差为 1 米以上的沟坎、梯田时采用石砌护坡，并用小泥沙浆勾缝。落差在 0.8~1 米时，可用三七土护坡。落差小于 0.8 米时，可以不做护坡，但需多层夯实（如图 6-6 所示）。

⑥ 光缆敷设在易受洪水冲刷的山坡时，缆沟两头应做石砌堵塞。

⑦ 光缆经过白蚁地区，应选用外护层为尼龙材料的防蚁光缆，并作毒土处理。毒土处理方法是采用砷铜合剂，剂量约为 1g/km，第一次在预回土前喷洒在光缆沟底及两侧 30cm 高的沟壁上，第二次在预回土 30cm 后进行喷洒（施工时注意防止人畜中毒）。

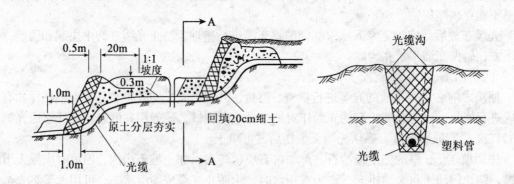

图 6-6 石砌沟坎保护措施

6.3.4 线路标石

为标定直埋光缆的走向和光缆接头等的具体位置，以便于线路的维护，在光缆线路设置标石应符合以下规定：

① 光缆接头、光缆拐弯点、防雷排流线起止点、同沟敷设光缆的起止点、光缆特殊预留点、与其他缆线交越点、穿越障碍物地点以及直线段市区每隔 200 米，郊区和长途每隔 250 米处均应设置普通标石。

② 需要监测光缆内金属护层对地绝缘、电位的接头点应设置监测标石。

③ 有可利用的标志时，可用固定标志代替标石。

④ 线路标石由钢筋混凝土制成条形柱状，其尺寸分为两种规格：长标石尺寸为 150cm×15cm×15cm，短标石尺寸为 100cm×15cm×15cm。标石埋深 60cm，出土 40cm 或 90cm，标石周围土壤应夯实。

⑤ 普通标石应埋设在光缆的正上方。接头处的标石应埋在路由上，标石有字的一面朝向光缆接头。转弯处的标石应埋设在线路转弯的交点上，有字面朝向光缆弯角较小的一面。光缆沿公路敷设间距不大于 100 米时，标石面朝公路。

⑥ 标石用坚石或钢筋混凝土制作，规格有两种：一般地面使用短标石，规格应为 100cm×14cm×14cm；土质松软及斜坡地区用长标石，规格为 150cm×14cm×15cm。

⑦ 标石编号为白底红（或黑）漆正楷字。编号按传输方向，由 A 端至 B 端方向编排。一般以一个跨距段为独立编号单位。

⑧ 线路标石统一按图 6-7 表示的规格编号。

第六章 光缆线路敷设

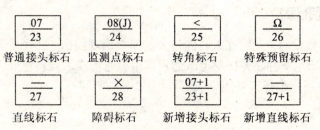

图 6-7 各种标石的编写规格

注：横线以上部分表示标石的类型或同类标石的序号，横线以下的部分为中继段内标石编号。新增标石用"+1"表示，如 $\frac{07+1}{23+1}$ 表示顺序号不变，本标石标明第 7 号接头后新增接头位置。

6.4 管道光缆的敷设

在我国目前情况下，长途光缆进入市内，一般利用原有市话管道进行敷设，只有尚无市话管道或者虽有管道但无空闲管孔，又不宜进行直埋的段落才另建或扩建与市话合用的管道。特殊情况可考虑建设长途专用管道。在市郊个别交通特别繁忙，地下埋设物多，且已基本定型的街道，或在已定型的市郊道路上敷设，需破路埋设，而今后有可能还会增设光缆和电缆的地段，也可采用管道敷设方式。

6.4.1 敷设前的管道清理

光缆敷设之前应对所有管孔进行清洗，清洗的目的是减小敷设时的牵引阻力和防止对光缆的污染腐蚀。管孔和人孔清洗步骤为：

（1）人孔换气

久闭未开的人孔内可能存在可燃性气体和有毒气体。人孔作业人员应事先接受缺氧知识的训练。人孔顶盖打开后应先用换气扇通入新鲜空气对人孔换气。如人孔内有积水则用抽水机排除。

（2）管孔清洗

管孔清洗有人工清洗和机械清洗两种方式，人工操作是用接长的竹片或穿管器（低压聚乙烯塑料）慢慢插穿至下一人孔，其末端固定一串清洗工具，后面再接上预留铁丝。铁转环可对管孔起打磨作用。机械清洗分两种：塑料管道采用自动减压式气洗方式，水泥管道的密封性差、摩擦力大则采用电动式橡皮轮和聚乙烯洗管器间的摩擦力推动洗管器前进，如图 6-8 所示。

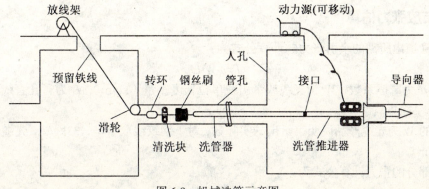

图 6-8 机械洗管示意图

6.4.2 光缆的过孔保护

为了防止牵引敷设时,光缆在人孔因过大的摩擦出现损伤。在光缆入孔处要装上喇叭口和软管(如图6-9所示)并在外护层上涂适量润滑软膏。在人孔转弯处,管孔有高度落差和出口处由如图6-10所示那样,使用导引器导引。

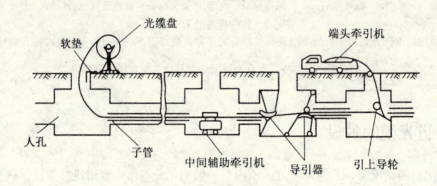

图6-9 管道光缆敷设示意图

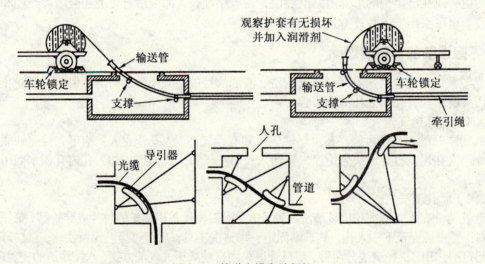

图6-10 管道光缆穿放保护

6.4.3 布放张力估算

直线管道内所需的牵引张力的计算公式为:
$$T=\mu \cdot W \cdot L$$

式中 μ 为摩擦系数；W 为光缆或牵引线单位长度重量(kg/m)；L 为管孔直线段部分的长度(m)。

光缆的 W 为光缆产品说明书给出的实际数,对于钢绞线取 $W=0.432$kg/m,光缆牵引绳取 $W=0.15$kg/m。

弯折部分的张力计算公式为:
$$T_Z=T_1 \cdot e^{\mu\theta}$$

式中 T_Z 为弯折后的张力；T_1 为弯折前的张力；θ 为弯折交角；$e^{\mu\theta}$ 称为张力增加率。

例如，T_1=100（kg）

　　　光缆在管道面上，取 μ=0.5

　　　交角 θ=20°

　　　则 $e^{\mu\theta}=e^{0.5\times\pi/9}$=1.91

　　　T_2=100×1.2=120（kg）

曲线部分的张力计算公式为：

$$T_4=(T_3+\mu WL)\cdot e^{\mu\theta}$$

式中 T_3 为弯曲前的张力；T_4 为弯曲后的张力；L 为弯曲部分光缆的弧长；θ 为弧线段的张角。

例如，T_2=100（kg）

　　　μ=0.5

　　　θ=90°

　　　L=10（m）

　　　W=0.42（kg/m）

　　　则 $T_4=(100+0.5\times 0.42\times 10)\cdot e^{\mu\theta}$

　　　　　=102.1×2.20=224.6（kg）

弯道处光缆的弯曲段的张角 θ 取叉道交角 θ' 的补角，叉道交角由管道资料给出，如图6-11所示。

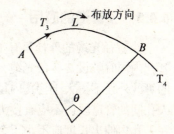

图6-11 光缆弯曲张角的估算

人孔处两段落出口有落差时，光缆的弯曲角度 θ 由下式估算：

$$\theta=2\arctan(b/a)$$

应当指出，上述计算只是粗略的估算，与布放时的实际牵引力难以完全吻合。但这样的估算又是重要的。它是选择牵引方式和牵引长度的依据。另有一种经验估算方法，现罗列如下，供读者参考：

（1）直线路由的张力仍如上式计算。

（2）其他路由可按下边的经验数据推算：

- 上山坡度（5°时），增加所需张力的25%；
- 下山坡度（5°时），增加所需张力的25%；
- 一个拐弯（2m 半径时），增加所需张力的75%；
- 如同时存在，则增加所需张力120%；
- 如同时存在，增加所需张力30%；
- 牵引时若采用润滑剂，摩擦系数将减少40%。

6.4.4 牵引方式

牵引力可由机械和人工提供，牵引机械有光缆牵引车、光缆牵引机和电动绞车，人工牵引又分为使用绞车和手放两种。

光缆的牵引方法有三种方式：

（1）首端牵引（又称集中牵引）

当计算的张力小于光缆允许的张力时，可采取整盘光缆首端一次牵引。牵引机械必须具有可以调节的牵引张力设定，当牵引力超过设定值时，应能自动告警并自动停止牵引。牵引速度应不超过 20 米/分，各人孔处应安排人员值守，整个牵引段上有良好的联络手段。一般地讲，首端一次牵引时，光缆的中心加强构件将承受80%的牵引张力，有一部分张力将传递于光缆外护套及光纤上，因此开始牵引之前必须有周密的布置和检查。

（2）中间牵引

光缆管道的敷设增加中间牵引点，可以增大一次敷设的长度。但要求每个人孔处的牵引机械人工能够同步动作。因此这种方式的采用尤其要求可靠的联络手段能够保证统一指挥下实现各个牵引点同步行动。

（3）分段牵引

当光缆一次牵引所需的牵引力超过光缆的允许张力，或者路由复杂时，可采取光缆"∞"字形盘留，进行分段牵引。分段牵引分单向和双向两种方式。光缆靠近接续点或者终端，且有光缆临时盘留场地时，可采取双向分段牵引。

6.4.5 子管道的应用

小直径光缆的外径只有12~18mm，而管线上管孔的内径为80~100mm，因此允许在同一管孔内同时敷设2~3条光缆，但必须采用子管道敷设。子管道选用半硬塑料管材；数根子管的等效外径不得大于管孔内径的85%；一个管道孔内安装的数根子管应一次穿放；子管在两人孔间的管道段内不应有接头；子管在人孔内是否开口视具体情况而定，必须开口时，子管在人孔内伸出长度应不小于200mm。

子管道的应用提高了现有管孔的利用率，但有两点需要注意：数根子管同时穿放可能会发生互相扭绞增大摩擦力，因此在拉力已经要求很苛刻的情况下不宜采用。另一个问题是从通信线路发展来考虑，还是一管一根光缆为好，因为多根光缆穿放在同一子管道中，线路维护困难加大，而且将来增设和更换多芯光缆时既困难又不经济。

6.4.6 保护措施

人孔内的光缆可采用蛇形软管或者塑料管保护，并绑在光缆托架上或按设计要求处理，管孔口应采取堵口措施，以防止污垢杂物流入管道，也可防止老鼠在管孔跑窜筑穴伤害光缆。人孔内的光缆应有明显识别标志。严寒地区应采取防冻措施。

6.5 架空光缆的敷设

光缆的重量轻，便于架设。利用现有的明线杆或新建杆路架设光缆线路，具有投资省、施工周期短的优点。因此，长途省内干线由明线线路改建光缆通信工程时，较多地采用架空光缆，利用已有的长途省内杆路或部分农、市话杆路附挂光缆。国家省际干线及市话中继线路一般不采用架空方式，但在地形复杂地段存在难以穿越的障碍或者由于市区城市规划未定型等情况下，省际干线也可采用局部或临时过渡性质的架空敷设方式。但在超重负荷区，气温低于-30℃地区，大跨度数量多的地区，以及沙暴严重或经常遭受台风袭击的地区长途干线光缆不宜采用架空敷设。

架空光缆主要有钢绞线支承式和自承式两种，我国优先采用钢绞线支承式。钢绞线支承式光缆的架设又分为吊挂式和缠绕式两种方式，缠绕式具有施工效率高，抗风压能力强和便于维护的优点，但由于其施工条件限制性较多，一般不推荐采用。

6.5.1 杆路与吊线

架空光缆线路施工分新建光缆线路与利用原有杆路整治后架设两种情况。新建线路依据架设光缆的种类，环境条件以及其他安全因素（例如与电力线和建筑物的允许距离）等进行设计。我国按照风力、冰凌、温度三要素划分四种负荷区，见表 6-6。各种负荷区的容许标称杆距及吊线程式列于表 6-7。架空光缆的垂度取决于吊线的垂度。新架设的吊线没有承受负载之前，其垂度称为吊线的原始垂度，表中所列的"架挂光缆后最大垂度"指在最大冰凌负载或最高温度时，可能出现的最大垂度，供选定光缆跨越高度时参考。

表 6-6　　　　　　　　　　　我国负荷区的划分

气象条件	区别	轻负荷区		中负荷区	重负荷区	超重负荷区
		无冰期	有冰期	有冰期	有冰期	有冰期
吊线及光缆上的冰凌等效厚度（mm）		0	5	10	15	20
最低大气温度（℃）	结冰凌时		−5	−5	−5	−5
	不结冰凌时	−20	−40	−40	−40	−40
最大风速（m/s）	结冰凌时−5℃		10	10	10	10
	不结冰凌时0℃	25				

光缆线路跨越小河或其他障碍时，可能采取长杆档设计。一般在轻负荷区，杆距超过 70 米；中负荷区杆距超过 65 米；重负荷区杆距超过 50 米均属长杆档。除有吊挂光缆的正吊线外，还需加设付吊线，一般付吊线采用 7/3.0 钢绞线。图 6-12 为长杆档架空光缆架设示意图，要求吊挂光缆后长杆档内的光缆垂度与整个线路基本一致。

表 6-7　　　　　　　　　　钢绞线和挂钩程式的选用

负荷区	钢绞线程式	杆距（m）	光缆重量（km/m）
轻负荷区	7/2.2 钢绞线	≤45	≤2.1
		≤60	≤1.5
		≤80	≤1.0
中负荷区	7/2.2 钢绞线	≤45	≤1.8
		≤50	≤1.5
		≤60	≤1.0
重负荷区	7/2.2 钢绞线	≤35	≤1.5
		≤45	≤1.0
		≤50	≤0.6
重负荷区	7/2.6 钢绞线	≤30	≤2.5
		≤45	≤1.5
		≤50	≤1.0

续表

负荷区	钢绞线程式	杆距（m）	光缆重量（km/m）
挂钩程式		光缆外径（nm）	
65		32 以上	
55		25~32	
45		19~24	
35		13~18	
25		12 以下	

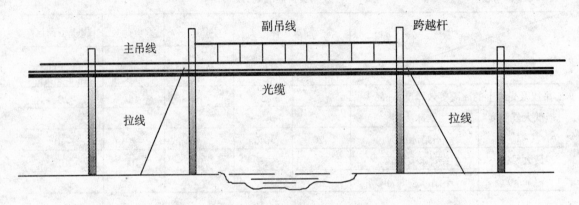

图 6-12 长杆档架空光缆敷设简图

架空光缆在每根杆处均应作伸缩弯，以防止光缆热胀冷缩引起光纤应力（见图 6-13）。架空光缆每隔一定距离在电杆上盘留预留缆，以备光缆修理时使用。

图 6-13 为架空光缆引上安装方式及要求。杆下用钢管保护，以防止人为损伤，上吊部位应留有伸缩弯，以防气候变化的影响。

光缆接头预留长度为 8~10 米，应盘成圆圈后捆扎在杆上待用。引上光缆的安装及保护如图 6-14 所示。

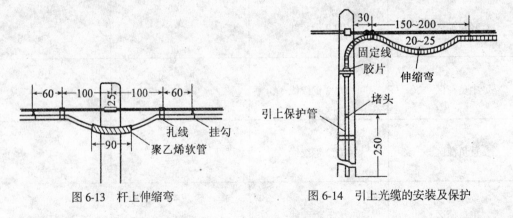

图 6-13 杆上伸缩弯　　　　图 6-14 引上光缆的安装及保护

利用原有明线杆路加设架空光缆，架设之前应对原杆路进行整治，更换强度不符合要求的线杆，按每增加一条 7/2.2 吊线和光缆相当于 6 条 4mm 钢线的负载。依照光缆与明线的总负载,核算原有角杆拉线程式是否满足需要,超过负载时,应增加角杆拉线。在长途架空明线杆路上增挂光缆,为了保证光缆与地面的隔距,一般选择在第一层担或第二层担下 15 厘米左右的位置。若明线杆路有三层担时,最佳选择是拆除第二层担上的明线,将光缆及吊线架挂在第二层担位置。这样,不仅可以保证光缆的架设高度,同时也可以减小钢吊线和光缆对明线回路造成的第三回路串音影响。

6.5.2 吊挂式架设

为了不损伤光缆的护层,一般采取滑轮牵引方式。如图 6-15 所示,在光缆盘一侧(始端)和牵引侧(终端)各安装导向索和两个导线滑轮,并在电杆的合适位置安装一个大号滑轮(或者紧线滑轮)。再在吊线上每隔 20~30m 安装一个导引滑轮(安装人员坐滑车操作较好),每安装一个滑轮将牵引绳顺势穿入滑轮,采取人工或者牵引机在端头处牵引(注意张力控制)。光缆牵引完毕。再由一端开始用光缆挂钩将光缆吊挂在吊线上,替下导引滑轮。卡挂间距为 50±3cm,电杆两侧的第一个挂钩距吊线在杆上的固定点约为 25 cm,要求挂钩程式一致,搭扣方向一致。

钢绞线与挂钩的程式选用见表 6-7。

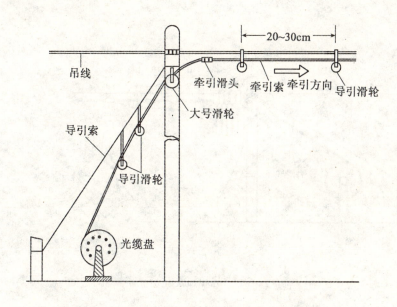

图 6-15 光缆滑轮牵引架设方法示意图

6.5.3 缠绕式架设

老式的缠绕式架设,要先预放光缆再人工进行绑扎,只是用绕扎线代替吊钩,使得光缆和吊线间的连接加强,因而提高抗风能力,新式的小型自动缠绕机的开发成功才使得缠绕法架设成为既质量好又省力省时,成为一种较为理想的架设方式,如图 6-16 所示,卡车后部用液压千斤支架光缆盘,卡车缓慢向前行驶,光缆通信输送软管和导引器送出,同时固定在导引器上的牵引线拉动缠绕机随车移动。缠绕机分为转动和不可转两部分。不可转部分由牵引线带动沿光缆移动,通过一个摩擦滚轮带动扎线匝绕吊线和光缆转动,实现光缆布放,绕扎一次自动完成。光缆布放到电杆处时，运用卡车上的升降座位将操作人员送上去，完成杆上的伸缩弯、固定扎线及将光缆缠绕机移过杆上安装好。这种施工方式当然省工、省时、省力，架设效率很高，但只限于可以通行卡车的线路路面。光缆预放如图 6-17 所示，图 6-18 为人工牵引缠绕机布放的示意图。

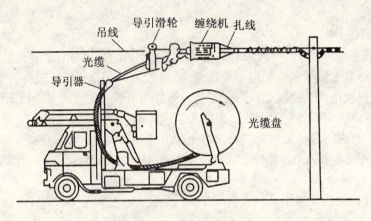

图 6-16　卡车架设缠绕光缆

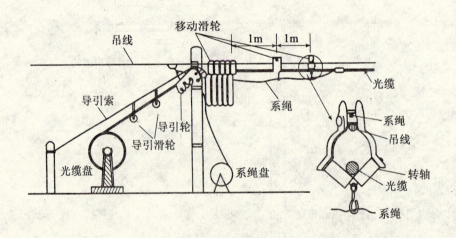

图 6-17　光缆预放

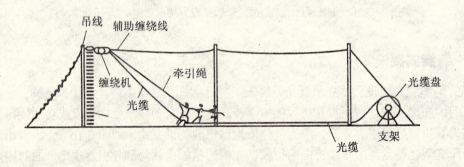

图 6-18　人工牵引缠绕布放

6.5.4 架空光缆的接地保护

为保护架空线路设备和维护人员免受强电或雷击危害和干扰影响,架空光缆应在终端杆、角杆、H杆处及市外每隔10~15根电杆上使架空光缆的金属护层及光缆钢吊线接地。地线有线型和管型两种。线型接地的引线和接地体均用直径为4~5mm的镀锌钢线,接地体一般水平敷设,埋设深度0.7~1m,表6-8列出了线型接地体在不同土壤中不同长度下的接地电阻值。表上可以看出,阻值的减小与地线的掩埋长度不成正比。表6-9为架空光缆杆路的接地电阻。管型接地如图6-19所示。管型接地施工方便,占地面积小,容易获得较小的接地电阻。图中a为单管接地,要求管打入地下的深度深,如图b为双管接地,适用于土质坚硬的地区。

表6-8　　　　　　　　　线型接地体在水平敷设时的延伸长度

土壤的性质	土壤电阻 ρ ($\Omega \cdot m$)	φ4mm 钢线埋深 0.6m 长度为下列数值时的电阻（Ω）					φ4mm 钢线埋深为 1.0m 长度为下列数值时的电阻（Ω）				
		1m	2m	3m	4m	5m	1m	2m	3m	4m	5m
	20	9	12	9	7	6	17	11	8	6.5	6.5
	50	47.5	29.5	22	17.5	14.5	43	27.5	21	17	14
	60	57	35.5	36	21	17.5	52	33	25	20	17
	80	76	47	35	28	23.5	69	44	33	28	22
	285	177	131	105	88	258	165	123	99	84	98
	400	180	236	174	140	117	145	220	164	132	111
	440	418	260	182	154	129	379	142	180	145	123

表6-9　　　　　　　　　架空杆路的接地电阻

接地电阻(Ω) 电杆种类	土壤电阻率 ρ（Ω·m）	≤100	100~300	301~500	≥501
	土壤性质	黑土、泥土、黄土、砂质粘土	石砂土	砂土	石质土壤
一般电杆的避雷接地		≤80	≤100	≤150	≤200
终端杆、H杆			≤100		
与高压电力线交越处两侧电杆			≤25		

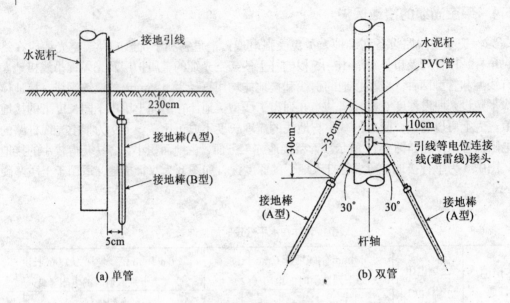

图 6-19 管形接地装置图

6.6 水底光缆的敷设

6.6.1 水底光缆敷设条件

水底光缆的选用是由工程设计部门确定的,但施工技术管理人员应对其选用要求、规模、程式非常清楚。

① 河床稳定、流速较小,河面不宽的河流和湖泊,采用细钢丝铠装水底光缆。这是目前长途工程中使用最多的一种。

② 河床不稳定、流速过大(>3m/s),河宽大于150m或者机动船、帆船等水上运输工具较多的航道,采用粗钢丝铠装水底光缆。

③ 河床不稳定,冲刷严重,流速大或者河床是岩石,光缆与其冲击磨损严重,容易危及光缆的河流、水域和海边宜采用双钢丝铠装水底光缆。

④ 常年水深超过10米的江、河应采用深水光缆,如某2.5Gb/s单模光缆工程、穿越长江,则采用双铠铅护层深水光缆。这种光缆较重(14t/km)可沉入江底,增加了光缆在水底的稳定和安全性。

⑤ 对于小河沟,可采用普通直埋式,使用过河塑料和管道敷设。

大型重点工程穿越大江、大河,一般应设置一条备用水底光缆,其长度和传输特性与主用光缆大致相同,为了防止主备用光缆在水下扭绞,它们的投放位置应间隔50~70米以上,主备用光缆的倒换有两种方式,一种为直通连接方式,即主用光缆与陆地光缆直接连接,备用光缆端头开剥完成接续前的准备待用。另一种为活动连接方式,即主备用光缆在倒换装置(俗称水线"开关"箱)中都与活动连接器的尾纤连接,再通过连接耦合与陆地光缆间实行倒换。这种倒换方式的倒换时间短,但由于使用了两个活接头和四个固定接头,总损耗将增大约2dB。

6.6.2 光缆过河地段的选择

（1）水底光缆穿越江、河、湖泊等水域的位置，应尽量选择具有下列条件的地段：
① 河面较窄，路由顺直；
② 河床起伏变化平缓、水流较慢、河床土质稳定；
③ 两岸坡度较小；
④ 河面及两岸便于施工，便于设置敷设导标和维护水线房；
⑤ 已有过河电缆的地段，一般对河流状况较了解，有利于光缆的敷设和维护，但应弄清原有水上缆线的走向和具体位置，注意新设光缆与原有电（光）缆的间距。

（2）水底光缆应尽量避免在下列位置过河：
① 河道不直或拐弯处；
② 几条河流汇合处以及产生旋涡的水域；
③ 水流经常变道的石质河底；
④ 沙洲附近；
⑤ 河岸陡峭以及冲刷严重易塌方地段；
⑥ 规划拓宽、疏浚地段；
⑦ 有危险物、阻碍物地段；
⑧ 码头、港口、渡口、抛锚区及水上作业区等。

6.6.3 埋深与挖沟

水底光缆埋深的一般要求如表 6-10 所示。水底光缆沟的常用挖掘方法及其适用条件见表 6-11。

其中，对一般河流、湖泊，人工挖掘最为普遍。人工截流方法因地制宜。海下光缆采用大型开沟敷设船。图 6-20 是水流较急、水面不太深时采用的一种截流施工的方式。

表 6-10　　　　　　　　　　水底光缆的埋深要求

河岸情况	埋深要求（m）
岸滩部分	1.5
水深小于 8m（年最低水位）的水域：	
1. 河床不稳定，土质松软	1.5
2. 河床稳定、硬土	1.2
水深大于 8m（年最低水平）的水域	自然淹埋
有浚深规划的水域	在规划深度下 1m
冲刷严重、极不稳定的区域	在变化幅度以下
石质和风化石河床	>0.5

表 6-11　　　　　　　　　　　常见水底沟的挖掘方法

挖掘方法	适 用 条 件
人工直接挖掘	水深小于 0.5m，流速较小，河床为粘土、砂粒土、砂土
人工截流挖掘	水深小于 2m，河宽小于 30m，河床为粘土、砂粒土、砂土
水泵冲槽	水深大于 2 m 小于 8m，流速小于 0.8m/s，河床为粘土、淤泥、砂土
挖泥船、吸泥机	水深 8~12m，河床为粘土、淤泥、砂粒土、小砾石
爆破	河床为石质
冲放器	河床为砂粒土、砂土、粗细沙
挖冲机	河床为砂粒土、砂土、粗细砂及硬土

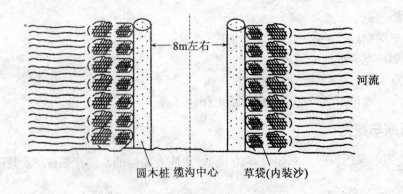

图 6-20　人工截流挖掘光缆沟

水泵冲槽是由潜水员用手持式高压水枪，将已放光缆周围的泥沙冲走，当冲开一条沟槽时，再由潜水操作人员将光缆踩入沟槽底部。为防止光缆下沉深度不规格造成光缆拉紧，采用冲槽法布放的光缆的预留长度要多一些。冲槽深度，一般粗砂土质为 0.5m，细砂土质为 0.7m，泥沙土质为 1~1.2m，淤泥为 1.3~1.5m 。潜水作业人员的工作责任心十分重要，一定要保障光缆自然沉入沟底，避免小圈、死弯并注意光缆护层受损伤。

在水面较宽、流速较大且河床不是十分坚硬的情况下，采用冲放器，挖冲机方式。这种施工方式可以实现光缆的布放，挖沟和掩埋连续作业一次完成。当然其施工效率高，但不适于河床有岩石、大卵石时的情况。

河床为岩石质时，需经水下爆破设计，用炸药在石质岩块上炸出沟槽。

6.6.4　水底光缆的布放

水底光缆的布放应根据河流宽度、水深、流速、河床土质、施工技术水平和设备条件等确定。布放过程中应注意满足如下基本要求：

① 应控制布放速度，光缆不得在河床上腾空，不得打小圈。

② 应以测量的基线为基准向上游方向按弧形布放和敷设。弧形的大小根据水流情况设计规定，弧线顶点在河流的主流位置、弧形顶点到基线的距离一般为弦长的 10%。

③ 水底光缆之间或光缆与电缆之间，应按设计要求保持足够的安全距离，以避免相互

叠压。

④ 应按复测路由布放，保证预留长度，一般应伸出岸边或堤岸50m。

表6-12为水底光缆的常用布放方法，图6-21为水底光缆敷设施工流程图。

表6-12　　　　　　　　　　　水底光缆的布放方法

序号	布放方法		适用条件	施工特点	备注
1	人工抬放法		1. 河流水深小于1m 2. 流速较小 3. 河床较平坦河道较窄	用人力将光缆抬到沟槽边，然后依次将光缆放至沟内	需用劳动力较多
2	浮具引渡法	浮桶法	1. 河宽小于200m 2. 河流流速小于0.3m/s 3. 不通航的河流或近岸浅滩处 4. 水深小于2.5m	将光缆绑扎在严密封闭的木桶或铁桶上，对岸用绞车将光缆牵引过河到对岸后，自中河岸逐步将光缆由岸上移到水中的沟槽内	较人工抬放法省劳动力，在缺乏劳动力时可采用
		浮桥法	适用条件同上	与浮桶相似但较浮桶法经济方便	
3	冲放器法		1. 水深大于3m 2. 流速小于2m/s 3. 除岩石等石质河床外，其他土质的河床均可采用，冲槽深度视河床土质有关，可达2~5m左右 4. 河道宽度大500m	施工方法较简单经济，利用高压水，通过冲放器把河床冲刷出一条沟槽，同时船上的光缆由冲放器的光缆管槽放出，沉入沟槽内，施工进度快，埋深符合要求，节省施工费用等优点	不适用于原有水底光（电）缆附近增设光缆的情况
4	拖轮引放法		1. 河道较宽大于200m 2. 水流速度小于2~3m/s 3. 河流水深大于6m	利用拖轮的动力牵引盘绕光缆的水驳船，把光缆逐渐放入水中，如不挖槽时，宜采用快速拖轮，要求拖轮的马力大些	不适用于浅滩或流水旋涡的河道。机动拖轮会使施工速度加快
5	冰上布放法		1. 河面上有较厚的冰层，且可上人时 2. 河流水深较浅，河床较窄的段落	在光缆路由上挖一冰沟但不连续或挖冰下，将光缆放在冰层上，施工人员同时将冰沟挖通，将光缆放入冰沟中	不适用于南方各省，仅在严寒地区施工，施工条件受到限制

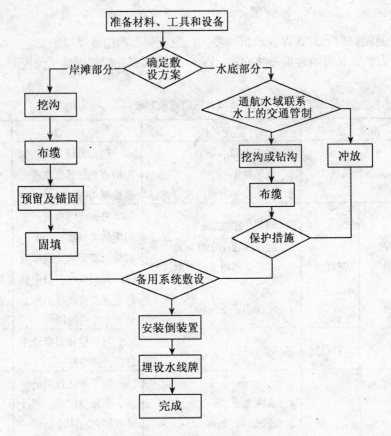

图 6-21 水底光缆线路敷设工作流程图

6.6.5 岸滩余留和固定

① 岸滩坡度小于 30°，土质稳定情况，直接在近水地段作 S 形余留，S 弯半径为 1.5m 左右，埋深不应小于 1.5m。

② 岸滩不稳定，坡度大于 30°时，除作 S 形弯余留外，还应采取锚桩固定。如图 6-22 所示，受力不太大的情况用一般型固定。土质松软，受力较大的情况采取加强型固定方式。

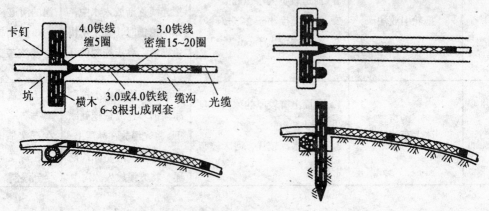

图 6-22 水底铠装光缆横木网套固定示意图

缆上的网套长度为 2~3m，缠扎间距 50cm，捆扎力度适当，避免光缆变形。

③ 河流较急，岸滩冲刷特别严重，或者船只靠岸地段，要加强光缆的保护，如增大埋深，覆盖水泥板，覆盖水泥沙袋，砌石坡，使用毛石、水石沙浆封沟等措施。

6.6.6 水线标志

在通航的河、江中敷设水底光缆，必须在其附近划定禁止抛锚区域，并在禁止抛锚两侧堤岸上设置标志牌。由于水下光缆比水下电缆轻，敷设后光缆在水下可以移动的范围大，水下光缆的禁止抛锚区相对也大一些。

水线标志牌有三角形标志牌，大型方形标志牌和霓红灯标志牌，视河面宽度及过往船只的多少选用，有关标志牌的细节读者可参阅其他文献。

6.7 局内光缆的敷设

6.7.1 局内光缆的布放

局外光缆无论何种敷设方式，一般通过局前人孔进入局内地下进线室。多数工程的局内光缆采用普通室外光缆，有特殊要求的工程，要在地下进线室改接成外护层为聚氯乙烯材料和阻燃性光缆。局内光缆从地下进线室通过爬梯沿机房的光（电）缆走道，直到 ODF 架或终端盒处成端，由终端盒或 ODF 架至光端机再改用室内单芯或带式多芯软光缆，对于雷击严重地区，外线光缆在地下进线室成端，其金属铠装层引向保护点，所有金属线由专用局内电缆连接后送至机房远供架。局内光缆内不含金属构件。

局内光缆的布放一般只能采取人工布放方式。布放时，上下爬梯及每个拐弯处应设专人，在统一指挥下牵引，牵引中应保持光缆呈松弛状态，严禁出现打小圈和死弯。

一般规定局内光缆预留 15~20m，通常按进线室和机房各预留一半。

6.7.2 局内光缆的安装和固定

局内光缆在进线室内和爬梯上的安装固定方式见图 6-23、图 6-24、图 6-25，其中图 6-24 为阻燃光缆情况，电缆和光缆在接头盒处分开。图 6-22 为较粗的普通光缆固定方式。进线室

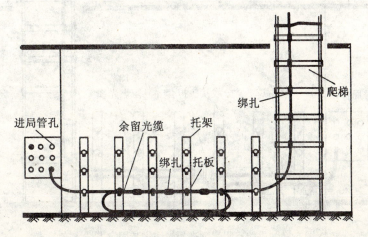

图 6-23 进线室光缆安装固定方式（一）

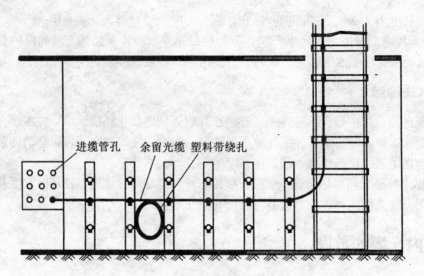

图 6-24 进线室光缆安装固定方式（二）

安装完成前，进线管孔应予以堵塞。光缆的固定应采取分散固定方式，目的仍然是为了使应力分散，无铠装光缆应衬垫胶皮后再用麻绳在每档铁架上捆扎。

对于没有爬梯的小局，应在墙上安装∩型支架捆扎光缆，不允许让光缆在大跨度内自由悬垂。

局内光缆进入机房后，大型机房一般在槽道内敷设，注意整齐地靠边松弛平放，避免重叠交叉。在槽道的拐弯处，为防止光缆被拉动而造成拐弯半径过小，可作适当绑扎。小型机房没有布线地槽时，余留应绕成盘后固定在墙上。

光缆在室内的布放当然要讲究整齐美观，但应注意保证光缆的松弛状态和足够的转弯半径始终都是第一位的。这是光缆与电缆敷设时最重要的区别。光缆布放后，即使不立即接续成端，也要作临时固定，仍然是为了防止光缆被拉伸或折弯，造成光缆的机械损伤和光纤断裂。

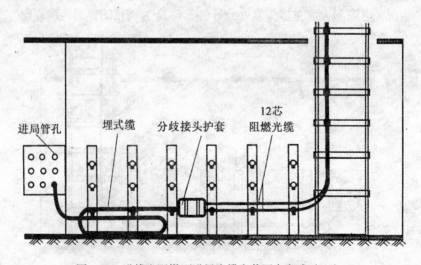

图 6-25 进线室阻燃型进局光缆安装固定方式（三）

6.8 长途管道气送光缆敷设

在长途干线上,传统的光缆直埋敷设方式虽然施工工艺成熟,但存在地下缆沟交错,杂乱无序,施工维护困难,特别是对光缆的保护不利等弊端。起源于国外,近年国内也大量应用在长途线路上(主要在铁道路肩、国道、高速公路边)埋设塑料管道,采用气送方式(空气压缩机产生的高压气体)敷设光缆的施工方法,可以解决直埋光缆存在的问题。

长途管道采用 HDPE-硅芯管。硅芯管的尺寸规格有标准,可根据光缆外径选用,一般常用内/外径为 33/40mm。HDPE 管的内壁涂有硅材料,是为了减小光缆在管中吹送时的摩擦系数。

通过一次开挖管道沟,埋设足够数量的 HDPE-硅芯管道,修建一定数量的人孔、手孔,根据需要吹放光缆。需要增设光缆时,只需在手孔处向两端人孔吹放光缆,在人孔处进行连续。一劳永逸,大大减少了再施工的费用,避免了反复开挖对既有通信线路和其他设施的影响。

6.8.1 放缆系统

管道光缆吹放系统因吹缆机的工作动力源不同而分为两类:一类是液压动力机为吹缆机提供动力,驱动吹缆机传送带转动而工作,系统由吹缆机、液压动力机、空气压缩机、高压输气管及配件组成,如图 6-26 所示;另一类靠分流一定的压缩空气作为吹缆机传送带转动的动力,系统由吹缆机、空气压缩机、高输气管及配件组成。

设备主要性能分示如下:

吹缆机:

  适用范围:光缆外径 $\phi 10 \sim 32$mm

      硅管外径 $\phi 32、36、40、50、60$mm

  吹缆速度:最大 100mm/min

液压动力机:

  压力 最大 1500psi(103bar)

  流量 最大 8gpm(30lpm)

     最小 5gpm(19lpm)

空气压缩机:

  压力 100~150psi(6.9~10.3bar)

  流量 5~8m^3/min(适用于 $\phi 25 \sim 32$mm 硅管)

    8~11m^3/min(适用于 $\phi 32 \sim 51$mm 硅管)

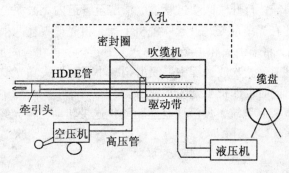

图 6-26 吹缆机工作示意

6.8.2 吹缆机工作原理

空气压缩机产生压缩空气，通过高压输气管送往吹缆机的密闭腔，由于密封圈的作用，使压缩空气完全吹向管道内。管道内充满高压气流，使处于管中的光缆基本悬浮在管道内，减少了吹放时光缆与管道内壁间的摩擦，最大程度地保护光缆和管道，也减小了光缆前进的阻力。牵引头前端呈锥形，牵引光缆在管道内前进，且在弯曲处能顺利滑过。管道内的高压气流产生均匀附着在光缆身上向前的推力，推动光缆前进，且因缆身均匀受力而使光缆不会受到损伤。同时，液压动力机产生高压液压油，通过液压软管送往吹缆机，驱动吹缆机的液压马达，带动上下两根传送带转动，从而推动置于两根传送带之间的光缆前进。另外传送带上盖升降夹紧光缆所需的力也是由液压动力源提供的，可根据具体情况灵活调节，并通过吹缆机压力表显示。

吹缆机的电气控制系统能对吹缆过程进行实时有效的监控，可以显示吹放速度和已吹放长度，以便操作人员根据施工现场的具体情况灵活调节吹放速度。另外具有自动保护功能，当光缆出现滑动、吹放速度超出范围或光缆中断时，吹缆机会自动停机，从而保证了施工的安全，保护了光缆。

6.8.3 操作步骤

（1）准备工作

人员、设备、材料到达吹放点后，选择平坦、宽阔的位置安放好设备。吹缆机的位置要满足吹缆要求（高压输气管弯曲半径大于管外径的15倍），且便于操作。光缆盘支架的位置应考虑一端吹放完成后，便于将余下的光缆盘放在地上进行另一端吹放，由于管道光缆不用金属铠装保护，故光缆盘体积较小，重量较轻，可采用跳板、缆绳用人力将光缆盘从汽车上放下，推到支架位置，操作时需特别注意安全。

人孔守护人员迅速到位，取下管道堵头，做好准备工作。

进行设备间管线连接。从空气压缩机到吹缆机，再到手孔管道之间的高压输气管可采用敷设中余下的硅管，用专用工具制作管道口面、呈光滑余面，以保证接头的气闭性。

（2）吹放光缆

做完设备和连接管线的检查后，指挥人员用对话机通知人孔守护人员做好准备，命令各设备操作人员开动设备运行。

吹缆前必须对管道进行疏通、清洗。将海绵球塞入管道内，打开气阀将海绵球吹过管道。若人孔守护人员发现管道内有淤泥、污水排出（特别是敷设时管口未堵塞完好），报告指挥人员，加大清洗力度；塞入海绵球后，加入适量润滑剂，再塞入海绵球，根据具体情况可依次加入润滑剂、塞入海绵球，打开气阀吹过管道。清洗至管道内无淤泥、污水排出。

将牵引头牢固固定在光缆前端，升起吹缆机上盖，将光缆夹在两根传送带之间。首先在管内加入0.2升润滑剂，将牵引头和1~2m光缆送入管道内，再在管内加入0.6升润滑剂。装好密封圈，降下吹缆机上盖。吹放过程中，润滑剂减小了牵引头和光缆与管道内壁的摩擦，减少阻力，利于吹放，同时也保护了光缆和管道。

操作吹缆机的电气控制系统，使液压马达驱动传送带转动，将光缆送入管道内15~30m后，打开气阀送入压缩气体，开始吹缆，为了保证设备正常运转，吹缆顺利进行，应按照以下指标进行调节、控制：

空气压力：80~100psi

吹缆速度：50~70m/min

液压力：500~1 000psi（超过1 500psi应立即停机）

① 吹放过程中应特别注意光缆盘转动速度与吹缆速度的配合，避免光缆被拉伤。操作人员根据敷设资料中人孔、手孔的距离确定吹放长度，当吹缆机仪表显示的吹放长度接近时，逐渐降低吹缆速度，并通知人孔守护人员注意。光缆吹出人孔管道、长度达到余留要求后，守护人员立即通知吹缆人员停机。

② 所有设备停机后，立即进行另一端的吹放。用专用管刀剖开吹缆机与手孔间的连接管道，重新安放吹缆机，连接输气管。将余下的光缆呈"8"字形盘放在地上，以便于吹放。按同样的程序进行吹缆。

长途管道气送光缆敷设方式，目前已在铁道、高速公路等光通信系统的建设中大规模应用，它对提高光缆线路敷设的施工效率，便于日后维护与增容以及对光缆线路的保护均有重要意义。随着施工应用的推广普及，敷设经验的积累与施工器具日益完善，管道气送光缆敷设将成为我国长途光缆线路敷设的重要方式。

6.9 架空复合地线光缆（OPGW）敷设安装

在电力输送线路中，采用装有光纤的复合地线缆 OPGW，安装在原电力线路（塔、杆）顶部，既对电力传输起地线防护作用，又可组建起光纤通信网。架空复合地线光缆 OPGW 的应用将成为电力部门组建大容量光纤通信网络的主要方式。

OPGW 光缆线路的敷设与普通光缆线路相比有一定特殊性，本节简单介绍 OPGW 光缆线路敷设要点及注意事项。

6.9.1 OPGW 安装准备

OPGW 安装采用张力放线法。使 OPGW 始终保持一定的张力而处于悬空状态，避免光缆着地使外层表面受损。同时可减少青苗赔偿和减轻体力劳动并加快施工进度。

针对不同结构特性的 OPGW 和具体的线路情况，由设计单位向施工单位进行施工设计图纸交流。施工单位根据整个系统通信网光缆布放的路由，交叉跨越，光缆预留等编制 OPGW 光缆施工方案。

主要施工机具（见表6-13）与操作要领：

表6-13　　　　　　　　　OPGW架设主要施工机械与器具

名　称	数　量	参考规格	备　注
张力机	1台	3.5吨，轮径1.5米	可调整张力范围
牵引机	1台	3吨	可调整张力范围
放线架	2台	3吨	
滑轮	20只	轮径600/800毫米	
无扭钢丝绳	5 000米		

续表

名　称	数量	参考规格	备　注
牵引网套	数根	与光缆匹配	
牵引通扭器	4个		
防扭鞭	2只		
紧线耐张预绞线	数根	与缆径适应	全新夹具
对讲机	10只		建议数量
弧垂板	4块		建议数量

① 牵引机、张力机：张力机和牵引机应有张力指示和限制装置，使OPGW在任何时候都能维持特定的张力值平稳地运行，防止对光缆造成任何突然的拉拽或冲击。

② 滑轮：位于线路引入和引出点的滑轮直径不应小于800mm或固定多重滑轮组。内槽包覆氯丁橡胶弹性缓冲层。直线杆塔和交叉跨越处的滑轮直径不应小于600mm。至少两个牵引端的滑轮应和杆塔一同接地。

③ 防（退）扭装置：牵引绳通过牵引网套，旋转退扭器与OPGW连接，防止光缆在牵引过程中扭绞（ADDS光缆的架设器具与敷设要点亦与此类似）。

④ 紧线耐张预绞线：一般采用临时性紧线耐张预绞线来对OPGW进行张力和弧垂的调节，其重复使用次数一般可达5次，不建议使用导（地）线卡线器，以免OPGW局部受压过大。

⑤ 辅助设施和交通工具：吊车、手板葫芦、登高板、经纬仪、望远镜、安全帽、安全带、接地线、验电器、绳索、红白小旗、毛竹、防护网、安全警示牌等在安装前都要准备齐全。

⑥ OPGW光缆储运：OPGW光缆盘不得处于平放状态，不得堆放，盘装光缆应按OPGW盘标明的旋转箭头方向短距离滚动，缆盘装卸不得遭受冲撞、挤压和任何机械损伤，应用叉车装卸。储运温度应控制在-40℃~+60℃范围内。

⑦ OPGW光缆及金属附件：现场验收，对运到工地的OPGW光缆及金具附件进行现场开盘测试，并进行外观检查：与厂验报告对比，验证运输中的变化。除合同规定外，一般有如下材料：OPGW光缆、导引光缆、中间接续盘、终端盒、尾杆、耐张线夹、悬垂线夹、防震锤、防震锤护线条、引下线夹。

施工前应严格贯彻电力工业技术管理，电力安全与现场检修规程等。对施工操作人员进行有效的培训。交待对光纤的特殊保护。对有关设备应进行试组装（如耐张线夹）和试操作（如光纤熔接），保证人身和设备安全，确保工程质量和施工进度。

6.9.2　OPGW布放与紧线

① OPGW架设时，原线路必须停电作业，不能在大风、雷雨等恶劣天气下施工，执行"电业安全工作规程"，填写工作票。执行高压架空线路安全操作的组织措施，遵守电力系统的有关工作规程。在与交通要道、通信线路、电力线路有跨越处，应设专人监护，确保光缆最小弯曲半径为缆径的30倍以上，绝不能受挤压和扭曲；最大紧度时放线张力一般不超过

15%~20%RTS 负荷。

② OPGW 光缆布放宜采用张力牵引（见图 6-26），将光缆盘放在转轴的放线架或缆盘车上，先以人力展放无扭牵引钢丝绳，穿在滑轮内，通过网套，退扭器和防扭鞭牵引 OPGW，或事先串接好所有接头，以拆换的老地线牵引 OPGW。每盘光缆都必须安装在指定的区间，做好接续预留。且不得随意切割 OPGW，端头做好密封防潮处理。

牵引力一般不超过光缆允许张力的 20%，瞬时最大牵引力一般不超过光缆允许张力的 40%，牵引机应慢速启动至 5 米/分，如果情况正常，可逐步平稳地增加到 30 米/分。

③ 为了保证 OPGW 光缆不至于在首尾杆塔处受过度的侧压力，牵引机和张力机分别到末端和始端杆塔的距离为 3~4 倍的杆塔高度。

④ 跨越放缆时，按施工方案检查各项准备。包括停电事宜、防护架、监管人员安排、验电及接地保护等。对特殊的需在塔上紧缆的耐张塔、转角塔通过临时拉线加固保护，临时拉线不允许绑扎在横担和塔身的一根主材上。

⑤ 布放时，OPGW 从缆盘放出保持松弛形态，防止在牵引过程中打圈、浪涌、劲钩、表面擦损等现象发生。由专人指挥，保持畅通的联络。发现有不合质量要求之后，可迅速处理。禁止未经培训人上岗和在无联络工具的情况下作业（见图 6-27）。

在用牵引绳进行紧线时，沿线路方向牵引速度要平稳，如果地形限制，须改方向，则应设置地滑车，并严格按弧垂设计说明书的要求操作。在档距中央，OPGW 与导线的距离按（在气温+15℃，无风情况下）$S \geq 0.012L+1$ 进行验算。针对每个耐张段操作时，是以紧线耐张预绞丝、手板葫芦、临锚绳组合，使滑车内光缆松张，逐个紧线。

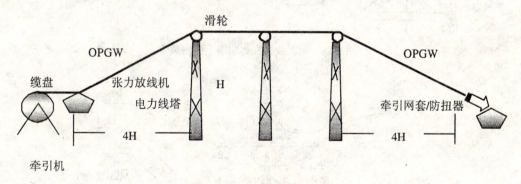

图 6-27 OPGW 布放示意图

6.9.3 OPGW 配套金具及附件

一个耐张段内 OPGW 光缆紧缆后，应及时进行附件安装。OPGW 采用预绞丝式金具组件，与 ADSS 光缆用金具基本相同，一般包括耐张线夹、悬垂线夹、专用接地线、防震锤、护线条、引下线夹、中间接续盒、终端盒、尾纤等。安装方法可根据供货厂家使用说明。

耐张线夹　一般用于终端塔，大于 15°转角或高差大的杆塔或接续塔上。

悬锤线夹　将光缆吊挂在线路中间的直线塔上起支撑作用，每个直线塔配一套。

防震锤　是为了减少风震的影响，保护 OPGW 的金具。延长 OPGW 使用寿命，放置在每个塔的耐张和悬锤两侧。

引下线夹　主要是将从杆塔上引下或引上的 OPGW 紧固在杆塔上，不让其晃动，避免光缆外铠磨损，通常每隔 1.5~2m 配一只夹具。

专用接地线夹　系统接地时为短路电流提供通路，它由铝线绞合而成一个长度，与金具、铁塔的连接应接触良好。

架空复合地线光缆（OPGW）安装施工所需的主要金具及应用条件见附录。

6.9.4 OPGW 金具安装

如图 6-28、图 6-29、图 6-30、图 6-31、图 6-32 所示。

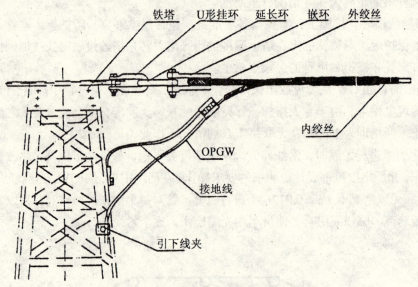

图 6-28　耐张线夹在终端塔上的安装

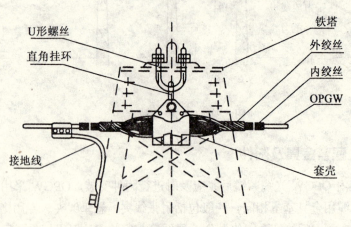

图 6-29　悬垂线夹在中间塔上的安装

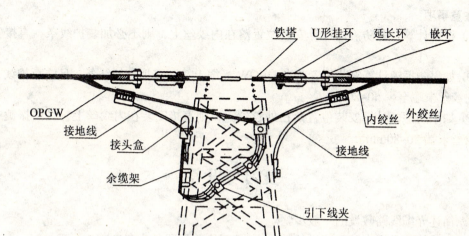

图 6-30 耐张线夹在接续塔上的安装

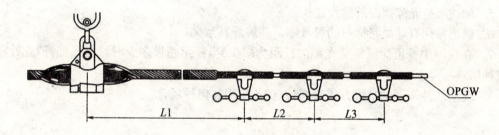

图 6-31 防震锤在悬垂线夹上的安装

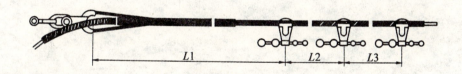

图 6-32 防震锤在耐张线夹上的安装

6.9.5 防震锤在线路上的安装距离

不论在耐张线夹还是在悬垂线夹上，防震锤的安装距离一般可由下式确定：

$$L_1 = 0.4D\sqrt{T/M}$$

$$L_2 = 0.7L_1$$

$$L_3 = 0.6L_1$$

式中，D——光缆外径（mm）

T——光缆破坏载荷的 20%（kN）

M——光缆的单位重量（kg/km）

注意事项：

① 根据计算，若防震锤计算安装位置落在内绞丝上，则不必加装护线条，直接安装即可。

② 如果防振锤计算安装位置落在 OPGW 光缆上，则需加装护线条，且注意护线条末端距离内绞丝末端至少 50~80mm。

③ 如果防振锤计算安装位置落在外绞丝上，则直接安装在内绞丝上，且防振锤中心距离外绞丝末端 50~80mm。

复习与思考

1. 简述光缆线路敷设的一般步骤。
2. 光缆线路敷设中预留的目的是什么?各部位的预留各为多少?
3. 什么是光缆配盘?配盘有哪些目的?
4. 简述直埋光缆线路的敷设过程。
5. 简述架空光缆线路的敷设过程。
6. 画出常用直埋线路标石的符号图，并解释其意义。
7. 在我国中等负荷区架空光缆的杆距为多少?当杆距超过多少时称为长档杆?此处需采用何种措施?
8. 光缆线路不同的敷设方式有何特点?各应用在何种场合?

第七章 光缆接续与线路成端

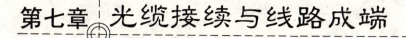

出于生产的经济性和运输与敷设的方便考虑，光缆的标称生产长度（盘长）一般只有 2~4km。光缆线路包含有若干个再生段，每个再生段需有若干条光缆串接而成，每根光缆中又含有若干条光纤。因此，工程施工中光缆连接工作量很大。而且光缆连续对于连接器材、连接设备和连接工艺、接续技术要求都比较高。按照国内外的统计资料，光缆通信工程故障发生率最高的是光缆接头部位。光缆接续的进度和质量对于整个线路工程建设有决定性的意义。

本章介绍光纤的接续、光缆间的连接处理以及光缆线路与通信设备间的成端技术。

7.1 光纤接续损耗

光缆接续的核心是光纤的接续。光纤的接续分为活动连接与固定连接。光端机与光缆线路的接续，水线主备用光缆与主干光缆接续，以及用户光缆与光传输设备间的接续一般采用活动连接器连续。活动连接要求系统正常开通时，接续引入的光损耗很小，而且能够经受环境（如机械震动，温度变化等）的影响，具有高的可靠性。系统一旦出现故障时，上述接续又可以方便地拆开，以便迅速地进行检测、分析、排除故障或者进行倒换。光缆线路的其他各处的连接采用固定连接。固定连接又分为熔接和粘接两种方式。

光纤连接的基本要求是：
- 连接的损耗小，满足线路传输性能的要求；
- 连接后性能的稳定程度高，长期可靠性好；
- 费用低且便于操作。

影响光纤连接损耗的原因归纳为两大类：

1. 固有损耗

它是由被接光纤本身的模场直径偏差（单模光纤）、纤芯不圆度（多模光纤）、模场或纤芯与包层的同心度偏差引起的，或者被接的两根光纤特性上的差异引起的。这种损耗自然不能指望由改善接续工艺或接续方式予以减小。

2. 接续损耗

它指接续方式、接续工艺和接续设备的不完善性造成的连接损耗。光纤连接损耗的主要原因列于表 7-1。

（1）光纤模场直径不同引起的连接损耗

图 7-1 为单模光纤的连接损耗随被接光纤模场直径偏差改变的实验观测曲线。单模光纤的模场直径的标称值为 9~10μm，按照 ITU-T G652 建议，模场直径允许±10%的偏差。从图 7-1 上可以看出，被接光纤的模场直径偏差为 20%时，引起的接头损耗将达 0.2dB。

表 7-1　　　　　　　　　　　　光纤产生连接损耗的原因

主要原因	简图
轴向错位	
间 隙	
折 角	
端面倾斜	
模场直径不同	
相对折射率差	

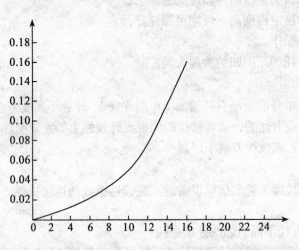

图 7-1　光纤模场直径偏差与连接损耗的关系

（2）光纤轴向错位引起的连接损耗

轴向错位取决于接续设备的调整精度。图 7-2 为单模光纤的轴向错位与连接损耗的关系曲线。从图中可以看出单模光纤对于轴向错位十分敏感。轴向错位达到 1.5μm 时,将产生 0.5 dB 的连接损耗。因此,用于固定连接的光纤熔接机和活动连接器的对中机械都有精度要求很高的调整机构。

（3）光纤间隙引起的损耗

活接头连接时,如果两根光纤的端面间隙过大,会使传导模在间隙处产生泄露而引起直接损耗。图 7-3 为实验观测到的关系曲线。

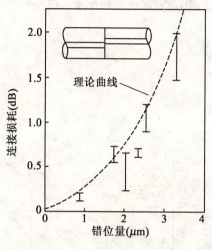

图 7-2　轴向错位与连接损耗的关系

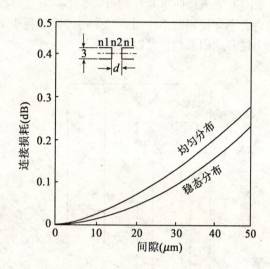

图 7-3　间隙与连接损耗的关系

（4）光纤折角引起的损耗

如图 7-4 所示,连接损耗对折角的大小也比较敏感。折角为 1°时,引起的损耗为 0.46dB,若要求连接损耗小于 0.1dB,折角应小于 0.3°。

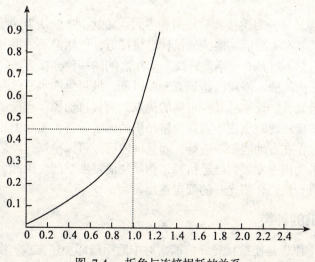

图 7-4　折角与连接损耗的关系

（5）光纤端面不完整引起的损耗

如图 7-5 所示，光纤端面不完整主要指切割光纤时断面制作的表面较为粗糙。导波模会从两端面间的倾斜缝中向外泄漏，引起连接损耗。一般来讲，光纤人工切断难免出现断面的倾斜，使用专用的光纤切断器作出的断面倾斜度可以很小。活动连接时，必须对光纤的端面进行研磨。

（6）折射率差引起的损耗

图 7-6 为被接两根光纤的折射率不同对连接损耗的影响曲线。从图上可看出两根单模光纤的折射率即使相差 10%时，产生的连接损耗也不过 0.01dB。因此正常情况下，这一损耗因素与上述其他因素相比可以忽略不计。

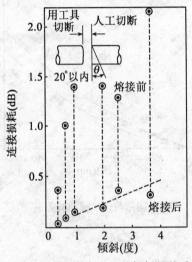

图 7-5 端面倾斜与连接损耗的关系

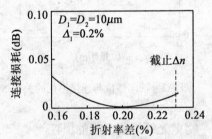

图 7-6 相对折射率差不同产生的连接损耗

7.2 光纤熔接机

光纤的固定连接又可分为熔接和粘接两种方式。文献中一般认为粘接法可能会成为未来的发展趋势。粘接法基本上与活动连接的设计思想接近，依然需要辅助元件，精确对中，然后用粘接剂粘接。它只不过是介于活动连接与熔接之间的一种连接方法。光纤连接技术发展到今天的水平，活接头的插入损耗已达到 0.3dB 以下，批量生产水平已经很高。另一方面熔接法具有连接损耗极底低、长期可靠性很高的优点，而且自动操作程度已经很高，又无需辅助元件。过去认为熔接法的缺点在于需要价格昂贵的熔接设备，实际上自动熔接机的发展，体积已经小型化，操作在自动监控下进行，而且国内已经可以生产这种熔接机。活动连接与熔接法固定连接技术的快速发展，已经挤掉了粘接法的发展空间。因此，我们不再详细介绍粘接法，而以熔接机为核心介绍光纤的固定连接。

7.2.1 光纤熔接机的种类

光纤熔接的基本原理是使被接光纤的端头对中后用局部加热方式，将端头部分熔化而焊接成一体。1976 年日本日立公司提出 CO_2 激光器熔接方式，它是用 CO_2 激光器作热源，很好地解决局部而快速的加热焊接，多模光纤的连接损耗最好已经可以做到 0.12dB，但 CO_2

激光器本身体积大，设备调整后不宜于移动，不适应于光缆的现场的接续需要。1976年日本NTT公司和美国康宁公司先后研究空气放电即电弧熔接方法，它是利用4 000V 30mA 左右的高压电弧使两根光纤对准紧贴熔接。后来日本NTT公司将这种熔接方法进一步改进成预放电式即二次熔接方式。预放电熔接是将被接光纤端面处理后，轴向对中，但不再将两端面紧贴，而有意让它们离开一个合适的距离，然后加热0.1秒至0.3秒进行预熔，将光纤端面的毛刺、残留物等清除掉，使端面趋于清洁、平滑，从而提高熔接质量。除了加热方式外，熔接机还有下述分类方法。

（1）按同时熔接光纤的数量分为单纤和多纤熔接机

单纤（芯）熔接机是目前使用最广泛的一种常用机型，我国自己生产和引进的熔接机大多是单纤熔接机，可一次完成一根光纤的熔接。

多纤（芯）熔接机是将一根带状光缆的光纤，端面全部处理好后，一次熔接完成。这种机型主要用于高密度线路光纤连接，其平均连接损耗已经能做到小于0.1dB。

（2）按接光纤的类别分为单模和多模熔接机

多模熔接机是利用固定槽，由光纤自身的张力落于槽中实现自动校正轴向偏差，在垂直方向不用微调定位器。多模熔接机不能用于单模光纤熔接。因为单模光芯的纤芯很细，靠光纤外径自校对难，对准精度不能满足要求。单模光纤熔接机虽然可以用于多模熔接，但因为单模熔接机的调芯机构精细，而且大都设计成自动校准和荧屏显示，因而设备价格贵，而且熔接时间相对比多模熔接机长一些。

（3）按技术发展水平分为五代机型

目前，工程中常用熔接机的种类与型号见附录。

7.2.2 光纤熔接机的结构参数

光纤熔接机主要由高压电源、光纤调准装置、放电电极、控制器和显示器（显微镜和电子荧屏）组成。上述部分有二件、三件的分体结构，通过连接器组合。有的产品则合为一体成为箱式结构。

（1）高压源

一种高压电源是由50Hz 220V 交流电，升压至3 000~4 000V 高压电流约20mA。另一种则是20kHz 或光纤熔接机40kHz 高频电源。其中高频方式具有变压器体积小，效率高，电路宜用 P_{max}，C_{min} 集成电路，因而各种机型中，多采用高频电源方式。

（2）放电电极

由钨棒加工成尖端呈 30°圆锥形的一对电极，安装于电极架上，电极尖端间隔一般为0.7mm。接通高压电源时电极间产生电弧、使处于电弧中心位置的光纤熔化。电极使用一段时间后，表面会有氧化附着层，应定期予以清除。一般普通电极的寿命为2 000次，电极消耗过度若继续使用，会影响光纤连接质量。

（3）调芯装置

调芯装置习惯上又称为调整架，常用的有两种：

① 应力应变型微调机构，它是将光纤固定在悬臂梁端部的 V 形槽中，悬臂梁整体的移位由螺旋测微计通过螺旋弹簧施予的应力来实现。

② "杠杆"型微调机构，如图 7-7 所示。V 形槽的三维微调通过安装在长杆端的螺旋测微计实现。放置于 V 形槽中的光纤，由机械压板固定。X、Y 方向微调由伺服电极顶动，杠杆机构是为了使调整更精细，轴向（Z 向）调节由螺旋测微器移动。这种机构的微调范围为

±10μm 以上。

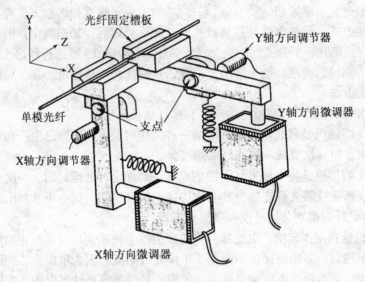

图 7-7　光纤校准机构的原理图

（4）控制器

控制器包括监视单元和微处理机两部分。其监视单元是本地光功率监测，由微处理机完成自动调整和连接损耗估算，可以通过改变微机程序调整发端放电时间和放电电流。而第三代机则用高分辨率的摄像机对光纤垂直观测后，在荧光屏上显示出光纤图像，并利用光纤包层的透镜效应直接显示出被接纤芯的对准状况。同时，摄像机又将此观测信息提供给中心微处理控制器，由中心控制器控制微调机械进行自动对准，并控制放电及光纤连接损耗的间接估算。如图 7-8 所示。

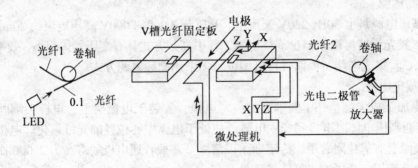

图 7-8　本机监测熔接机控制原理图

（5）显示装置

多数熔接机采用芯轴直视式熔接机即电或液晶显示器观察光纤状态和熔接质量。图 7-9 为纤芯直视法原理图。从图上可以看出，当一束平行光（非相干光）垂直光纤轴向照射时，光线 2 和光线 4 由于前向散射的折射角很大，不能被物镜聚焦到电荷偶合器件（CCD：Charge Coupled Device）上，光线 1 正好与光纤的包层相切，不出现折射，被物镜聚焦在 CCD 上，同理光线 5，虽然在空气和包层分界面处会出现折射，但因包层直径较大，光线的入射角很小，此光线与纤芯、包层分界面相切，因而也能被透镜聚焦在 CCD 上。光线 3 虽然也会落入 CCD 范围内，但可以通过适当的设计，例如将纤芯边界间的一段范围去掉 CCD 的感光涂层而予以滤掉。这样 CCD 上可以清晰地接受到光纤包层和纤芯界面以及包层与空气界面的光图像，CCD 即将此图像实行光电转换，变成模拟视频信号（NTSC），然后输入电子回路将此模拟信号变为数字编码信号，再由微处理机进行图像处理和识别后，由液晶显示器显示出光纤对接的画面。

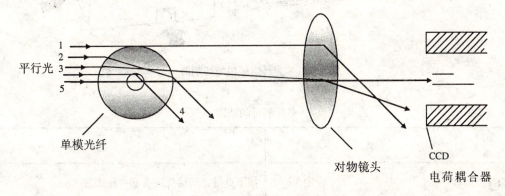

图 7-9 纤芯直视法原理图

图 7-10 为直视法光学系统图。其中棱镜改变光路进行方向，水平移动显微镜架，便可以分别观察 x 轴和 y 轴画面。显示镜架的上下调动是改变物镜与 CCD 的距离，即调整聚焦。

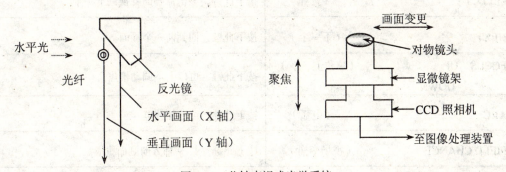

图 7-10 芯轴直视式光学系统

7.2.3 光纤熔接机的操作（实例）

光纤熔接机产品种类很多，不同厂家的产品的操作方法不同，这里我们仅以日本住友电工公司出产的 TYPE-35SE 型光纤熔接机为例，介绍其使用方法。其他型号的熔接机的操作应以该机的使用说明书为准。常用光纤熔接机与切割器如图 7-11 所示。

TYPE-35SE 为纤芯直视式第三代机。本机面板上共有三组按键，右面 3 个为工作状态设定键，左面 6 个为荧屏显示内容选择键，中间 12 个键为光纤参数和熔接参数选择键。各键的具体功能见表 7-2。

光纤通信技术

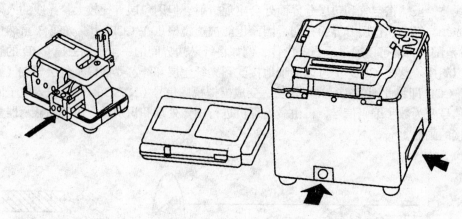

图 7-11　光纤熔接机与切割器

表 7-2　各控制键的功能

键　　名	功　　能
①SET　　　　　　　　　　（设定）	按下此键,熔接机进入下一种状态。
②RESET　　　　　　　　　（复原）	按下此键,回到初始状态或停止动作。
③HEATER SET　　　　　（加热器设定）	按下此键,加热器动作,加热保护套管,指示灯处于接通状态。
④SELECT　　　　　　　　（选择）	按下此键,显示器画面变换到下一个。
⑤NEXT　　　　　　　　　（下一个）	按下此键,回到前一个画面。
⑥FOCUS　UP DOWN　（聚焦上、下）	按下此键,可以上下调动聚焦。
⑦ARC　　　　　　　　　　（电弧）	按下此键,可追加放电。
⑧FIELD CHANGE　　　（视场变换）	按下此键,x、y轴方向画面更换。
⑨方式选择及调整参数开关	这些开关用来进行各种方式选择、参数调整等。

本机侧面配有电源插座,可选择交流电源或直流电源(12V)供电。

【放电条件实验】

在熔接作业开始之前,应做放电试验,检查现有的放电条件是否满足现场的实际情况。放电条件是否良好,应根据放电前后的两端光纤端部的间隙差的大小自动作出判断,其具体操作如下:

① 开机,显示屏上显示为初始状态,如图 7-12 所示。

② 按"5"键,选择放电试验功能,显示画面变为图 7-13。

③ 再按"1"键,*号为自动操作。再按"NEXT"键,回到初始状态,此时画面与图 7-13

相似，只是第 5 项"放电试验"由"NO"改为"YES"。

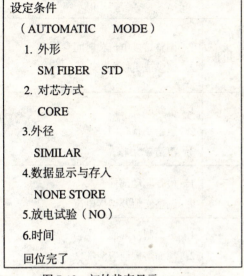

图 7-12 初始状态显示

图 7-13 放电试验显示

④ 将光纤除去被覆层，切平端部后，固定在熔接机上（手工操作），再按"SET"键，即进入放电试验状态。其过程如图 7-14 所示，如果放电条件不是 OK，则按下"RESET"开关，继续试验，直至熔接机自行判断出"OK"为止。试验完毕应再按"RESET"键，然后按"5"键，画面回到图 7-13，再按"2"键，最后按"NEXT"使画面回到图 7-12。

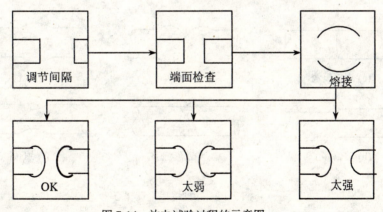

图 7-14 放电试验过程的示意图

【熔接质量的鉴别】

直视式熔接机可直接观察接续质量的优劣，熔接机虽然都能给出连接损耗的估计值，但这种估计值只是根据两根被接光纤的端面状态，对准程度等几何条件来决定的，因而不能认定为真实的连接损耗。固定连接的实际损耗必须由 OTDR 双向测量来决定。这里说的是质量鉴别知识初略的判断，以便及时确定是否需要重新熔接，一般如果推定连接损耗很低，但外型观察到如图 7-15 所示的情况，应重新熔接。

几种不良接头的状态见图 7-15，其原因分析与处理措施见表 7-3。

表 7-3　　　　　　　　　　目测不良接头的状态及处理

不良状态	原 因 分 析	处 理 措 施
痕迹	1. 溶解电流太小或时间过短 2. 光纤不在电极组中心或电极组错位、电极损耗严重	1. 调整熔接电流、时间参数 2. 调整或更换电极
轴偏	1. 光纤放置偏离 2. 光纤端面倾斜 3. V 形槽内有异物	1. 重新放置 2. 重新制备端面 3. 清洁 V 形槽
球状	1. 光纤馈送（推进）驱动部件卡住 2. 光纤间隙过大、电流太大	1. 检查驱动部件 2. 调整间隙及熔接电流
气泡	1. 光纤端面不平整有凹溜 2. 光纤端面不清洁	1. 重新制备端面 2. 端面熔接前应清洗
变粗	1. 光纤馈送（推进）过长 2. 光纤间隙过小	1. 调整馈送参数 2. 调整间隙参数
变细	1. 溶解电流过大 2. 光纤馈送（推进）过少 3. 光纤间隙过大	1. 调整溶解电流参数 2. 调整馈送参数 3. 调整间隙

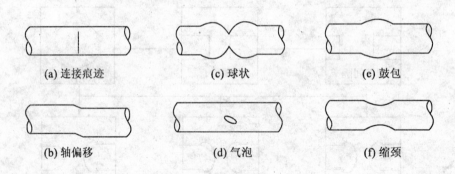

(a) 连接痕迹　　(c) 球状　　(e) 鼓包

(b) 轴偏移　　(d) 气泡　　(f) 缩颈

图 7-15　几种熔接不良状态

TYPE-35SE 在熔接机下方另配有加热器，可以对已接光纤接头进行补强处理，其操作步骤为：

① 打开防风罩，从熔接机中取出已接光纤，将预先已套进的保护套管轻轻移到熔接部位。注意保护套管应尽可能与两头光纤涂覆层的搭接距离相等，并防止灰尘及粘物进入保护套管内。

② 轻轻拉直光纤，放入加热器内，将左侧光纤轻轻下压使左侧光纤钳夹合，再轻轻压下右侧光纤，使右侧光纤钳合下。

③ 关闭加热器盖，按"HEATER SET"键，其上的动作信号灯亮。

④ 数秒钟后，若强力测试（通常设在 200 克）正常，加热器自动加热补强，约几分钟补强结束，蜂鸣器自动鸣叫，并可打开加热器盖和左右光纤铅夹，使保护管稍冷后，取出加了保护套的光纤。

若光纤在张力试验中被拉断或者未能夹紧光纤，蜂鸣器则发出断续报警声，应打开加热器盖观察并重新处理。

加热过程如图 7-16 所示。

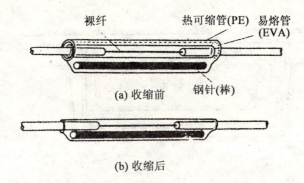

图 7-16　用热缩性套管加热补强光纤接头

7.3　光缆接续工艺

7.3.1　光缆接续的一般要求

根据工程施工的行业标准，光缆接续应满足如下规定：

① 接续前应该对光缆的程式、端别，测量光缆的传输特性，检查护层对地绝缘电阻。防止错接或将不合格的光缆接续后再返工。

② 接头处开剖后，光纤应按序作出标记，并作记录。

③ 接续操作一般应在车辆或接头帐篷内进行，防止灰尘和某些有害气体（如氟里昂）的污染。环境温度低于 0℃ 时，应采取合适的升温措施，以保证光纤的柔软性和焊接设备的工作正常。

④ 光缆余量一般不少于 4m，接头护套内光纤的最终余长应不少于 60cm。

⑤ 光缆接续工序应尽可能连续工作，如果由于条件限制无法完成接续，则应注意防潮和安全防护。

⑥ 光纤连接后应测量接头损耗合格后再封装保护管。

⑦ 直埋式光缆的接头坑应位于路由 A 端→B 端的右侧，如因地形限制不得不位于路由左侧时，应在路由施工图上标明。直埋光缆的接头坑的要求如图 7-17 所示。

⑧ 架空光缆接头一般安装在电杆旁，并应作伸缩弯。接头余留长度应盘放后固定在相邻杆上。图 7-18 为架空光缆接头盒安装的几种示意图，其中图 7-18（d）适用于南方地区。

⑨ 管道敷设光缆的接头箱应安装在人孔的较高位置，防止雨季时被人孔内的积水浸泡。图 7-19 为人孔内光缆余留及接头箱的固定方式。

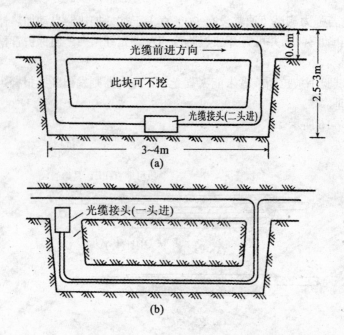

图 7-17 直埋光缆接头坑示意图

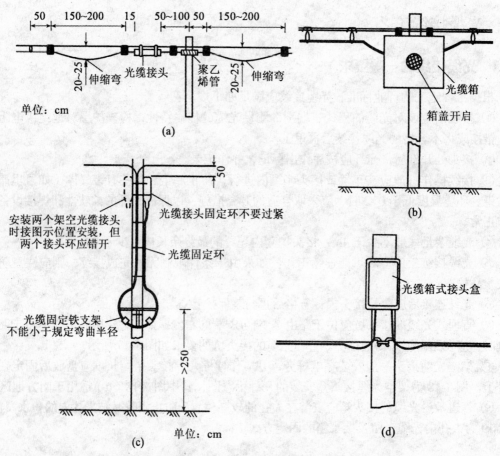

图 7-18 架空光缆接头盒安装示例

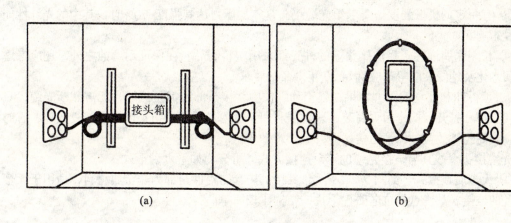

图 7-19 管道光缆余留和接头箱的固定方式

7.3.2 光缆接头护套处理

光缆接续大体上与传统的电缆接续方式相似，它是先剖除被接光缆端头部分的内外护层，使被接光缆的光纤加强芯金属导线以及金属护层分别对接，然后用接头护套（又称接头盒（箱））对光缆接头部分实行整体保护和密封。图 7-20 为光缆连接部分的结构示例。它由外壳支承件和连接件三部分构成。其中外壳是接头盒的最外层，主要承担密封功能。支承件是接头盒的骨架。包括支架光缆固定夹和光纤收容板等。它们使接头盒有一定的机械强度，以抵御侧向应力对其中光纤的影响。连接件是服务于对接的一些辅助元件，例如连接加强芯用的金属套管或者连接夹板，连接接头两端光缆铝护层的过桥线等。

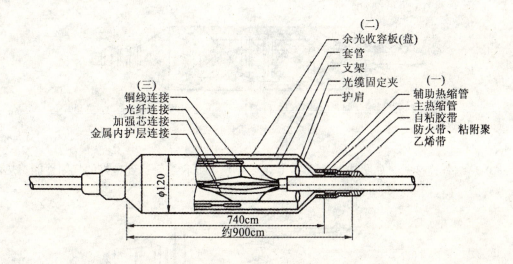

图 7-20 光缆连接部分的组成

光缆接头盒的性能要求为：
① 与被接光缆的程式敷设方式相适应，光缆程式繁多。接头护套的结构形式也呈多样性。
② 具有良好的密封性。一般要求在 20 年内能够有效地保持防水、防潮气和防止有害气体浸入的性能。

③ 有一定的机械强度。要求给光缆接头盒施加压力达其强度 70%时，其中的光纤性能仍不受影响。

④ 长期耐腐蚀性。目前接头盒的外壳都采用塑料制品，在保证耐磨蚀之外，还应考虑材料耐老化及绝缘性能等都应满足 20 年寿命的要求。

⑤ 可拆卸和重复使用。如果在施工和维护中，接头部位需检修时，无需截断光缆，只需将接头护套打开，检修后再封装，这对于利用护套内光纤的余留长度迅速修复故障，省时省料，提高经济效益，保证通信畅通有重要意义。

光缆接头盒按其与被接光缆的密封连接方式，可分为如下六种形式：

① 无金属连接式。如图 7-21 所示，其接头护套与附件全部为非金属材料，适用于无金属光缆的连接。其优点是抗电磁性干扰，结构比较简单。

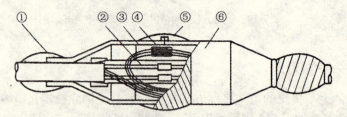

①胶带　②加强件　③余纤板　④光纤接头　⑤胶带　⑥套管

图 7-21　非金属连接护套

② 副套管连接式。如图 7-22 所示，其气闭性能较好。副套管采用专用工具压接，操作方便。

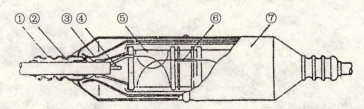

①副套管　②粘接材料　③绝热纸　④过桥线　⑤盘纤板　⑥光纤　⑦主套管

图 7-22　副套管连接法

③ 热缩管连接式。如图 7-23 所示，其主要靠热可缩收缩管达到良好的气闭性能。热可

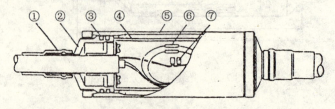

①热缩套管　②护肩（副套管）　③O 形环　④盘纤板
⑤主套管　⑥光纤接头　⑦过桥线

图 7-23　热缩管连接法

缩管材料的质量将决定接续护套的密封性能，同时操作也十分重要。收缩热可缩管时，喷灯的加温必须均匀，收缩适度。

④ 高强度塑料护套橡胶密封式。如图7-24所示，主套管、侧盖等主要构件采用优质高强度工程塑料，添加抗老化剂注塑成型。护套采用双密封结构，即硅橡胶密封圈及密封自粘条，通过端盖上的紧固螺钉压紧达到密封。可用于4~24芯光缆的管道，架空接头，也可用于一般的直埋接头。这种结构的主要特点是体积不大，操作很简便。

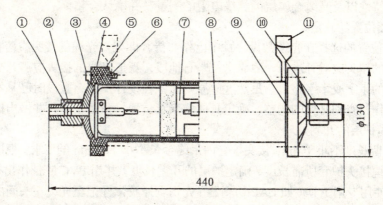

①小密封圈　②密封胶条填冲槽　③接地螺丝　④大密封圈　⑤密封胶条填充槽
⑥端盖封闭螺丝　⑦光纤盘绕，固定托板　⑧护套筒　⑨端盖　⑩紧固螺母　⑪护套挂钩

图7-24　高强度塑料护套橡胶密封连接法

⑤ 箱式弹性衬底连接式。这种接头盒与同轴电缆无人机箱类似，光缆与箱体间由热缩管和防水胶带密封箱体和箱盖间由硅橡胶环密封圈实现密封。其特点是光纤盘留半径大，气闭性好，容易打开维修。

箱式弹性衬垫连接法如图7-25所示。光缆连接程序如图7-26所示。

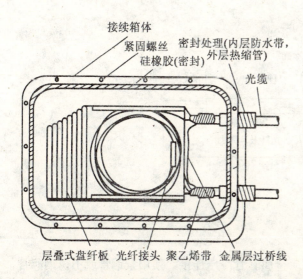

图7-25　箱式弹性衬垫连接法图

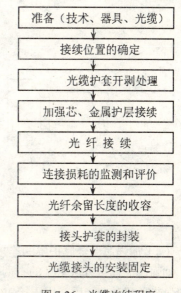

图7-26　光缆连续程序

7.3.3 光缆接续步骤

（1）准备工作

包括技术准备、器材准备和光缆连接之前的检测。

技术准备主要指对操作人员预先进行培训。

器材准备包括接续所需的配件应在现场配套齐全，并备有少量备件。准备好连接所需的机具，包括剥离钳、切断钳、帐篷和车辆。光缆的准备指敷设后的光缆应完成光纤传输特性、铜导线的电气特性以及光缆金属层的绝缘电阻的测量，并确认合格。

（2）接续位置的确定

光缆接续位置的选择在光缆敷设一章中已作交待，即架空光缆的接头应落在杆旁 2m 以内；直埋光缆的接头应避开水源、障碍物及坚石地段，管道光缆的接头应避开交通要道，尤其是交通繁忙的丁字或十字路口。虽然这些原则在工程设计及线路敷设时已基本确定，但在光缆接续前要作检查和必要的调整，确定具体的接续位置、预留长度，并做出标记。

（3）光缆护层的开剥处理

按光缆余留长度不小于 4m，接头护套内最终余长不小于 60cm 的要求，根据实际余长及不同结构的光缆接头护套所需长度，确定护层的开剥长度，并用 PVC 胶带作出标记。棉纱擦净护层表面，使用专用工具（如 LAP 切剥器）先切剥掉胶带标记至光缆端头间的光缆外护层和波纹套管。套上光缆接续护套的护肩和套管。从端头处起量出 60cm（当光缆实际余长较长时，此长度可加长至 1m）剥除内护层。内护层的切剥也要使用切口深度可以控制的专用工具，防止伤及内部的铜线和光纤。

内护层剥除后，光纤的套管，涂层暂不处理，这样对光纤多少有些保护作用。铜导线暂留 40cm，加强芯只留长 26cm，多余部分及其他填充线都剪去，但千万不得剪断光纤。用棉纱或专用清洁纸去除油膏，难以擦掉时可使用煤油或专用清洗剂，然后将光纤、铜导线按顺序进行编扎（临时），最后在护套上沿光缆轴向切开一道 2.5cm 的切口，再拐弯开 1cm 长的切口，使之呈"L"形。"L"形切口是为装过桥线作准备。在"L"形切口处，用棉丝带缠扎光纤 2 圈后，推入护套切口，以保护光纤。光缆护层开剥处理完成后如图 7-27 所示。

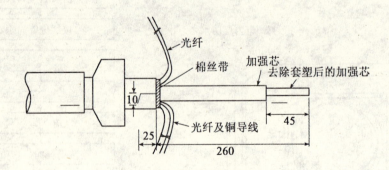

图 7-27 光缆开剥后的形状

（4）加强芯、金属护层的连接

加强芯的连接方法常见的有两种：（1）金属套管冷压连接。使用紫铜管或不锈钢薄管，与加强芯紧配合套接后，用压接钳在金属套管外交叉方位作若干个压接点（压接点不要只分布在两条线上，以获得平直而牢固的连接），如图 7-28（a）所示。注意套金属套管之前应剥去加强芯外面的塑料护层。(2)压板连接。如图 7-28（b）所示，分电气连通与非连通两种状态，非连通状态用于防雷要求严格的情况。施工采用何种方式，按设计要求选择。采用电气连通方式时，压板为金属材料，非连通方式的压板为绝缘材料。

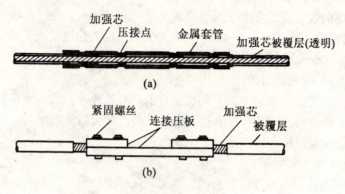

图 7-28　光缆加强芯连接固定方式

金属护层的连接根据工程设计也分为电气连通和断开监测两种方式。几乎所有的光缆都有铝箔护层。其连通方法多数采取过桥线连接。图 7-29 为两头带齿的连接片的过桥线。撬开光缆护层上的"L"形切口，用钳子把过桥线带齿端头插入切口内，与铝塑内护层夹紧，然后用 PVC 胶带将其紧贴光缆缠扎两道。若要求电气不连通而要求作监测时，则用导线从两侧或一侧引出。埋式光缆多数为皱纹钢带铠装，部分直埋式、爬坡、小水线使用细钢丝铠装层。在需要连通或引出时，可用过桥引线焊接在铠装上或通过护套内金属构件连通。设计不需要连通时可不作连接。

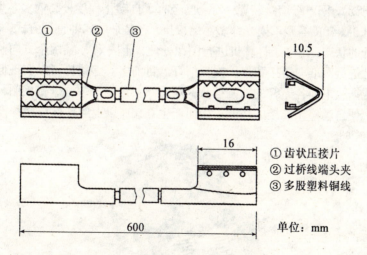

图 7-29　铝塑内护层连接过桥线

铜导线的连通一般采用锡焊方式，或者用螺钉作机械连接。
（5）光纤的接续
前一节已作叙述。
（6）光纤连接损耗的监测评价

上一节介绍的第二代和第三代熔接机都是在监测下自动对准、自动熔接的。不过这种监测不能作为光纤连接损耗的最终评价。工程中一般采用OTDR仪进行检测,它可以同时得出连接损耗和光缆长度的测量数据。OTDR仪的原理和使用方法将在下一章中介绍。

(7) 光纤余留长度的收容处理

光纤余留长度的收容方式取决于所用光缆接续护套的结构。光纤在收容盘绕时应注意曲率半径和叠放整齐。留好长盘后,一般还要用OTDR仪复测连接损耗,如发现损耗变大,应检查分析原因并排除故障后方可进行护套的密封。

(8) 光缆接头护套的密封处理

不同结构的连接护套的密封方式不同。密封前,对光缆密封部位应作清洁和细磨。注意砂纸的打磨方向应取横向旋转,不得沿轴向来回打磨。护套封装完成后,再作气闭检查和光电特性复测,确认光缆接续良好,接续工序便告完成。

(9) 光缆接头的安装固定

一般安装固定方式已由工程设计明确,施工中应注意按设计图执行,使接头安装做到规范化、整齐、美观并附上标志。

7.4 多芯带状光纤熔接

随着光纤局域网和用户网的发展,多芯带状光缆的敷设与接续施工量日益增大。多芯带状光纤的接续比单芯光纤的熔接要困难,主要问题是光缆带的翘曲及多芯同时对准误差的解决。本节介绍多芯带状光纤的熔接设备及接续工艺。

7.4.1 带状光纤熔接机

如图7-30所示,同单纤熔接装置一样,已经有了自动化程度较高的多芯熔接机,如住友TYPE65、藤仓FSM-50R等型单模光纤多芯熔接机,它是采取芯轴直视方式,通过机内的TV摄像头监测光纤的状态,用电子计算机进行图像处理,能从x、y轴两个方向监测光纤的光学图像,高精度地进行对准、熔接和连接损耗估算。目前多芯熔接机可以实现低损耗连接。由于微处理机能根据放电前各光纤的轴偏移量,端面倾斜角度等数据进行控制,所以当判断连接损耗较高时,便自动停止连接的功能,因而产生0.1dB以上的连接损耗的概率较少。

图7-30 带状光纤熔接机

7.4.2 多芯光纤带熔接工艺步骤

多纤熔接工艺的主要流程如图 7-31 所示，这里只对与单纤熔接不同的工艺进行介绍。

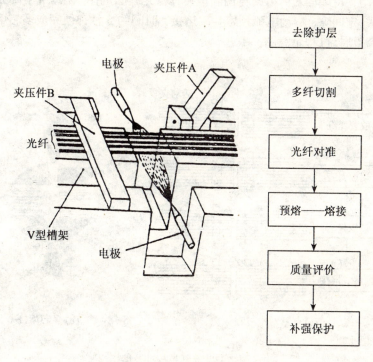

图 7-31　多纤接续工艺步骤

（1）多纤切割

带状光纤除去外包带和一次涂层并清洗后作同一长度的切割，一般是采用多纤切割装置，在光纤的同一长度上刻痕、拉断，获得理想的光纤端面，图 7-32 是多纤切割的原理示意图。

采用上述方法进行多纤一次切割，其光纤长度稍有差异（约平均 20μm），这将在光纤对准时通过调整使对接光纤的端面接触来解决。

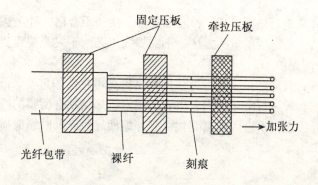

图 7-32　带状光纤的夹持切割

（2）光纤对准及熔接

把两条待接光纤带清洗干净，放入熔接设备对准装置的 V 形槽内，并使光纤端部顶到挡板，光纤对准的调整方法是先用活动夹具，将放入 V 形槽内的光纤压住，使光纤可以沿着 V 形槽作轴向移动，待端面对齐后，再用固定夹具将光纤固定住。在去掉挡板后，使光纤端面间整齐并留有一定间隙，启动电弧预熔——熔接，时间约 5 秒钟便完成多芯熔接。图 7-33 是光纤对准及多芯熔接过程示意图。

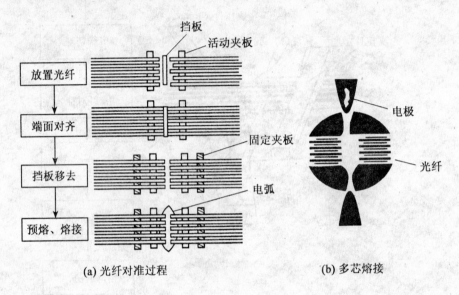

图 7-33 光纤带校准及熔接

（3）降低连接损耗的方法

除制备良好的光纤端面外，根据多芯熔接的特点，使光纤受热均匀能提高连接质量。

① 采用高频放电，频率为 25kHz。电极对之间距离为 2.5cm，放电电流小于 20mA。

② 由于电极放电，其电弧的能量分布是不均匀的，靠电极尖端周围能量较密。因此当一排光纤如同单纤熔接那样置于电极中心的话，那么每根光纤受热就不均匀，影响连接质量。若把光纤偏离轴线，即电极组中心偏上方一点，如图 7-34 所示，就可以使多根光纤受热基本一致（温度约 2 000℃，每纤的受热偏差可控制在 30℃即 1.5%偏差），保证了光纤的连接质量。

多芯熔接后同样需进行质量评价，若发现其一个接头不合格，则应全部重新连接。因此，探索降低连接损耗，提高连接质量的方法，不断提高工艺水平是至关重要的。

（4）多芯接头的保护

同单纤熔接一样，对多芯接头进行补强保持是提高可靠性的重要保证。通常是用带有加强件的带状光纤热缩套管进行汇总加固，也有采用带有热熔粘合薄膜的透明陶瓷片加固。其膨胀系数与石英光纤接近，不会因温度变化引起伸缩而导致光纤断裂或损耗增大。多纤熔接热能分布如图 7-34 所示。

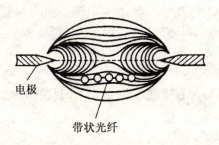

图 7-34 多纤熔接热能分布

7.5 光缆线路成端

光缆线路进入中继站、端局后需与光中继器、光端机相连接,这种连接法称为光缆的成端。无人中继站的安装与有人站、终端局的终端安装内容不同,方式各异。一般有人站与终端局的全部设备由装机队安装,光缆线路专业队只负责将光缆引至机房,并成端至 ODF 架或 ODP 盘。而无人站的安装,除机箱内机盘安装和调测外,其余由光缆线路专业队承担。

7.5.1 无人中间站的光缆成端

(1)准备工作

光缆进站前作"S"形弯余留埋设,且有标石显示进站路由。光缆放至站前的预留长度一般不少于 12m,这个长度可在站内沿着墙盘两圈后再进入机箱成端。光缆通过进线孔穿入站内。进线孔之后应砌工作坑,对光纤进行保护。其底部夯实,四周砌 6 根砖柱,坑内光缆安装完后回填碎石或砂,上面盖水泥盖板。

中间站建设时,在两个进缆方向预埋两根外径为 68mm 钢管,其中一根作为备用。穿线前,光缆先穿上 2~3m 塑料半硬管,以增加穿管附近光缆强度,防止工作坑回填土下沉或挖掘时对光缆的损害。将热可缩管(130~90/35)及 L-65 电缆接头套管套入光缆,光缆穿过进线管外,用 65~100℃砂纸打毛热缩部位的光缆外护层;按图示用粘胶带包缠光缆外部,然后用喷灯加热热缩管,使其收缩后实现进线孔处的堵塞。

(2)光缆成端

无人站的光缆成端有两种方式:

① 直接成端方式

光缆在站内沿墙顶预制铁架上盘留余长后,直接进入机箱内,按要求长度剥去外、内护层,其光纤与终端设备的连接器的尾纤熔接,余纤盘放在箱内的收纤盘内。成端完成后,光缆与机箱间通过热缩管密封处理,然后机箱内通入干燥气体去潮,盖上箱盖由密封完成封装。

② 尾巴光缆成端方式

机箱内的终端设备已安装调试完毕,箱体外伸一段尾巴光缆,成端时,进入端内的外线光缆直接与尾巴光缆固定连接,相连部分采用光缆护套进行密封保护。

7.5.2 局内光缆的成端

(1)光缆进局方式

① 阻燃型光缆进局方式

光缆经管孔进入局内地下进线室，余留 5～10m，用分岐接头护套，换接成局内阻燃型光缆或局内电缆，再将光缆和电缆通过爬梯引入机房成端。局内阻燃型光缆一般为无铠装层、无铜导线光缆。这种光缆可防止将雷击电流带入机架。

② 外线光缆直接进局方式

外线光缆在进线室盘留后，直接进入机房成端。目前国内工程多数采用这种进局方式，其优点是减少了一个接头。

（2）局内光缆的终端方式

① T-Box 盒直接终端方式

如图 7-35 所示，T-Box 盒即线路终端盒，其结构与接头盒类似。线路光纤与光端机盘末的尾巴光纤在终端盒内作固定连接。

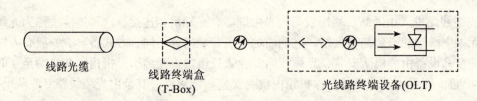

图 7-35　T-Box 直接终端方式构成图

② ODF 架终端方式

ODF 即光纤分配架，对于长途光缆干线，都采用 ODF 架和 ODP 架（即光纤分配盘，如图 7-36 所示）。

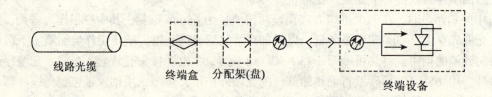

图 7-36　ODF 架终端方式构成图

这种终端方式是将光缆线路的光纤与带连接器的尾纤在终端盒内作固定连接，该尾纤另一端连接器插件接至 ODF，然后再由双头跳线将 ODF 或 ODP 与光端机机盘相连。此方式比 T-Box 方式只是多用一个分配架（盘）。这是因为长途干线光缆线路包含的芯数增多，线路中增加 ODF 可使得调纤方便，而一个条型 ODF 可容纳数百条（芯）光纤，大型端局宜采用 ODF 架。当然 ODF 或 ODP 的介入，将使线路中增加了 1~2 个活接头（见图 7-37）。

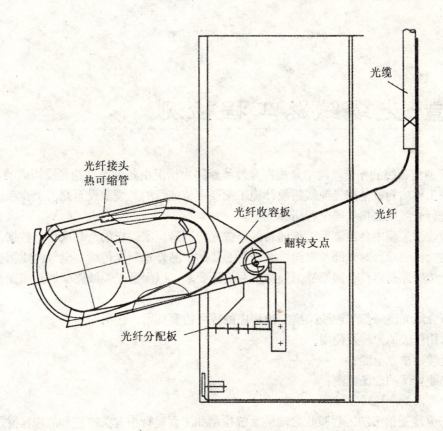

图 7-37　局内光缆成端配线示意图

　　光缆线路接续施工与线路进局（或站）后的成端方式合适与否，接续与成端质量的优劣，将直接影响光纤线路传输性能以及整个系统的通信质量。因此，采用合理、可靠的线路成端方式是至关重要的。我国通过多年来的光缆通信系统建设，在这方面积累了大量宝贵经验，并具有了能适合不同环境条件的各种成熟的施工方案。这些经验的积累，为我国今后大规模的光缆通信线路建设与维护打下了良好的基础。

复习与思考

1. 对光缆线路接续有哪些基本要求？
2. 影响光纤接头质量的因素有哪些？
3. 简述光缆接续的一般步骤。
4. 简述光纤熔接操作的一般步骤。
5. 接头盒中余纤的盘弯半径有何规定？为什么？
6. 常见光纤接头不良现象有哪些？试分析其可能原因。

第八章 光缆线路工程检测

光纤通信系统的光传输网络是根据光缆线路路由情况由各种类型的光缆构成的。光缆线路工程的工作内容就是按光缆线路设计施工图要求将成盘的光缆敷设至路由上,经过光缆接续,再进行光缆线路再生段全程指标测量。

光缆线路工程中各项测量工作的目的是按光缆制造厂家提交的产品项目、数据及线路工程设计的指标要求,对光纤及光缆线路进行必要的产品外观、光传输、电气性能测量来判断光缆及光缆线路是否符合国家或部颁标准和设计要求,以保证光缆线路能够长期安全可靠地运行。

本章介绍光缆通信工程线路施工过程中的现场检测技术,包括:
- 常用仪表的原理及使用;
- 光缆的单盘检测;
- 光缆接续的现场监测;
- 中继段的全程竣工检测。

关于光缆通信系统工程验收之前的系统检测和工程运行中有关维护和故障排除的工程检测内容将分别在后续章节介绍。

8.1 常用光电检测仪表

光缆工程中常用的光电测量仪表包括光源、光功率计、光时域反射仪(OTDR)、接地电阻测试仪、金属护套对地绝缘故障探测仪、误码分析仪等。其中光时域反射仪是工程中应用最多的测量仪器,为了比较详细地介绍其原理和使用方法,将专门列在本章第二节中叙述。

8.1.1 光源

工程中使用两类光源。

1. 可见光源

一般为氦氖激光器,用于通光试验,直观查找光纤断纤和连接不良等故障。He-Ne 激光器是一种工作波长极为稳定,或者说输出线宽非常窄的单色光源,其工作波长有 $3.39\mu m$、$1.15\mu m$ 和 $0.6328\mu m$ 三种。光通信工程中一般使用的是 $0.6328\mu m$ 的可见纯净红光波长。He-Ne 激光器发射的红光耦合入光纤、红光在光纤中传输遇到光纤裂纹处,便会在该处向外泄漏,因而通过目测就可以判断故障点。图 8-1 为使用 He-Ne 激光器作通光测试时的连接方式,先将带光纤软线的 D_4 连接器接进 He-Ne 激光器的输出端口,再通过 V 型槽连接器将软线光纤与被测光纤实现耦合,目测被测光纤中的红光分布,以判断被测光纤中是否存在损伤和断纤点。红光在光纤中可能传输的距离取决于氦氖激光器输出功率的大小。现有手册中大多介绍日本安藤公司的 AQ 系列和安立公司的 MC 系列产品,它们的输出功率大约为–8dBm(约

0.45mw)。实际上就氦氖激光器而言,国内已有生产厂家,只要合适地解决其输出与被测光纤的耦合问题,就可以同样方便地用于光纤通信工程。

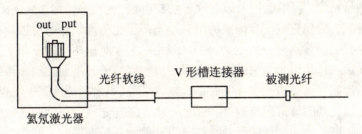

图 8-1　氦氖激光器与测试光纤的连接示意图

2. 高稳定单色光源

即工作波长分别为 $0.85\mu m$、$1.3\mu m$ 和 $1.55\mu m$ 的半导体激光器(LD)和发光二极管(LED)。短距离测量采用 LED,长距离测量采用 LD。这是因为 LD 的输出光功率比 LED 大得多,但 LED 价格便宜,使用方便。光源工作波长的选择应与光缆通信传输系统的实际使用光波长一致。如图 8-2 所示。例如测验 $1.3\mu m$ 单模光纤,如选用 $0.85\mu m$ 的长波长光源,则完全不能进行测量,因为 $1.3\mu m$ 光纤对 $0.85\mu m$ 光波的损耗很大。

光源的高稳定指的是光源输出功率的稳定性。典型的输出功率稳定度指标为:
开机 15 分钟后,
长时间功率变化 $\leq \pm 0.3dB$
短时间功率变化 $\leq \pm 0.03dB$(温度恒定,15 分钟内)
$\qquad\qquad\qquad \leq \pm 0.05dB$(温度变化 $\pm 1℃$,1 小时内)

高稳定 LD 工作框图如图 8-2 所示。

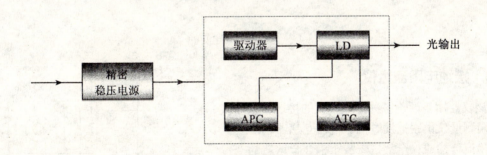

图 8-2　高稳定 LD 工作框图

8.1.2　光功率计

光功率计用于测量光信号的强弱,其原理如图 8-3 所示,光探头就是光敏面面积较大(直径为 1~10mm)的锗或硅半导体 PIN 光电二极管,它们是反向偏置的半导体二极管,中间的 I 层是高纯的,接近于本征半导体。不加 I 层就是 PN 结二极管,加上 I 层可以提高探测灵敏度和响应速度。如图 8-4 所示,被测光投射到进光面(又称光敏面)上时,半导体中的价带电子激发到导带，偏置电路中便会出现光电流，通过负载电阻实现 I/V 变换，此电压信号再经线性放大后，由数字式显示器显示。图中光电流的大小，乃至负载上电压信号的大小是随输入光强的大小变化的。所以显示器可以直接读出光功率的大小。光功率计的主要技术指标是测量灵敏度和测量精度。习惯上把灵敏度优于 −75dBm 的光功率计称为高灵敏度光功率计。选择光源和功率计时，应使它们配合构成的测量动态范围比被测线路的总损耗有 12dB 以上的富余度。光功率计的精度指标一般定为 5%，但是，实际测量的准确度和重复性取决于探头连接器的正确使用。这是因为测量时，不允许光纤与探头的光敏面接触（否则便会损坏探头），而光纤与光敏面间相离距离的大小又对耦合功率（即从光敏面进入光电二极管的光功率）十分灵敏。高质量的光功率计都配有附件，保证被测光纤与光电二极管的光敏面对正，且能重复地保持合适的距离。光功率计的读数是按已设计的配件校准了的，操作时应注意按使用说明书的要求，使各处的连接务必插到位。

图 8-3　光功率计框图

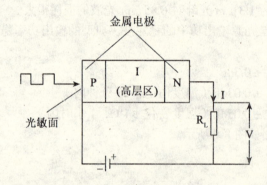

图 8-4　探测器的光电转换

8.1.3　接地电阻测量仪

该仪器用于评价各种接地装置的接地质量。接地电阻测量仪由手摇发电机、电流互感器、滑线电阻及检流计构成，全部机械装于铝合金铸造的携带式外壳内，另附接地探针。图 8-5 为其测量时的配置形式，其具体测量步骤为：

① 将被测地线 E′ 的引线与被保护的光缆或设备分开。

② 将电位探针 P′ 和电流探针 C′ 插入地下，要求 E′、P′、C′ 三者在一条直线上，且彼此相距 20m。

③ 仪表水平放置，将检流计指示调零。

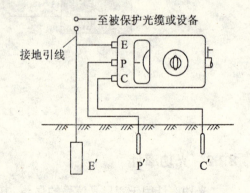

图 8-5　接地电阻测量仪的连接

④ 将"倍率标度"置于最大倍数，慢慢转动发电机摇把，观察检流计指针偏移，若移动不明显，应调小倍率。

⑤ 加快转动摇把，使其达到每分钟120转以上，转动"测量标度盘"使检流计指针指于中心线时，读出"测量标度盘"的读数，此读数与"倍率标度"的倍数的乘积即为测量的接电阻值。

8.1.4 光缆金属护套对地绝缘测试仪

光缆金属护套对地绝缘是光缆电气特性的一个重要指标，金属护套对地绝缘的好坏，直接影响光缆的防潮，防腐蚀性及光缆的使用寿命。以下以国产 LJ-1 型对地绝缘故障探测仪为例，介绍查找金属护套对地绝缘障碍点，光缆路由和光缆埋深的测试方法。

LJ-1型地绝缘故障探测仪由信号发生器和接收机两部分构成。如图 8-6 所示，将信号发生器的直流高压脉冲接入光缆的金属护套，其接地端沿光缆路由反方向接地（离光缆 25～50m 处），当光缆护层有破损点时，地下将出现以破损点为中心的电位分布。接收器中的直流放大器通过接地棒取得障碍点前后（沿光缆路由）的电位差。由于障碍点前后的电位差符号相反，当两插地棒的前后顺序不变时，反映为接收器直流放大器的中值表头指针将向不同方向摆动。插棒越接近障碍点，中值表头的偏转越大。由于地下电位是以障碍点为中心对称分布的，当两插棒正好与障碍点

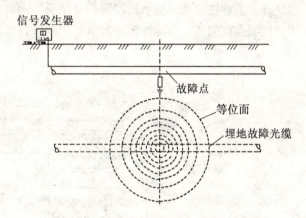

图 8-6 光缆金属护套对地绝缘障碍处产生的地表面电场分布

等距离时，探测的电位差为 0，所以两棒正中间的点即为光缆对地绝缘不良的障碍地所在。

光缆线路路由探测的方法为：在光缆线路一端金属护套与地之间接上信号发生器，光缆对端通过几千欧电阻接地（线路长时可直接接地）。电压选择 250V 档，放在"连续"位置，探测时，背上接收器，插入接收探头，并使探头垂直地面，在估计的光缆线路路由左右移动插棒，当接收器的耳机无声和音频表头的指示为零时，探头正下方即为光缆埋设位置。

光缆埋深的探测方法为：信号发生器和信号接收器的接法与路由探测相同，光缆路由查出之后，将探头转向 45°，把探棒垂直于光缆线路路由紧贴地面移动，当接收器耳机无声和音频表头指示为零时，探头与路由的垂直距离 d 即为光缆路由，图 8-7 为探测原理图。

8.1.5 误码分析仪（或 SDH 信号分析仪）

在工程验收及日常维护过程中，误码分析仪是一个重要的测试仪表，它可以对系统的长期平均误码率、严重误块秒等技术指标进行测试。

误码分析仪由发送、误码检测和计数器三部分组成，如图 8-8 所示。发送部分主要功能是产生伪随机脉冲序列。误码检测部分包括本地伪随机序列产生器，同步电路及误码检测器。本地伪随机序列产生器与发送部分的序列完全相同，通过同步设备与接收到的码序列强迫同步。误码检测器将本地码序列与接收码序列进行对比，不一样的即为误码。误码数量由计数

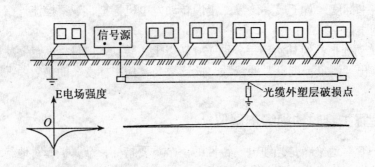

图 8-7　光缆金属护套对地绝缘不良查找示意图

器统计，最后按照要求显示出误码测量结果。误码分析仪的测试数据分析处理由微处理机承担，因而操作简便，功能性强，显示直观并可打印记录。

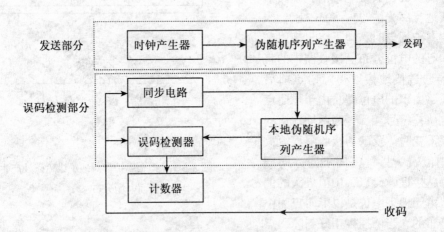

图 8-8　误码分析仪框图

8.1.6　检测用光耦合器

目前工程检测中光仪表与被测线路间的光耦合，一般地讲，光仪表上提供的适配器，基本上都是 FC 型的，因此又称 FC 型连接器为标准连接器。我国引进的光缆系统，特别是较早引进的系统，不同厂家的设备采用的连接器并不一样，例如 PT 公司使用 DIN 连接器，NEC 公司使用 D_4 连接器，AT&T 使用 ST 型连接器。一般来讲，使用这些连接器的系统，为了维护方便，光电检测仪表也选用相应的连接器，作为仪表与系统光端机和仪表与被测线路间的活动连接。

当系统使用的连接器与光电仪表的连接器的型号规格不一致时，则需经过测试转换线过渡连接。例如光电仪表面板上提供的适配器为 PC 型，系统的适配器为 DIN 型，则需用 FC/DIN 测试转换线。测试转换线实际上是用一根单芯光缆一头接 FC 插件，另一头接 DIN 插件，测试结果中应扣除测试转换线的贡献。

在工程检测中，被测光纤与辅助光纤，或带插件的尾纤间的光耦合，常用如下两种活动连接器。

（1）V形槽光纤连接器

它是V形槽、微调架和显微镜三位一体微缩成一个器件，因而操作方便，耦合效果好，适宜于施工现场使用。

（2）毛细管弹性耦合器

其结构如图8-9所示，由一个玻璃或塑料外护套和两片弹性胶片构成，两片弹性胶片的外形为圆柱形，合抱一个微孔。使用时将被连光纤制作端面后从毛细管弹性耦合器的两侧的微孔处插入即可。质量好的毛细管弹性耦合器使用方便，耦合效果也很好。使用时要滴少量匹配液。

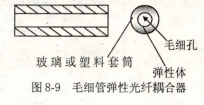

图8-9　毛细管弹性光纤耦合器

8.2　光时域反射仪（OTDR）

OTDR具有功能多、操作简便，测量的重复性高，体积小、不需其他仪表配合，能自动存储和打印测量结果等多方面的优点，目前已成为光通信系统工程检测中最重要的光仪表。

OTDR的主要功能为：

- 单盘光缆传输损耗和光缆长度的检测。
- 光缆连接工艺的监测。
- 再生段状态测量，包括各盘光缆的损耗，各个接头的损耗及整个再生段的平均损耗的测量。
- 线路故障原因及故障点位置的准确判断。
- OTDR自动存储、打印的背向散射信号曲线可以作为线路的重要技术档案。

8.2.1　OTDR的工作原理

图8-10为OTDR的原理框图。大功率半导体激光器（QW）在驱动电路调制下输出光脉冲，经定向耦合器和活动连接器注入被测光缆线路。光脉冲在线路中传输将沿途产生瑞利散射光和菲涅尔反射光。所谓瑞利散射，起源于光纤纤芯中线度小于波长的微粒的不均匀性。由于石英玻璃在熔融固化过程中，热场不可能理想恒定，掺杂成分在光纤中的分布也不可能理想均匀，纤芯中玻璃体本身的颗粒线度和分布都不可避免地呈非均匀状态。因此单模光纤纤芯的折射率，我们虽然从宏观上讲它是均匀的，但实际上线路各处的折射率呈现微小的差异。激光在光纤中传播时便将沿途出现光的散射，这种散射称为瑞利散射，它是光纤固有损耗的主要根源。就人类目前的认识水平而言，光纤纤芯中玻璃体的颗粒是随机出现的，因此可以认为纤芯各个微小区间内产生的瑞利散射光只与该处到达的光脉冲的强度有关。散射光的方向也是随机出现的，四面八方出现的几率相同。大部分瑞利散射光将折射入包层后衰减掉，其中与光脉冲传播方向相反的背向瑞利散射光将会沿光纤传输到线路的进光端口，经定向耦合分路射向光电探测器，转变成电信号。到达线路进光端口的背向散射光本身是十分微弱的，经光电二极管后变换成的电信号也很微弱，需要经过低噪声放大后，进一步作数字平均化处理，以提高信噪比，最后将处理过的电信号与从光源背面发射提取的触发信号同步扫描在示波器上。

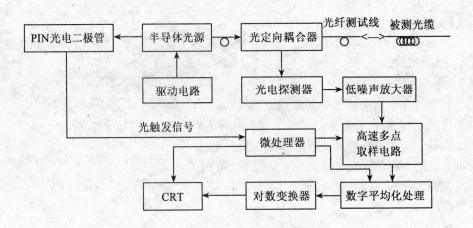

图 8-10 光时域反射仪的原理图

假定由光源注入光线路端面处光脉冲的光功率为 P_0，光纤的传输损耗系数为 α，那么光脉冲传输到距端口的距离为 Z 米长度处，光功率被衰减为：

$$P(Z) = P_0 e^{\alpha z}$$

而 Z 点外产生的背向瑞利散射光的功率 $P_\delta(Z)$ 与 $P_0(Z)$ 成正比，可表示为：

$$P_\delta(Z) = \delta P(Z) = \delta P_0 e^{-\alpha z}$$

式中比例系数 δ 称为瑞利散射系数。

$$P_s(0) = P_s(Z) e^{-\alpha z} = \delta P_0 e^{-2\alpha z}$$

Z 处产生的背向瑞利散射光沿光纤反向传播到光线路输入端口，又经历了长度为 Z 的路程。简单起见，我们令光纤对散射光的损耗系数为 α（设成另一个常数，对原理叙述没有本质影响），背向散射光传播到线路输入端口时的功率为：

$$\frac{P_s(0)}{P_0} = \delta e^{-2\alpha z}$$

则有

$$\lg \frac{P_s(0)}{P_0} = \lg \delta - \frac{2\alpha}{\ln 10} Z$$

上式说明，如果以纵坐标表示背向瑞利散射光相对于输入光脉冲的衰减分贝值，横坐标表示为该背向瑞利散射光激发处离输入端口的距离，对于同一根光纤（α 值为定值），函数曲线将为一条不过原点的倾斜直线，对于多根光缆连接线路，除了起、始端和连接点处后，函数曲线应为按单盘光缆长度分段的折线。

当然，OTDR 的取样与数字平均化都是按时隙进行的，这是因为空间长度难以迅速而准确的计量。不过光信号的传播时间可表示为：

$$t = \frac{z}{v} = \frac{n}{c} Z$$

因此 $10\lg\dfrac{P_s(0)}{P_0} \sim t$ 仍为线性关系,屏上横坐标仍可按距离刻度。这就是我们为什么称这种仪器为光时间域反射计的缘由。

上式中的瑞利散射系数 δ 是一个很小的分数,OTDR 接收到的背向散射光实际上被"淹没"在测量噪声中,这里说的测量噪声来自三个方面:一是光电二极管的探测噪声(探测器为 PIN 时表现为散弹噪声,探测器为 APD 时表现为雪崩噪声);二是放大器的热噪声;三是瑞利散射光本身的强度起伏。即使我们在不同的观测时间间隔内,能够保证传输到 Z 处的光脉冲的强度恒定,Z 处产生的瑞利散射光的强度和方向并不能完全一样(系数 δ 本质上只是一个统计平均值),背向瑞利散射光每次到达线路端口的经历也不可能完全一样。因此接收到的背向散射光的光功率不可避免地产生微小的起伏。为了能从被噪声淹没的背向散射光信号检测出被测光纤传输特性的信息,就需要进行平均化处理。常用的平均化处理方法是数字平均化方法。即运用高速取样保持电路和高速模/数转换器,对信号进行取样积分,信号在求和过程中得到叠加积累,而噪声因其相位的随机性而被抵消,从而有效地提高信噪比。

OTDR 的屏幕器上显示的扫描波形的典型示例如图 8-11 所示。图中的菲涅尔反射峰出现在光缆的两端以及光纤发生断裂处或者接头质量严重不良处,这些地方由于介质折射率发生突变,产生了强烈的光反射。菲涅尔反射光要比背向瑞利散射光强得多,它们的产生可能会导致高灵敏接收放大器进入饱和状态,使背向散射曲线发生畸变,明显偏离线性关系,影响光纤和光纤接头损耗的测量。因此 OTDR 还配有菲涅尔反射光抑制器(又称为掩蔽罩)。图 8-10 中的对数变换器,实际上是一个对数放大器,其功能是完成上式中函数关系的转换。

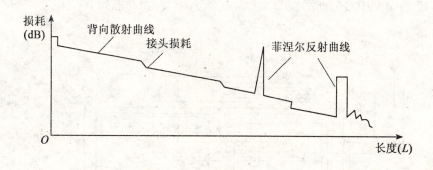

图 8-11　OTDR 测量光纤线路曲线

8.2.2　OTDR 的主要技术指标

（1）工作波长

OTDR 的工作波长即指其光源输出的光波长,这个光波长应与光纤通信系统的传输波长一致。OTDR 的工作波长分为 0.85μm 多模、1.3μm 多模、1.3μm 单模和 1.55μm 单模四种。性能较好的 OTDR 一般都有几块光源和探测器的组件插板可以调换,适用不同系统的要求。

（2）量程

OTDR 的量程指其荧屏上可以显示的最大测量距离。此项指标包含两项内容:一是仪器的最大扫描距离,它反映了 OTDR 光源输出光功率的大小及探测灵敏度;二是分档,分档的意义是可以将扫描曲线局部放大,它与 OTDR 的分辨能力有关。

光纤通信技术

（3）动态范围

OTDR 的这项指标定义为波形的直线部分从盲区后的最高电平至末端噪声顶以上 0.3dB 间的电平区间（用 dB 数表示）。动态范围反映了仪器的最大检测范围。例如若 OTDR 的动态范围为 22dB。当被测光缆的平均损耗为 0.5dB/km 时，仪器测量传输损耗的最大距离为 22dB ÷ 0.5dB/km = 44km。

（4）盲区

由于受近端强烈的菲涅尔反射的影响，光纤背向瑞利散射信号曲线的始端被掩盖，因而始端光纤和接头的传输损耗无法观测，信号曲线被掩盖的这一段的距离范围称为盲区。

OTDE 的最小标称盲区，是在脉宽选择最小档时的盲区宽度，一般为 100 米左右。当进行远距离测量时，仪表要加大光源的输出光功率，这时脉宽需选择较大的值，相应的盲区宽度也要变大。

（5）读出分辨率

指显示屏上水平轴的距离坐标可以数字显示出的最小分度。例如某量程下仪器的读出分辨率为 1m，表示标尺移动时，显示屏上数字显示的读数可精确到 1m。当然读出分辨率也与量程对应，量程越大，距离的读数越粗，量程越小，读数越精。

8.2.3　OTDR 的面板及功能键

不同型号的 OTDR 其面板与配置均不尽相同，这里仅以日本安立公司出产的 MW910C 型光时域反射计作为一实例介绍。此机型为室内台式，线路施工与检测一般选用便携式液晶显示机型。如 MT9080 系列、MW9076 系列、CMA4500 系列等（见附录）。

图 8-12 为 MW910C 的前面板图，上面各部分的名称及功能如下：

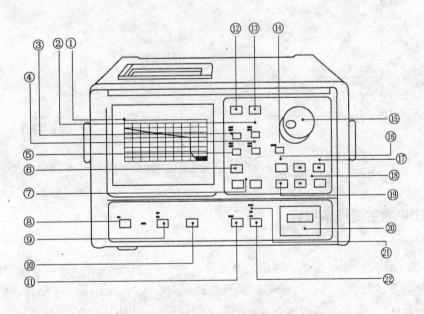

图 8-12　MW910C 型光时域反射仪的前面板图

① 显示器上显示内容有：扫描曲线，标记，游标位置，测试的数字结果等。
② [AUTO/MANUAL]自动与手动标记位置选择键，用于光路上某点处（如接头）状态的

观测。

③ [SPLICE/LOSS]接头与光路（两点间）损耗测量的选择键。

④ [AVERAGE]均化处理，按 ON 则对测试数据进行均化处理。

⑤ [LSA/2POINTS]光损耗测试选择两点法或最小平方法。

⑥ [V-SCALE]垂直刻度键，按动此键，纵轴分度（dB）4dB/div、2.5dB/div、0.5dB/div 或 0.2dB/div。

⑦ [H-ZOOM]水平轴坐标比例，按[IN]键坐标比例扩大，按[OUT]键，坐标比例缩小。

⑧ [POWER]电源开关。

⑨ [GB-IB]控制方式键，有"遥控"和"本机控制"两种选择。

⑩ [HELP]帮助键，按此键后并转动手柄，可以在 CRT 上显示有关操作过程的方法和步骤的提示。

⑪ [λ SELECT]波长选择键。此键选择的λ（波长）应与仪器正在使用的光电插板的λ一致。

⑫ [DISTANCE]距离选择键，即里程开关。

⑬ [PULSE]光脉冲宽度选择键。

⑭ [COARSE]粗调键，按此键可快速移动屏上标尺和标记的位置。

⑮ [Rotary Control]旋转控制柄，显示屏上显示内容的手动调整。

⑯ [MARKER]标记键，按下此键，转动控制手柄可以移动 CRT 上的光标"×"或"*"标记，再压一次则改移另一标记。

⑰ [SHIFT]移动键。

  V（垂直）按键后，转动旋转手柄可使波形在垂直方向上移动；

  H（水平）按键后，转动旋转手柄可使波形在水平方向上移动。

⑱ [ADVANCED FUNCTION SELECT]功能选择键，按此键后，CRTL 上显示出各种可供选用的功能菜单。

  [SET]按下此键，表示执行或者输入从功能菜单上选择的项目。

⑲ [MASK]按下此键，再转动手柄，可改变光标"×"在 CRT 上的位置。

⑳ [OUT PUT]被测线路与仪器的连接插座。为对人体起保护作用，配有一个活动的外盖挡光。

㉑ [READY]激光输出指示灯。

㉒ [LASER ON/OFF]激光输出开关。只有当 READY 灯亮，并被测光纤的插头已插入 OUT PUT，才能按动此键，有激光输出。

图 8-13 为 MW910C 型光时域反射仪的后面板图。

① [LED OUT]用于检测光接收部分的发光管输出端口。

② [ON/OFF]发光管的输出开关。

③ [LEVEL ADJ]发光管输出功率调节。

④ [Unit Look mechanism] 光单元锁定机构。

⑤ [GB-IB Address Switches]遥控—自控地址开关。

⑥ [GB-IB（option）]GB-IB 接口。

⑦ [VOLTAGE SELECTOR]交流电源电压选择开关。

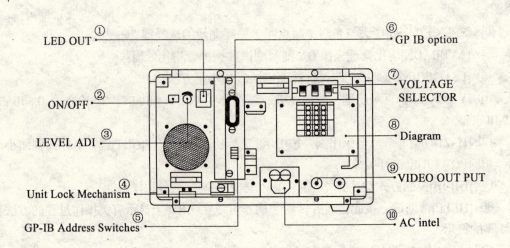

图 8-13 MW910C 型光时域反射仪的后面板图

⑧ [Diagram]电源电压选择的框图。
⑨ [VIDEO OUT PUT]外接电视输出端。
⑩ [AC intel]交流电输入端。

图 8-14 为 MW910C 型打印机面板图。

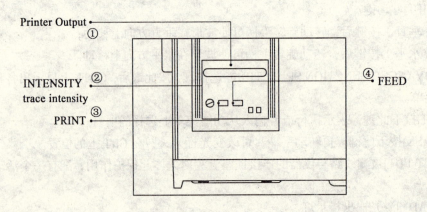

图 8-14 MW910C 型打印机面板图

① [Printer output]打印机输出。
② [INTENSITY]亮度，用于调节打印机的明暗度。
③ [PRINT]打印开关。
④ [FEED]打印机送入。

8.2.4 OTDR 的操作

仍以 MW910C 型为例叙述。

（1）开机步骤

① 根据实际使用电源，将后面板上的电压选择开关"VOLTAGE SELECTOR"调整到正

确位置。

② 将被测光纤（已接连接器插件）插入"LASER OUTPUT"。

③ 按下[POWER]指示灯亮，一分钟后 CRT 显示出图像。

④ 按下[OUTPUT ON]键，激光器发射的激光入射被测光纤。

⑤ 折射率调节。按[ADVANCED FUNCTION]，并使其功率置于[IOR]（折射率）模式，转动手柄，按被测光纤的折射率在 1.4000～1.5999 内选择。所要求的数值。如需复位重新选择，按[SET]键。

⑥ 脉冲宽度选择。测量长距离时用宽脉冲，测量短距离高精度时用窄脉冲，按下[PULSE]键，选择所需脉宽。

⑦ 均化模式选择：

AVERAGE OFF 为平常操作模式，被测光纤自动地不断修正；

AVERAGE ON 为平均化模，被测光纤的信号曲线随时间推移，信噪比逐渐提高，曲线自动改变，最后得到一条清晰的曲线。

⑧ 游标操作。按下[MAKER]键，竖直的标尺会从一个星号处跳到另一个星号处，选中某个星号后，便可用旋转手柄手控移动游标，所选的星号也跟着移动。

（2）光纤长度，接头点或障碍点位置测量

① 按下[DITANCE]键，有四档量程可供选择，在显示屏上右上角显示，如 DR=18km，量程一般应取被测光纤长度的两倍。

② 置[SPLICE/LOSS]键于[LOSS]。

③ 按[H-ZOOM]键，调节水平轴的分度，其数值也显示在屏上右上角处显示。

④ 移动竖直游标到所需测量的接头的故障点处。游标下显示的数值为仪表输出端口到所选点的距离。

⑤ 调节 ×号和*号到被测光纤的始点和终点，两点间的距离在屏上右上角处。

图 8-15 为 MW910C 型测量显示的一个实例。从图上可以看出，OTDR 光源波长为 $1.31\mu m$，调制脉宽为 $1\mu s$，测试时取光纤折射率为 1.4655，被测线路长度为 23.664km。两头均出现菲

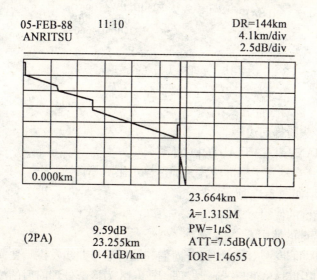

图 8-15 OTDR 荧屏显示

涅尔峰表明该段线路两头已完成端面制作。后向散射曲线上有三处明显台阶，说明这三处接头损耗显著。曲线被三处台阶截为四段。这四段的斜率差异不大，说明该段线路的光缆衰耗特性较为一致。

（3）光纤损耗的测量

光纤损耗的测量与前述光纤长度的测量是同时完成的。图 8-15 左下部已显示出两点间的总损耗为 9.59dB，平均损耗为 0.41dB/km。测量损耗时应注意若使用[AVERAGE][ON]功能，不能充分消去"噪声"电平时，就置[LSA/2POINTS]键于[LSA]；当测量任意两点间的损耗（包括接头在内）时，[LAS/2POINTS]键应置于[2POINTS]处。

（4）光纤接头损耗的测量

手动方式：

① 置[SPLICE/LOSS]键于[LOSS]。

② 调游标处于*号处。

③ 转动手柄使*号细调到接头阶梯的前边缘。

④ 置[SPLICE/LOSS]键于[SPLICE]，在接头前后曲线上各打上两个×标记，屏上即可显示出接头损耗值，如图 8-16 所示。

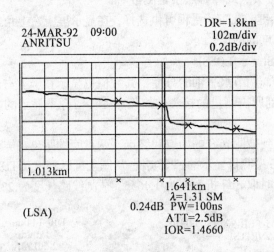

图 8-16 光纤接头损耗的波形图

光纤接头损耗的自动测量方式：

① 置[*]号在接头阶梯前边缘。

② 置[AUTO/MANVAL]键于[AUTO]（自动）。

③ [*]和[×]号将自动置于标准位置，屏上显示出测量读数。

自动测量的显示如图 8-17 所示。

（5）其他功能键的使用

① [MASK]掩蔽键的使用

由于连接处较大的菲涅尔反射使得背向瑞利散射信号曲线发生畸变，接点处的边缘变得难以确认，就需要使用[MASK]键作掩蔽处理。图 8-18 为掩蔽处理前后的波形和测试结果的区别。

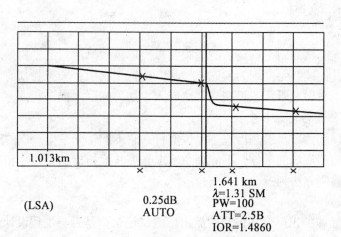

图 8-17 接头损耗的自动测量波形

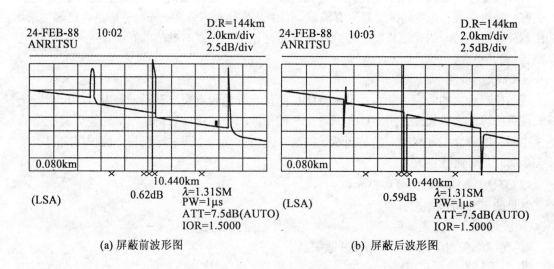

(a) 屏蔽前波形图　　　　　　　　(b) 屏蔽后波形图

图 8-18 掩蔽处理前后的波形图

② 自检功能的操作

a. 按下后面板上的[LED][ON]，发光管输出指示灯亮。

b. CRT 选择[LEDMODE]这时前面板上的所有键都不再起作用。

c. 将光功率的插件入后面板"LED OUT"处，可测量 LED 的输出功率。

d. 用两头接有光插件的软光缆将后面板的"LED OUT"与前面板的"OUT PUT"连通。如果 CRT 有 3 格 dB 刻度的阶跃脉冲冲出现，则表明 OTDR 的接收部分状态正常。或用光功率计测量自检光源"LED"的输出光功率是否正常。若自检光源正常,再观察前面板"OUT PUT"处的适配器是否被污染或松动。

e. 若上述检查表明 OTDR 接收部分状态正常，仪器仍不能正常测量，应在前面板"OUT PUT"处测量仪器激光器的输出功率（重新启动前面板功能键）。若输出功率不正常，可改换光电插板再观察。仪器的故障大致判定后，进一步检修应送交专门维修站维修。

8.3 光缆单盘检测

单盘检测指光缆运到施工现场后的验收测试。单盘检测的意义主要是防止不合工程设计要求的光缆敷设并接续线路。因为预先不检测，待施工结束，竣工验收前发现问题，重新变换光缆，势必相当费事。既延误工期，又造成人力物力的巨大损失。

1. 光缆单盘检测的内容和步骤

光缆在施工现场的单盘检测由施工单位实行，它不同于光缆生产厂的产品检验，检测方法必须充分考虑施工现场的条件，不能刻意追求光缆技术指标的完整性和测试方法的精密。施工现场实用的检测方法为：

（1）资料核对

查对各单盘光缆的出厂合格证及产品出厂测试记录，是否与工程设计及订货要求的型号、规格、长度及技术指标一致。

（2）外观检验

打开缆盘护板之前，先观察光缆是否在运输过程中有过机械损伤。然后拆除护板，观察端头密封是否完好，光缆外护层是否有破损，缆中油膏是否有外泄，光缆外形是否已经变形，并注意外护层上打印的光缆长度。外观检查应做好记录，外观有缺陷的光缆是进一步作光电仪器检测的重点。

（3）仪器检测

现场仪器检测的内容一般是：采用 OTDR 测量光纤是否有裂纹和断纤；用 OTDR 测量光纤长度再折算成光缆长度；用 OTDR 测量光纤的传输损耗；用摇表简易测检光缆金属护层的绝缘电阻；缆中含铜导线时，简易判断导线是否断裂，导线之间、导线与金属护层之间、导线与金属间是否绝缘良好。

2. OTDR 与被测光缆的耦合方式

常见的三种耦合方式：

① 光缆端头剥出光纤后与连接插件的尾纤作临时性熔接。

② 光缆端头剥出光纤后采用裸纤适配器。

③ 采用辅助光纤实现耦合。

前两种方式都比较麻烦，每个单盘都要制作输入接头，而且靠近光缆端头一段的质量由于 OTDR 盲区的限制无法检测。

辅助光纤耦合方式如图 8-19 所示。辅助光纤选用 1km 长的标准光纤。辅助光纤与被测光缆的裸纤通过 V 形槽连接器或毛细管弹性耦合连接。测试时，在活动连接点处滴入少量匹配液，图 8-19 为 OTDR 显示的扫描曲线示例。

3. 被测光纤折射率和纤长缆长换算系数的求取

光缆配盘，敷设以及今后的维护，都必须事先了解单盘光缆的实际缆长。但 OTDR 只能测量光纤的长度，缆长要由测出的光纤长度通过换算系数折算。此外 OTDR 测量光纤长度和光纤损耗时要预先设定光纤的折射率 n。如果光缆出厂时没有给出折射率 n 和换算系数，或者两个参数未给全，在这种情况下可用以下方法处理：

（1）用标准光纤测定 n 值

用同一厂家生产的标准光纤或测试用"假纤"，例如，已知其长度为 1km，将其接上 OTDR 作光纤长度测量，改变折射率 n 的设定值，当 CRT 显示长度数值与已知长度相同时，所用的

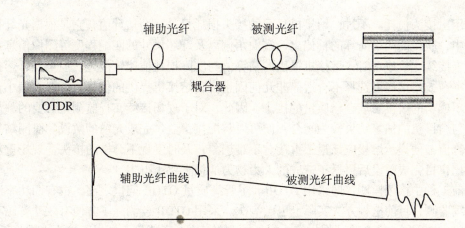

图 8-19 单盘光缆的后向测试

n 设定值即为该厂光纤的折射率。

（2）用 2m 试样法确定换算系数

在某单盘上截取约 2m 和光缆，取下后先准确量出实际缆长。再剖开取出光纤准确量出纤长，便可算出换算系数。例如截取的试验光缆缆 长用钢卷尺量出为 1.998m 剖开取出光纤量得长度为 2.016m，则

$$\frac{\Delta L}{L} = \frac{2.016 - 1.998}{1.998} = 0.009 \qquad L_{缆} = (1 - 0009)L_{纤}$$

得到换算系数为 0.991。

（3）实量单盘缆长的定折射率

如果没有厂家的标准光纤，可选一盘较短的光缆，散盘放平用钢卷尺实测其缆长，用上述（2）的方法得到的换算系数折算成纤长再用 1 的方法已知纤长测定折射率 n。

目前光缆产品在外皮上打印了长度的标记，单盘光缆只需参考光缆的标准长度，实际丈量两个端口到长度标记处的长度即可得出缆长数据。但注意不得直接由产品的标称缆长作为实际缆长，因为，尽管我们认为长度标记是较为准确的，但厂家截断端头时操作往往并不严格，产品的称标缆长只是一个粗略的数值，而且单盘光缆用 OTDR 测量之前，剥出裸纤时还会有一截长度的损失。

8.4 光缆接续现场监测

8.4.1 光纤连接损耗现场监测的意义

光纤连接损耗的测量是光缆施工技术中的一项关键技术。由于光缆接续时间长、工程量大，为避免返工，光纤连接损耗的现场检测十分重要，它直接影响工程质量、线路传输性能。

通常是根据国内长途干线和市话中继国内工程的施工经验、光纤质量和再生段平均连接损耗指标来进行现场测量方法，即单向或双向监测法。

目前工程施工中使用的熔接机一般都有微处理器，使被接光纤自动对准、自动熔接、并

自动显示出接头损耗。不过，熔接机显示的接头损耗只是一个估计值，它是根据光纤自动对准过程中，获得的两端光纤的轴偏离，端面角偏离及纤芯尺寸的匹配程度等图像信息推算出来的。当接续比较成功时，熔接机提供的估算值与实际损耗值比较接近。但当光纤熔接发生气泡、夹杂或熔接温度选择不合适等非几何因素时，熔接机提供的估算值一般都偏小，甚至将完全不成功的熔接看成合格质量的接头。因此，对于现场接续实行监测是必要的。如果监测结果与熔接机的估算结果较为吻合，便可以装配接头盒、完成光缆的敷设。监测结果明显劣于估算值，便提示熔接应该返工重接。不难想象，及时发现不合格的接头，现场重新作熔接工艺比盲目完成敷设后再返工造成的人力物力的损失要小得多。

目前工种中接续监测普遍采用OTDR。尽管高质量OTDR问世之前，也有四功率法用于现场接续监测，目前这种方法实际上也已淘汰。采用OTDR监测除了方便有效外，还有两个突出的优点：一是OTDR除了提供接头损耗的测量值外，还能显示端局至接头点的光纤长度。继而推算出接头至端局的实际距离，又能观测被接光缆段是否在敷设中已出现损伤和断纤，这对现场施工有很好的提示作用。二是可以观察连接过程，OTDR的荧光屏的显示在被接光纤对准过程中及对准完成接续之前和熔接之后，扫描曲线的变化有一定的规律性，可以提示熔接机操作人员。如果将此信息存储或打印，可以作为工艺资料，对今后的维护有重要参考价值。

8.4.2 光纤接续OTDR现场监测

OTDR监测有远端监测、近端监测和近端环回双向监测三种主要方式。

（1）远端监测方式

所谓远端监测，是将OTDR仪放在局内，先将引向光端机的局内单芯软缆的标准接头插入OTDR的"OUT PUT"端口，局内软缆与进局光缆熔接，然后沿线路由近至远依次接续各段光缆的接头。OTDR始终在局内监测，记录各个接头的损耗和各段光缆的纤长。OTDR与熔接机操作人员间利用缆内金属加强芯以及铝箔护层接通话机进行联络。这种监测方式的优点是OTDR不必在野外转移，有利于高档仪表的保护，并节省仪表测量的准备时间，而且所有连接都是固定的有用连接。远端监测方式的连接见图8-20（a）。局内光缆与外线光缆的接头，受OTDR盲区的限制不能观测，一般是中继段连接全部完成后，将OTDR移到对端局再作一次全程测量，可以观测出此接头的插入损耗。当然，如果再使用200m长度的辅助光纤，局内光缆通过活动连接器辅助光缆，辅助光纤再接OTDR，局内光缆与外线光缆的接头便越出了盲区范围。

在城市内光缆施工多用此法，可借助移动通信方式进行联络，较为方便。

（2）近端监测方式

所谓近端监测是将OTDR连接在熔接点前一个盘长处，每完成一个接头，熔接机和OTDR都要向前移一盘长。如图8-20（b）所示。当然这种监测方式不如远端监测方式理想。只有在光缆内无金属导线或者出于防雷效果考虑，各段光缆的金属线要求在接头处断开时，熔接点与局内无联络手段，才采用这种监测方式。近端监测方式也有一个优点，因为OTDR在下一个待接点处，监测本身又需要光缆开剥，这样光缆开剥和熔接可以形成流水作业，有利于缩短施工时间。

（3）近端环回双向监测方式

此种方法主要用于模场直径不一致的光纤线路接续损耗监测。如图8-20（c）所示，这

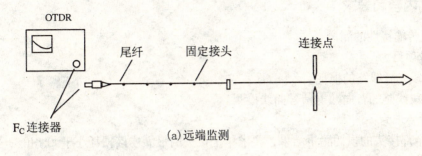

(a) 远端监测

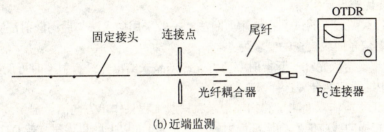

(b) 近端监测

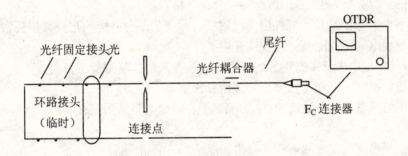

(c) 近端环回双向监测

图 8-20　光缆接续现场监测方式

种方式下，OTDR 也在熔接点之前，但它与近端监测方式不同的是在始端将光缆内光纤作环接，即"1"纤同"2"，"3"纤同"4"……分别连接，测量时由 1"、2"纤测出接头两个方向的损耗，当时算出连接损耗，以确定是否需要重接。

从理论上讲，这种监测方式是科学而合理的。因为现场只监测一个方向，有时不能使接头做到最佳，采用环回双向监测，就可以避免单向监测接头损耗较小，而反向复测时损耗偏大，造成重接。不过这种监测方法比较复杂，费时较多，由于目前光缆的质量已经大为改善，光纤的几何特性和传输参数的一致性已经较好，单向测试与双向测试的结果区别一般并不显著。

8.5　再生段全程竣工测试

再生段的全程测试由施工单位进行，它不仅是对工程质量的自我鉴定，同时也为建设单位提供了线路光电特性的完整数据，供日后系统验收和运行维护时参考。

8.5.1 测试内容和要求

（1）光传输特性的测量

① 测量项目为：

a. 再生段光纤线路的损耗。

b. 再生段线路的背向散射信号曲线检测。

② 一般要求为：

a. 提供全部接头的损耗测量结果，要求单个接头的最大连接损耗小于 0.1dB，全部接头的平均连接损耗优于设计指标。

b. 由于光纤线路竣工测试不宜使用剪断法，一般采用插入法与后向散射法测量。

c. 后向散射信号曲线检查的要求为：

（a）折射率设定取光纤实际折射率值。光纤产品未给出光纤折射率时可反向推出求取。脉冲宽度根据中继段长度合理选择。

（b）干线工程应作双向测量和扫描记录，一般工程只作单方向测量记录。

（c）全程扫描曲线应能看到尾部反射峰，对于 50km 以上的再生段，若 OTDR 的动态范围不够，允许分段测试、记录，但应标明"合拢"位置。

（d）全程曲线除始端和尾部外应无反射峰，除接头部分外应不出现高损耗台阶。

（2）铜导线电气特性测量（带铜线光缆）

早期敷设的光缆中少量带有铜导线，目前已极少采用，其测量项目为：

① 测试值的换算，以光纤长度为测试换算长度。

② 绝缘电阻测量，以高阻计 500V 为测试源；绝缘电阻除测量线间外，还应测量对地绝缘。

③ 铜线绝缘强度，在成端前测量合格，成端后不必再测。

（3）接地装置地线电阻的测量

① 测量项目为：

a. 中间站接地线电阻测量。

b. 埋式接头防雷地线电阻测量。

② 一般要求为：

a. 中间站接地线测量，应在引至中间站内的地线上测量。

b. 埋式防雷地线应在标石处的地线引线上测量；对于直接接地的地线，应在接头时在引线上测量、记录。

（4）光缆护层对地绝缘电阻测量

设此测量项目的目的是检查埋式光缆外护层的完好性。在光缆连续之前，这一目标可以通过努力达到，但接头完成以后，常常绝缘下降或不良的原因并非因护层损伤所致，因此此项检查尚有争议。目前不作为正式竣工测试项目，只对引出监测线路作参考性测量。

8.5.2 光缆再生段线路衰减测量

光缆线路再生段衰减测量应在光缆成端后进行。

（1）再生段线路衰减定义

再生段光纤传输特性测量，主要是进行光缆线路光纤衰减的测量。通常可将一个单元光缆段中的总衰减定义为：

$$A = \sum_{n=1}^{m} \alpha_n L_n + \alpha_S x + \alpha_c x$$

式中 α_n 为再生段中第 n 根光纤的衰减系数（dB/km）；L_n 为再生段中第 n 根光纤的长度（km）；α_S 为固定接头的平均损耗(dB)；X 为再生段中固定接头的数量；α_c 为连接器的平均插入损耗(dB)；Y 为再生段中连接器的数量（光发送机至光接收机间光数字配线架（ODF）的活接头）。

上述的一个单元光缆段中的总损耗 A，即如图 8-21 所示的再生段光纤通信总损耗 $\alpha_{(总)}$。

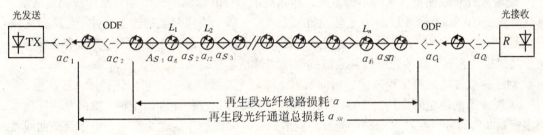

S：紧靠在光发送机 TX 或中继机 RE_G 的光连接器后面的光纤点。
R：紧靠在光接收机 RX 或中继机 RE_G 的光连接器前面的光纤点。

图 8-21 再生段光纤线路损耗构成示意图

再生段光缆线路衰减是指中继段两端由 ODF 架外侧连接插件之间，包括光纤衰减和固定接头损耗。

（2）测量方法

再生段光缆线路的衰减测量方法，同单盘光缆衰减测量方法相同，有插入法和后向散射法。

① 插入法

再生段光缆线路的衰减要求在带已成端的连接插件状态下进行测量，插入法能够反映带连接插件线路衰减。

插入法可以采用光纤衰减测试仪（分多模和单模），也可以用光源和功率计进行测量。

插入法的测量偏差，主要来自仪表本身以及被测线路连接器插件的质量。

② 后向散射法

后向散射法虽然也可以测量带连接插件的光缆线路衰减，但由于一般的 OTDR 仪都有盲区，使近端光纤连接器插入损耗、成端连接点接头损耗无法反映在测量值中。同样对成端的连接器尾纤的连接损耗由于离尾部太近也无法定量显示，因此用 OTDR 仪的测量值实际上是未包括连接器在内的光缆线路损耗。

为了按光缆线路的衰减的定义测量，可以通过假纤测量或采用比对性方法来检查局内成端质量。

（3）测量方法的选择

骨干光缆线路，应采用插入法测量；若偏差较大，则可用后向散射法作辅助测量。市内局间中继线路，视条件决定。一般可以采用插入法，也可以采用后向散射法。采用 OTDR 仪测量时，应采用"成端连接"检测方法确认局内成端良好。

8.5.3 光缆线路再生段 OTDR 测量曲线

光缆线路衰减曲线测量指的是对光缆中光纤后向散射曲线的测量。对于骨干网光缆线路，衰减曲线波形的观察、分析也是十分必要的。

光缆线路采用插入法，可以从衰减特性反映线路的质量，但它不能从光纤波导特性，从任一部位、任一长度上观察光纤的传输特性；只有通过对光纤后向散射衰减曲线的检测，才能发现光纤连接部位是否可靠、有无异常、衰减沿长度方向分布是否均匀、光纤全长上有无微裂伤部位、非接头部位有无"台阶"等异常现象。

随着光纤衰减测量技术的不继发展，质量高的 OTDR 仪对光缆线路衰减曲线测量来说，其具有重复性好、准确度较高的优点。插入法测量包括了线路两侧的连接插件，但测量结果受仪器、操作等影响较大，对于长途光缆线路评价还不够；而 OTDR 仪测量方法容易掌握，测量结果较为客观，作为光纤线路衰减的辅助测量是十分必要的。

对于一般光缆线路工程来说，后向散射法测量光纤线路衰减，可以代替插入法测量。

光缆线路的使用寿命约为 20 年，期望值约为 30 年。在使用期间维护、检修及初期技术档案资料非常重要，在技术资料中光纤后向散射衰减曲线的作用尤为突出。由于衰减曲线具有直观、形象等特点，对光缆线路维护具有十分重要的参考作用。因此当发生光纤故障时，对照原始衰减曲线，可以正确地判断出故障位置，以利于故障的及时排除。虽然在查找故障时，按测出故障点同原始接头位比较也可以确定位置，但由于施工中光缆长度受多种因素影响，难免产生异动，但原始衰减曲线可以帮助修正，而且在故障处理后通过对比，我们可以知晓光缆线路在故障处理前后的状态。

检测结果包括测量数据、测量条件应记入竣工测试记录的"再生段光纤后向散射曲线检测记录"。

光纤后向散射曲线，应由机上绘图仪记录下曲线波形。一般要求记录下中继段一个方向的完整曲线，即一般再生段记录下 A-B 或 B-A 任一方向的衰减曲线（维护测量较为方便的一个站的测量记录）；超长再生段记录下 A-B、B-A 至中间汇合点的衰减曲线。

8.5.4 光缆金属护层的绝缘检测

光缆护层有铝包层（LAP）、内外聚乙烯（PE）护层和钢带（丝）金属层。其中铝包层对光纤起直接保护作用，既抵御侧压力，又起防潮作用。而钢带（丝）金属层是从外部抵御机械挖碰、啮齿动物啃咬和岩石等地下尖锐物的顶刺，也可以说钢带（丝）金属层是内 PE 层和 LAP 层的保护层。光缆护层的绝缘检查指的是 LAP 和钢带（丝）金属层的对地绝缘电阻和绝缘强度的测量，用以检验内外 PE 层是否完好。正如前述，对于再生段竣工测试是否需要此项测量尚存在异议。原则上只对具有铠装层对地监测引线和接地进水监测引线的再生段光缆进行绝缘测量，前者为考察光缆外护层的完整性，后者为检查接头密封是否良好。

直埋光缆线路施工和运行中会因施工条件和外界环境影响而遭到损伤，如不及时发现和予以修补，时间一长，水将逐渐地影响光纤、光缆的使用寿命和通信质量乃至整个光缆线路的安全运行。因管道光缆受到塑料管的保护，其很少发生损伤。架空光缆则不与土壤、水直接接触，一般不存在进水问题。

（1）测量仪表

光缆线路对地绝缘测量仪表根据对地绝缘电阻范围选用。对地绝缘电阻高于 5MΩ 时，选用兆欧表。在光缆接续后于监测标石上，通过监测线测得金属层与大地间的绝缘，它包括光缆护层是否完整、接头密封是否良好、监测线路及连线等构件的对地绝缘状况。

图 8-22 示出了直埋光缆线路对地绝缘监测装置。直埋光缆对地绝缘电阻的测试，不论是竣工验收，还是日常维护，只要求测试埋设接续后的单盘光缆线路的对地绝缘。

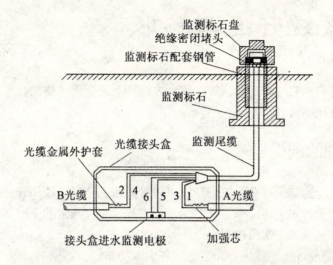

图 8-22 直埋光缆对地绝缘监测装置

（2）对地绝缘指标

按通信行业标准规定，埋设后 72 小时的单盘直埋光缆金属外护层对地绝缘电阻竣工验收指标应不低于 $10M\Omega \cdot km$。日常维护指标不低于 $2M\Omega$。单模光缆金属护套对地绝缘不低于 $2M\Omega$ 是在保护光缆金属护套免遭自然腐蚀的起码要求，即在安全范围内。

通常，造成光缆线路对地绝缘低于 $2M\Omega$ 的主要原因可归纳为：光缆外护层的破损、光缆端头残余浸水、接头盒密封不好、接头盒监测引出线装置损伤、施工季节和竣工验收气候的影响。

复习与思考

1. 光缆线路工程检测主要包括哪些项目？
2. 常用的光缆线路检测仪表有哪些？
3. 画出 OTDR 的功能结构框图。
4. OTDR 的常用技术参数有哪几项？
5. OTDR 的主要测量功能有哪些？
6. 在光纤熔接中采用 OTDR 进行现场监测的方式有哪几种？画出其测量图。
7. 光缆再生段测试项目有哪些？
8. 光缆中金属层对地绝缘阻值有何要求？

第九章 系统开通与验收

本章介绍光纤传输系统开通的一般步骤和方法，系统全面考核的技术指标与测试，以及工程竣工验收的程序。

9.1 系统开通的前提

光通信系统工程的建设可分为三个阶段：设计阶段、施工阶段和开通验收阶段。工程施工包括线路施工和设备安装两个平行进行的单项工程。工程施工的全面完成是系统开通的前提。施工全面完成包括如下实质内容：

（1）光缆线路经过光缆敷设、光缆连接并引入局站。

（2）端局机房和再生站的建设已先期完成，机房确实具备安装施工条件时，将设备运到现场，开箱检查确认设备无运输损伤，设备型号、规格、数量符合设计要求和订货合同。设备表面处理无脱落损坏，机箱无变形无锈蚀。

（3）局站电源布线到位。机架安装完毕。光缆在局、站内通过 ODF 或终端盒成端。

（4）线路经过竣工测试，暴露出的质量问题经过返修或更换部分线段已全面达到设计要求。

（5）清理机架和施工现场，确信无螺钉螺母、金属线头等遗留在机架内。完成机架和光缆、电缆的工作接地和保护接地。电源接上机架顶部总开关。

（6）全部机盘插件和光缆电缆活接头在未启动电源情况下，试插正常。局、站内缆线已经核对无误后帮扎整齐。主持系统开通的技术人员已充分了解系统的技术文件或已经过专门技术培训。

（7）安全操作规则：

① 强功率激光对人体特别对眼睛有危害，不得将光发送器的尾纤端面或其上面的活动连接器的端面对着眼睛。

② 不得用手触摸机盘上的元器件、布线及插头座中的金属导体。维修机盘必须触及时应采取静电防护措施。机房地面不得使用地毯或其他容易产生静电的材料。

③ 光纤通信设备须注意对强电和雷电的防护，尤其应注意光缆在设备终结时，必须采取有效措施，以免将强电或雷电引入设备。

④ 注意不得使光纤产生折弯，必须弯曲光纤时，曲率半径不得小于 60mm。

⑤ 设备中的光纤活动连接器不得随意打开，维修设备必须打开时，须采取保护措施，以免连接器的端面被污染。

⑥ 网络管理用的计算机是专用设备，不得挪作他用。特别不得使用来历不明的软盘，以免病毒的侵害。

（8）环境条件：

保证指标工作温度： +5~+40℃   可工作温度： 0~45℃
相对湿度：≤85%（+30℃） 大气压力： 70~106kPa
环境空气无腐蚀性和溶剂性气体，无扬尘，邻近无强电磁场干扰。

9.2 系统调试的一般程序

9.2.1 上电检查

① 通电之前，拔出机架上的所有机盘和电缆、光缆插头。在整个连通阶段，每一步骤均遵守在停电下插入、拔出机盘的操作规则。

② 在机架顶部电源总开关处，检查输入电源的极性和电压值是否符合本机要求。

③ 逐一插入电源板，开启总开关及电源盘面板开关，观察指示是否正确。在板前测试孔处，用电压表对地测量电源板的输出电压，要求±5V 偏差小于±5%，±12V 空载偏差小于±10%（测试孔测量的电压为隔离二极管前的电压，其值一般高出 0.4~0.6V）。

④ 所有电源板的输出检查都正常后，停电状态下逐一插入系统箱的电路盘。每插入一盘，接通电源，观察电源盘的指示灯亮度是否失常。若插入某机盘后发生电源过载保护，首先判断插入机盘有短路或过载。应停电后，拔出该盘检查。一盘正常后，再插另一盘。若插入若干机盘后电源盘输出电压的变化超出额定值，一般判定电源板故障。上电不正常的电源板可采取换板方式作鉴别认定。

⑤ 全部机盘插入电路箱后，观察整机状态，手摸电源盘内电源块外壳不明显发烫，发送盘 LD 散热片无明显温升，无异味，不出现异常烟、声、火花，告警灯亮度合适，则说明整机加电正常，可以进行调试。

9.2.2 单机自环检查

设备单机的自环检查的目的是判定各端机的状态是否正常。自环分电环和光环两种。

（1）电环检查

将电输入口的连接电缆插头拔掉，用一根短电缆线将其发端机输出口的信号直接送入收端机输入口，即完成本端电环。若除电源指示灯亮外，其余灯全部熄灭，即属正常工作。然后拆除短连线。

（2）光环检查

将光端机或光再生机的发射光信号直接送入自己的接受机输入端口，称为光环。光环使用的是两头带插件的单芯测试软光缆。光发射机采用 LDE 的，可直接将收发端环接。光发射采用 LD 的为保证接收不出现过载，应在光发射机输出口串接光衰减器（若现场无衰减器，可将光环接头适当松开一些，增大接头衰耗，简单试验）后再接光环单芯光缆。光环后，若光端机的"发无光"、"寿命"、"收无光"、"失步"及倒换、误码等告警指示灯均熄灭，表明光端机状态正常。但接收光功率低于接收机灵敏度或过载时，收端机会出现误码或失步警告，则需进一步通过光功率检查分析判断。端站光环正常后，拆除光环，将光端机与局内光缆接通，派人到中间站去逐站自环检查。有监控系统的可以借助监控系统，在端站发出"环路"命令，使中间站环回。一般正常情况下，端站和中间站间可以通过公务电话联络。端站可以通过监控系统看到中间站各主要机盘工作正常与否，用公务电话与中间站的调试人员联络，共同排除故障。如果无监控系统或者监控系统故障。通过再生机的环路开关，手动实现自环。

9.2.3 光功率检查与调整

使用光功率计实测各线光接口的发送和接收光功率。二者之差应与线路竣工测试的光线路损耗基本吻合，若偏差超 3dB 应寻找原因，予以排除。

（1）偏差过大的可能原因及处理方法为：

① 光连接器污染或连接器插入衰耗超标。先清洁处理活动连接器后再观察，若故障仍不能排除，可考虑更换插件或适配器以鉴别认定。

② 发送盘光源的波长与光纤窗口失配。可更换光源鉴别。

③ 光线路衰耗发生变化。用 OTDR 复测线路衰耗。

④ 仪表偏差。注意光发送端和接收端的光功率计是否预先经过定标校准。

开通初期接收光功率应落在如图 9-1 所示的阴影区内，其上限小于接收机允许的最大接收功率 3dB，下限应保持在 7~10dB 功率裕量，即比接收机灵敏度大 7~10dB。中继段长的选高值、中继段短的取低值。图 9-1 中所示的 P 值均为设备光功率的实测数，可能比厂家设备产品的接收机灵敏度和动态工作范围的标称值优良。

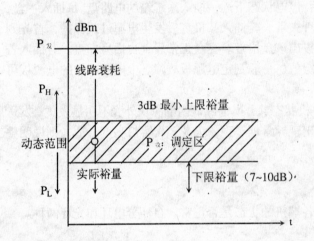

$P_{发}$：发送平均光功率 dBm
P_H：接收机最大允许接收功率 dBm
P_L：接受机灵敏度 dB
$P_H - P_L$ = 光接收机动态工作范围 dB
"O" 接收光功率的实测点

图 9-1 接收光功率的调定值范围

（2）接收功率的调整方法为：

① 实测接收功率与调定区的上、下偏差不多时，可以通过发送盘的手动旋钮调整发送功率。一般 LD 的发送功率的调动范围可达 6dB。但因输出功率的调动会影响系统的误码特性，这种调动必须在仪器的监测下进行。不允许用户在现场作这种调整。LED 光源的输出，现场可以作一定的调整，但应注意避免过功率损害接收机。

② 接收功率偏大较多时，长期附加衰减器的方法调整。光衰减器分固定衰减器和可变衰减器两种，它们在光路中的连接又分为固定连接和活动连接两种。固定连接是衰减器带尾巴光纤，其尾巴光纤与线路光纤熔接。活动连接是衰减器带插件，通过适配器与线路连接。通常讲的固定衰减器是指其衰减器是不可调的，从连接方式上讲，它仍然分固定和活动两种连接形式。

③ 更换发送盘。采用 LED 光源的发送盘的输出光功率较小，采用 LD 光源的发送盘的输光出功率较大，而 LD 光源又有大功率和小功率之分。采用什么样的光盘，工程设计中是必须周全考虑的。用户在系统开通时若接收光功率偏大，一般都采用附加衰减器的方法调整。

只有光功率明显减小时，才不得已与设备厂协商更换光盘。

光功率调定后，对全线各光接口点的发送功率、接收功率、LD 预置电流值、接收机 AGC 电压应做出完整的测量记录，作为工程开通资料存档，它是光系统日后维护的重要原始资料。

需要说明的是，目前新的光传输设备一般都采用光收发模块，其光功率已按系统指标调定。

9.2.4 功能检查

（1）告警功能

在开通过程中，应随时观察所有机架机盘的告警指示是否与系统的实际状态相符。

（2）公务功能

系统通过环回检查和功率调整后，一般即可使用公务系统进行局间和局站间联络，检查如下功能：

① 主、被叫双方均应有指示灯显示，且被叫站具有音响及截断音响功能。

② 全线公务呼叫，闲时接通率 100%。

③ 通话完毕，任何一方均能人工拆除。

④ 若线路或被叫方占线，主叫方应有"示忙"显示。

（3）主备倒换功能

在主备系统都能工作正常条件下，作倒换功能检查。

人工操纵倒换控制键盘，观察各项显示是否正常。再人为制造主用系统故障，系统应发出紧急告警，并自动倒换到备用系统。然后人为将主用系统恢复正常，系统经 5~10 分钟应自动倒回至主用系统。

（4）监控功能

用手持监控终端可以检查所有被测机架、机盘及全部监测量，手持终端（或称便携式监控器）的使用方法请读者阅读厂家说明书。

9.2.5 误码检查

上述功能检查完毕后，即可进行开通工作的最后一个内容，即观察误码。误码检测能综合地考核设备、线路、供电及环境等多方面因素与系统综合质量。误码检查的方法是：用误码仪监测系统的全程误码，系统采用环回方式，在一端局进行监测。

9.3 系统测试项目

在全线完成连通调试，并经过一定的试运行，证实系统正常开通的前提下，方可进行系统测试。系统测试的内容包括：

① 线路总衰减测试；

② 误码与抖动特性测试；

③ 发送平均光功率测试；

④ 接收机光特性测试；

⑤ 告警功能，监测功能及转换功能的检查测试。

9.3.1 线路总衰减测试

线路衰耗和线路总衰耗按再生段测试，线路衰耗和总衰耗如图 9-2 定义。它们包括了再生段全程内的光缆、光缆接头和活动连接器的损耗之和。

线路衰耗的测量宜采用"插入法"和"后向散射法",具体测量方法已于第七章叙述。使用 OTDR 测量时,应有全程信号曲线的打印记录。

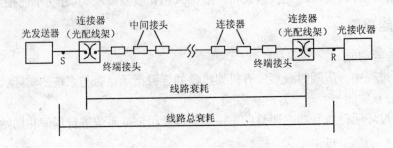

图 9-2 线路衰耗构成示意图

9.3.2 误码特性测试

误码特性分为网元测量与整个系统测量两种。

(1)单个网元的误码特性测量

测量时,首先按照图 9-3 的配置,调节可变光衰减器使误码显示为零,再逐渐增加光衰减,使误码检测仪上的 BER 显示为 1×10^{-11},并能稳定一段足够的时间。将光衰减器输出端的精密测试光纤软线连至光功率计,记录下此时的接收光功率值。再将测试软线重新连至光接收机,重新观察并记录下此时 BER 值,并以此为准,逐步加大光衰减,记录下相应的 BER 值,最后可获得误码率接收光功率曲线。

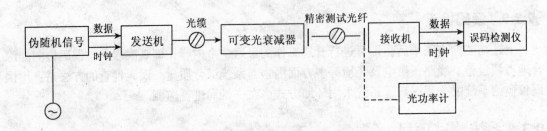

图 9-3 端机误码特性的测量

(2)系统误码性能测量

系统误码性能测试方式在第二章中已作介绍,见图 2-6。

这项测试往往是在现场运行条件下对实际系统的误码性能进行观测分析,其测试配置应与实际运行条件一致。目标是考察系统是否满足 G.821 或 G.826/ G.828 所规定的误码性能要求。系统本身、仪表内部微处理器或外配计算机可以按照相关建议对收集的数据进行分析计算,并给出最后结果。

上述误码测量方法原则上既适用于 PDH,又适用于 SDH。由于 SDH 设备的测量往往在光接口上进行,因而要求测试仪表也需要配置电/光转换。

9.3.3 系统抖动特性测试

"抖动"定义为数字信号的有效瞬间相对标准时间的偏差。抖动幅度的常用单位为 UI（国际单位）。1UI 时间间隔等于 1 比特信号所占的时隙。每 1UI 时间间隔与速率的关系见表 9-1。系统的抖动特性包括输入抖动容限、输出抖动和抖动转移特性三项技术指标。

表 9-1　　　　　　　　1 UI 在不同速率下的脉冲时隙

速率	64Kb/s	2.048Mb/s	155Mb/s	622Mb/s	2.5Gb/s	10Gb/s	40Gb/s
间隔	15.6μs	488ns	6.4ns	1.6ns	400ps	100ps	25ps

（1）输入抖动容限

输入抖动容限的测试方法如图 9-4 所示，改变抖动信号发生器的抖动频率和抖动幅度，造成光系统输入信号按不同幅度抖动，用抖动分析仪在对端光接口处监测误码。输入端串接电缆作为信号衰减器，在不同电缆衰耗、不同抖动频率下，改变抖动幅度，以无误码时的最大输出抖动幅度为最大允许输入抖动。抖动幅度以 UI 为单位，抖动频率以 Hz 为单位，按测试数据画出最大允许输入抖动曲线，要求所有数据点都在设计要求的极限样板以上。除工程设计有明确规定外，抖动特性的测试也可采用如图 9-5 所示的环回测试方式，在同一端局进行测量。

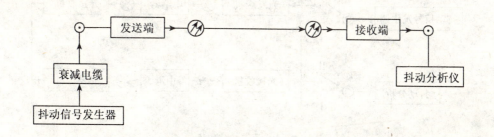

图 9-4　输入抖动容限端对端测试框图

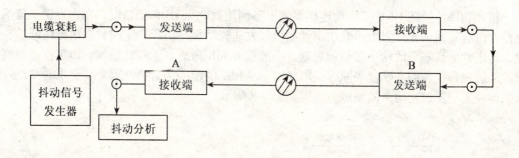

图 9-5　最大允许输入抖动的环回测试框图

（2）输出抖动

输出抖动指系统无输入抖动时的输出抖动。其测试框图如图 9-6 所示，测量输出抖动时，输入端不加衰减器，不加抖动。用伪随机码发生器作信号源。由抖动检测器测得该点下的峰-峰抖动即为系统的最大输出抖动。

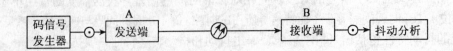

图 9-6　系统输出抖动的测试框图

（3）抖动转移特性

系统输出抖动与输入抖动之比为抖动增益，不同抖动频率下的抖动增益特性即为系统的抖动转移特性（抖动转移特性产生于再生中继器）。抖动转移特性的测量如图 9-7 所示。测试时先将两组开关接通 I，记下抖动检测器的读数 P_1，再将两组开关接通 II，若抖动检测器读数为 P_2，则抖动增益 G 为：

$$G = P_2 - P_1 \text{（dB）}$$

选取输入抖动的参考幅度，测试其频率范围。输出抖动用"宽频法"测试会引入很大的误差，测试标准规定采用"选频法"测量，性能良好的超低频选频表是关键仪表。

光传输线路最大抖动增益应符合要求，测试时应记录抖动增益最大值和对应的抖动频率，以及抖动下降 3dB 的频率点。

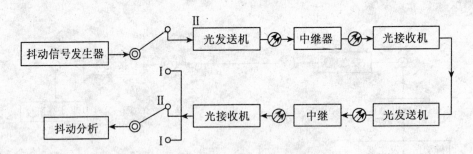

图 9-7　抖动转移特性测量框图

9.3.4　平均发送光功率测量

将光功率计接在 ODF 架活动连接器的设备侧读数。无 ODF 架情况，在光发送机盘活动连接处用直通测试光纤引出至光功率计测量。发送光功率在出厂调定时，在机盘尾纤插头测量，比定额值高一个活动连接器的衰减，一般按 0.5dB 考虑。工程测量时，由于连接器衰减值的离散性和仪表的准确度等原因，取额定值 ±1dB 的范围为合格。有特殊要求时按设计要求执行。平均发送光功率的测试方框图如图 9-8 所示。

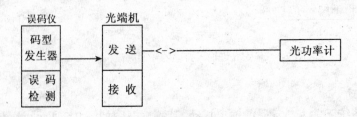

图 9-8　发送光功率测试方框图

9.3.5 接收机光特性测量

测量时先将光可变衰减器通过活接头与接收机连接,将可变衰减器的衰减量置于最大位置。再逐渐减小衰减量,直到误码检测仪的指示降低到正好为 1×10^{-10} 时为止,等待一定时间,以确信指示稳定。然后将光可变衰减器通过活接头改变光功率计。光功率计的读数 P_0 即为接收机灵敏度。对于 10Gbit/s 系统和带光放大器的系统,误码指标 BER 应调整到 1×10^{-12}。再恢复初始连接,减小可变衰减器的衰减量,由于接收机输入信噪比进一步改善,误码检测仪的指示继续降低。直到接收机的前置放大器进入非线性工作区而出现饱和,信号脉冲波形产生畸变,引起码间干扰,误码指示将由下降转为上升。继续缓缓地减小衰减量,直到误码检测仪的指示再回到 1×10^{-10} 时为止。此即接收机的过载点,可改变光功率计读出过载光功率。如果再减小衰减量,使接收机输入光功率继续增大,接收机的前置放大器可能会发生阻塞,甚至烧毁。

定义为保证 1×10^{-10} BER 指标,R 点处所必需的平均接收功率的最大可接受值为接收机的过载功率,接收机过载功率与灵敏度之差为接收机的动态范围。系统设计时,为适应较宽的应用范围,希望动态范围大一些。通常 APD 接收机比 PIN-FET 接收机大 5~10dB。不过太大的动态范围可能会引起灵敏度降低和成本上升。接收机光特性测试如图 9-9 所示。

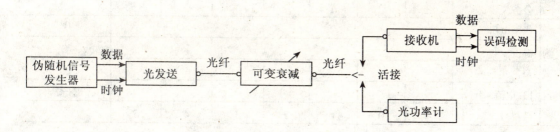

图 9-9 接收机动态范围测量图(单机测试)

关于接收机灵敏度指标测试的几点说明:

① 接收机灵敏度的规范指标是以发送机信号眼图模板的规范为基础的。如果由于电调制信号的质量、调制方式或者 S 点的回波衰减等因素使系统 S 点的光信号不能满足眼图模板的规范要求,接收机灵敏度也将劣化,运用接收机灵敏度指标所作的通路计算都将无效。

② S 点的光信号满足眼图模板的规范要求时,改变光通路组合所作的一切计算,都可以把接收机灵敏度当成定值处理。

③ 接收机本身的特性只取决与其所用的光电检测器、放大器均衡器的增益与噪声以及判决点的合理选择。它与 S 点和 R 点的接口状态无关。

这里附带介绍系统富余度指标的测试。测试系统仍如图 9-9 所示连接。先不接光衰减器,用光功率计测量此时的实际接收光功率 P_1,再接入光衰减器,逐渐加大衰减量,直至误码监测指示为 10^{-11} 时测量此时的接收光功率 P_2,按下式计算出系统富余度:

$$系统富余度 = 10\lg\frac{P_1}{P_2} \quad (dB)$$

9.3.6 功能检查

系统验收时要求有告警、监测、倒换、公务检查测试的结果,检查方法如前一节所述,检查结果按表 9-2 记录。

表 9-2　　　　　　　　　告警、监测、公务功能检测记录

项目	指标	设计指标				检查结果			备注
		机盘灯	架顶灯	发鸣	AIS	机盘灯	架顶灯	发AIS	
告警盘	PCM 中断	红	红	△	△				
	LD 无光	红	黄	△	△				不查
	LD 寿命		红						不查
	收无光	红	红	△	△				
	失步	红	红	△	△				
	AIS（收）	黄	黄		△				
	BER≥10^{-6}	黄	黄						
	BER≥10^{-3}	红	红	△	△				
	电源故障		红	△					
	区间输入中断	红	红	△	△				
	区间输入失步	红	红	△	△				
	公务失步	红	红	△					
测试盘	供电电压								伏
	温度								℃
	AGC 电压								伏
	LD 电流								毫安
	系统号	0	1	2	3	4	5		
	公务功能检查								

站名：　　　　　设备型号：　　　　　编号：

9.4　工程验收项目与方式

9.4.1　工程验收的依据和方式

光通信系统的工程验收是保障工程建设质量的重要环节。工程验收的依据为：

① 《通信基本建设工程竣工验收办法》。
② 《电信网光纤数字传输系统工程施工及验收暂行规定》。
③ 经上级主管部门批准的设计任务书、工程设计和施工图，包括补充文件。
④ 引进工程，与外商签定的技术合同书。

根据工程的规模、施工项目的特点和施工的不同阶段，工程验收可分为随工验收、初步验收和竣工验收三种方式。

9.4.2　随工验收、初步验收与竣工验收

1. 随工验收

随工验收适用于线路中的隐蔽项目，例如光缆接续完成后，接头已封于接头盒中，光纤

预留长度，光纤的盘放，熔接质量及接头盒装配的密封性等，竣工时不便检验。又例如直埋光缆和水下光缆的布放线路，布放长度，余留长度和余留方式，竣工时显然也不便检验。这类施工项目习惯上称为"隐蔽项目"。隐蔽项目的验收一般采取随工验收方式。

随工验收是在施工过程中，由建设单位委派工地代表随工检验，发现工程中的质量问题随时提出，施工单位及时处理。隐蔽工程质量合格由工地代表及时签署竣工技术文件中随工检查记录，以后的工程竣工验收中不再复验。

光缆线路工程的随工验收项目及内容见表9-3。

表9-3 光缆工程随工检验项目内容表

序号	项目	内容	
1	主杆	● 电杆的位置及洞深 ● 电杆的垂直度 ● 角杆的位置	● 杆根装置的规格、质量 ● 杆洞的回土夯实 ● 杆号
2	拉线与撑杆	● 拉线程式、规格、质量 ● 拉线方位与缠扎或夹固规格 ● 地锚质量（含埋深与制作） ● 地锚出土及位移拉线坑回土	● 拉线、撑杆距、高比撑杆规格、质量 ● 撑杆和电杆接合部位规格、质量 ● 电杆是否进根撑杆洞回土
3	架空吊线	● 吊线规格 ● 架设位置 ● 装设规格	● 吊线终结及接续质量 ● 吊线附属的辅助装置质量 ● 吊线垂度等
4	架空光缆	● 光缆的规格、程式 ● 挂钩卡挂间隔 ● 光缆布放质量 ● 光缆接续质量	● 光缆接头安装质量及保护 ● 光缆引上规格、质量（包括地下部分） ● 预留光缆盘放质量及弯曲半径 ● 光缆垂度与其他设施的间隔及防护措施
5	管道光缆	● 塑料子管规格 ● 占用管孔位置 ● 子管在人孔中留长及标志 ● 子管堵头子管口盖（塞子）的安装 ● 光缆规格 ● 光缆管孔位置	● 管口堵塞情况 ● 光缆敷设质量 ● 人孔内光缆走向、安放、托板的衬垫 ● 预留光缆长度及盘放 ● 光缆接续质量及接头安装、保护 ● 人孔光缆的保护措施
6	埋式光缆	● 光缆规格 ● 埋深及沟底处理 ● 光缆接头坑的位置及规格 ● 光缆敷设位置 ● 敷设质量 ● 预留长度及盘放质量 ● 光缆接续及接头安装质量	● 保护设施的规格、质量 ● 防护设施安装质量 ● 光缆与其地下设施的间距 ● 引上管、引上光缆设置质量 ● 回土夯实质量 ● 长途光缆护层对地绝缘测试
7	水底光缆	● 光缆规格 ● 敷设位置 ● 埋深	● 光缆敷设质量 ● 两岸光缆预留长度及固定措施、安装质量 ● 沟坎加固等保护措施的规格、质量

2. 初步验收

初步验收简称为初验。大型工程一般分解为若干单项工程，单项工程完工后进行的验收即为初验。

初验合格，表明单项工程正式竣工。全部单项工程初验合格，表明系统工程正式竣工，工程进入试运行阶段。

初验由建设单位组织，供货商、设计、施工、维护部门、档案管理部门及相关银行等参加，初验的先决条件为：

① 施工图设计的工程量已全部完成。
② 隐蔽工程项目随工验收已全部合格。
③ 竣工技术文件齐全，符合档案要求（最迟应于初验前一周送建设单位审验合格）。
④ 施工单位正式发出交工或完工报告。

初验时间应在原定计划建设工期内进行，建设单位应在工程完工后三个月内组织初验。干线光缆工程，多数在冬季组织施工，年底完工，次年三、四月进行初验。

光缆工程验收的一般程序为：

① 成立验收领导小组。
② 成立三个查验组：工艺组、测试组、档案组（又称资料组）。
③ 分组检查。
④ 书面检查结果。
⑤ 会议讨论。

在各组提供的检查基础上，对工程质量做出实事求是的评语和质量等级（一般分为优、合格、不合格三个等级）。

⑥ 通过初步验收报告。

工程通过初验合格，标志施工阶段正式结束，工程将移交维护部门进行试运行日常维护。工程移交应有正式移交手续，交接内容包括：

① 移交材料。光缆、连接材料等余料，应列出明细清单经建设方清点接收，一般此项工作已于初验前办理完成。
② 器材移交。器材移交，包括施工单位代为检验、保管以及借用的测量仪表、机具及备品等其他器材，应按设计配备的产权单位进行移交。
③ 遗留问题处理。初验中明确的遗留问题，按会议落实的解决意见，由施工和维护单位协同商议，确定具体处理办法。
④ 办理正式交接手续。

3. 竣工验收

工程竣工验收是基本建设的最后一个程序，是全部考核工程建设成果、检验工程设计和施工质量以及工程建设管理的重要环节。

（1）竣工验收条件

① 光缆线路、设备安装等主要配套单项工程的初验报告，经规定时间的试运转（一般为2~6个月），各项技术性能符合规范、设计要求。
② 生产、辅助生产、生活用建设等设施按设计要求已完成。
③ 技术文件、技术档案、竣工资料齐全、完整。
④ 维护主要仪表、工具、车辆和维护备件，已按设计要求配齐。

⑤ 生产、维护、管理人员数量和素质能适应投产初期的需要。
⑥ 引进项目应满足合同书有关规定。
⑦ 工程竣工决算和工程总决算的编制及经济分析等资料准备就绪。

（2）竣工验收的主要程序

①文件准备。工程竣工报告已由报告人写好，并送验收组织部门审查打印；工程决算、竣工技术文件等均已整理完成。

②组织临时验收机构。大型工程成立验收委员会，下设工程技术组，技术组下设系统测试组、线路测试组（视情况，可不设）、档案组。

③大会审议、现场检查。审查、讨论竣工报告、初步决算、初验报告以及技术组的测试报告、沿线重点检查线路、设备的工艺路面质量等。

④讨论通过验收结论和竣工报告。

9.4.3 工程验收项目总表

设备安装工程验收项目及内容总表如表 9-4 所示。

表 9-4　　　　设备安装工程验收项目及内容总表

工程阶段	项目	内容	方式
一、施工前检查	1. 机房环境要求	(1) 土建完成情况； (2) 地面、门窗、油漆等； (3) 照明、电源、通风、采暖； (4) 室内温湿度要求。	
	2. 安全要求	(1) 消防器材； (2) 电源标志； (3) 严禁存放危险物品； (4) 预留孔洞处理。	
	3. 器材清点检查	(1) 外观检查； (2) 资料清点。	
二、设备安装	1. 机架及配线架	(1) 垂直、水平度； (2) 机架排列； (3) 螺丝及地线； (4) 油漆、标志。	随工检验
三、电缆布放	1. 布放电缆	(1) 电缆的布放路由和位置； (2) 走道及槽道电缆的工艺要求； (3) 架间电缆布放要求。	随工检验
	2. 编扎、绕接电缆芯线	(1) 分线要求； (2) 绕接要求。	随工检验
四、零件附件安装		(1) 零附件安装正确； (2) 外导体或屏蔽的措施； (3) 设备标志。	随工检验
		(1) 布放路由； (2) 电缆测试。	随工检验

续表

工程阶段	项 目	内 容	方 式
五、布放检查及通电试验	1.通电试验	(1) 电源电压； (2) 溶丝容量； (3) 告警检查。	检查测试记录
六、本机测度	1. 再生器	(1) 光端机电压和功能； (2) 时钟频率； (3) 偏流； (4) 发送光功率； (5) 接收灵敏度； (6) 主要波形； (7) 公务接口； (8) 告警功能。	检查测试记录
	2. 光电端机	(1) 平均发送光功率； (2) 接收机灵敏度； (3) 偏流； (4) 抖动测试； (5) 接口输入衰减和输出波形； (6) 告警功能。	检查测试记录
七、系统测试	1. 连通测试	(1)系统总衰减。	验收时抽测不少于一个光系统或 1~2 个再生段
	2. 市内局网中继光缆通信系统测试	(1) 发送光功率； (2) 系统动态范围； (3) 抖动性能； (4) 监测功能； (5) 转换功能； (6) 告警功能； (7) 误码率。	验收时抽测不少于 1 个光系统
	3. 长途光缆通信系统测试	(1) 发送光功率； (2) 系统动态范围； (3) 抖动特性； (4) 监测性能； (5) 转换功能； (6) 告警功能； (7) 公务操作； (8) 误码率。	验收时抽测不少于 1 个光系统

9.4.4 光缆线路工程竣工验收项目与要求（见表 9-5）

光缆线路工程竣工验收项目与要求如表 9-5 所示。

表 9-5　　　　　　　　　　光缆线路工程竣工验收项目内容表

序号	项目	内容及要求
1	安装工艺	● 管道光缆抽查的人孔数应不少于人孔总数的 10%，检查光缆及接头的安装质量，保护措施，预留光缆的盘放以及管口堵塞，光缆及子管标志。 ● 架空光缆抽查的长度应不少于光缆全长的 10%，沿线检查干路与其他设施间距（含垂直与水平），光缆及接头的安装质量，预留光缆盘放，与其他线路交越、靠近地段的防护措施。 ● 埋式光缆应作部沿线检查其路由及标识的位置、规格、数量、埋深、面向。 ● 水底光缆应全部检查其路由、标志牌的规格、位置、数量、埋深、面向以及加固保护措施。 ● 局内光缆应全部检查光缆与进线室、传输室路由、预留长度、盘放位置、保护措施及成端质量。
2	光缆主要传输特性	● 中继段光纤线路衰耗竣工时应每根光纤都进行测试，验收时抽验应不少于光纤芯数的 25%。 ● 中继段光纤背向散射信号出现竣工时应每根光纤都进行检查，验收时抽查应不少于光纤芯数的 25%。 ● 多模光缆的带宽及单模光缆的色散竣工及验收测试按工程要求确定。 ● 接头损耗的核实、应根据测试结果结合光纤衰减检验。
3	铜导线电特性	● 直流电阻，不平衡电阻、绝缘电阻竣工时应每对铜导线都进行测试；验收时抽测应不少于铜导线对数的 50%。 ● 竣工时应测每对铜导线的绝缘强度，验收时根据具体情况抽测。
4	护层对地绝缘	● 直埋光缆竣工及验收时应测试并做记录。
5	接地电阻	● 接地电阻竣工时每组都应测试，验收时抽测数应不少于总数的 25%。

复习与思考

1. 简述光通信系统开通调试的主要步骤。
2. 画出光接收灵敏度与接收动态范围的测量图。
3. 已知光接收机的灵敏度为 –40dBm，动态范围为 –20dBm，若收到的光功率为 2 微瓦，试问该系统能否正常工作？为什么？
4. 光缆线路工程验收一般采用哪几种方式？各应用在什么场合？
5. 光缆线路的竣工资料应包括哪些？
6. 为什么要完整保留光缆线路竣工资料？

第十章 光缆线路维护与应急抢修

光缆线路是传输信号的通道，是光纤通信系统的重要组成部分，光纤中传输的信息量巨大，光缆线路障碍将造成重大通信损失。故需对光缆线路进行严格的日常维护，以保证光传输系统安全稳定运行。本章介绍光缆线路维护的一般项目与方式。

不过，目前国内存在多个通信运营商，其维护管理体制不尽相同，因而对光缆线路的维护并没有一个固定模式，只能提出一些线路维护的基本原则与注意事项，以供读者参考。

10.1 光缆线路维护的基本原则

为了提高通信质量，确保光缆线路的通畅，必须建立必要的线路技术档案，组织和培训维护人员，制定光缆线路维护与检修的有关规则并严格付诸实施。更具体地讲，要做好光缆线路维护工作，必须认真考虑以下几个方面：

1. 认真做好技术资料的整理

光缆线路竣工技术资料是施工单位提供的重要原始资料，它包括了光缆路由，接头位置，各通道光纤的衰减、接头衰减及总衰减，两个方向的背向散射曲线等。这个资料是将来线路维护检修的重要依据，应该很好保存并认真掌握。有的单位为了对线路各个通道的接头位置、距离、纤号及其衰减大小等一目了然，将竣工技术资料综合起来，绘制成各光纤通道维护明细图表，并参照 OTDR 曲线，将这些数据标明在该图表上。这样，一但发生故障，就能在图上标明故障点的位置，有利于顺利修复。

2. 严格制定光缆的线路维护规则

应该根据光缆线路的具体情况制定切实可行的维护规则，并严格付诸实施。特别对于线路的薄弱环节、接头部位，气候异常（如大风、暴雨、冰雪等），环境变迁或光缆路由附近有土建施工等特殊情况下都要提出特殊的维护措施。

3. 维护人员的组织与培训

组织责任心强的维护人员队伍，并做好技术培训工作，使他们了解和掌握光缆线路的维护和检修技术，了解光缆线路的基本工作原理，明确保证通信线路畅通的重要意义。并对维护人员加强管理，明确分工。

4. 做好线路巡视记录

组织维护人员对光缆线路进行定期巡视，如检查架空光缆线路沿线的挂钩，光缆垂度是否正常，拐弯处光缆弯曲半径是否改变，查看光缆外形有无变化。对于管道光缆，检查人孔内光缆在托架上的安放位置，接头点余留光缆的直径及光缆外形有无变化，直埋光缆路由上有无开挖痕迹等。若发现可疑或异常情况应做记录，并继续观察。

5. 进行定期测量

为了掌握光缆线路质量变化情况，应该对其中各光纤通道的衰减进行定期测量，做好记录并与竣工记录和以前的测量值进行比较。当通道衰减明显增大时，应查找原因，并研究确定解决办法。通道衰减的定期测量采用稳定可靠的插入损耗测量仪表即可。一般一季度或半年进行一次，有条件的地方，最好每年一次用 OTDR 观察各通道的全程背向散射曲线，观察和记录各段光纤和各光纤接头衰减的变化情况，并注意曲线上有无轻微的菲涅尔反射点与异常情况。

对于配有光缆线路自动在线监测系统的，应注意在网管上查看监测结果。

6. 及时检修与紧急修复

由于一根光缆具有很大的传输容量，特别是长途干线更是如此，因此保证光缆线路长期稳定而可靠地工作是至关重要的。在日常线路维护和定期测试过程中，如果发现任何异常情况或隐患，都应立即采取相应措施排除隐患，做到及时处理。特别要考虑光缆线路发生重大故障时，应有能够迅速修复光缆线路的研究、训练和实施计划，以迅速完成从告警到修复的紧急任务。

10.2 维护管理组织

10.2.1 维护职责的划分

光纤通信系统光缆机线设备的分界以长途光缆进入站、局的第一个活接头为界，连接器以内属机务部门维护，连接器以外由线务部门维护。

跨省长途光缆线路维护段落的划分，以接近省界的局或站为界，该局或站由其所在省维护。条件特殊的可以省界或以接近省界的地点为界，具体界限的划分由相关电信管理部门确定。

长途光缆线路的主要技术设备变动，应报上级主管部门批准。报批的主要内容为：
① 改变光缆程式和敷设方式。
② 增加或更换短程光缆。
③ 改变水线路由或水线敷设方式。
④ 采取重大的技术革新措施。
⑤ 重大防护措施的采用或变更。

此外，长途光缆的下落、升高（不含架空光缆）或迁改要从严控制，二级线路报省通信管理局批准，一级线路报部备案。

（1）长途光缆线路的维护管理分为三级：
① 省长途线路维护局。
② 长途线务站（局）。
③ 长途光缆段。

（2）省长途线路维护主管部门的主要职责为：
① 组建所属各级维护机构，划分维护范围，配备维护人员、仪表、工具（含巡房设施联系工具）和车辆。
② 贯彻部、省制定的规章制度，编制长途光缆线路维修计划，审批线务站(局)的有关计划并检查其执行情况。
③ 配合长途光缆线路工程勘测、设计、施工，参加工程验收工作。
④ 指挥线务站（局）迅速查修线路故障。

⑤ 建立完整的光缆设备技术资料。
⑥ 组织光缆技术业务培训，定期组织维护工作检查、评比，具体负责线路的故障查修。
（3）线务站（局）的主要职责为：
① 核定本区各光缆段的维护范围，配备包线员。
② 贯彻各项规章制度，编制本区线路维修计划。
③ 负责本区线路的定期测试工作，制定全站（局）线路预检措施，具体负责线路的故障查修。
④ 服从上级调度，及时协助邻站（局）查修线路故障；加强与机务部门协作，定期参加机线联席会议。
⑤ 做好长途光缆线路工程的配合工作。
⑥ 建立完整的光缆设备技术资料。
（4）光缆段的主要职责为：
① 编制全段维修工作计划；审批包线员的维护工作计划，并检查其完成情况及工作质量。
② 组织包线员按维修周期搞好预检预修。
③ 参加故障抢修。
④ 发现危及光缆线路安全的情况，立即向站（局）报告，并及时采取防范措施。
⑤ 建立设备技术资料、原始记录，管理好本段仪表、器材、工具、车辆。
（5）包线员的主要职责为：
① 熟悉光缆路由、埋深及周围环境情况，做好护线宣传。及时发现危及线路完全的情况，并立即报段和努力设法排除。
② 负责线路面的日常维修，积极预防障碍并参加障碍抢修。
③ 做好线路的原始记录及光缆设备变动的资料更改登记工作。
④ 配合光缆的"三防"、查漏等技术维修工作。配合施工单位采取预防障碍措施。

地、市、县建设的本地网的维护有自维护和代维护两种方式。由于维护仪表较为昂贵，需要专门技术培训，一般地讲，线路不多时，本地网自行组织维护编制。从经济性考虑，可以与长途维护中心签订合同，由长途维护中心代管维护和抢修，这就是"代维"方式。

10.2.2 技术资料及仪表、工具的管理

（1）线务站（局）应备有的技术资料
① 光缆线路工程设计文件、竣工资料、验收文件和工程遗漏问题处理意见。
② 光缆线路维护图。
③ 包线员分布与联络方式示意图。
④ 光缆线路路由变更记录。
⑤ 传输情况测试记录（包括再生段的光缆衰减测试记录，后向散射信号曲线及铜芯线的电性能测试记录）。
⑥ 光缆金属护套对地绝缘测试记录。
⑦ 接地装置、接地电阻测试记录。
⑧ 充气光缆的气压统计分析表。
⑨ 光纤实际长度及光缆累计长度与标石（或杆路）对照表。
⑩ 光缆线路障碍登记报告表。

⑪ 冰凌、洪水等气象水文调查资料。
⑫ 光缆防蚀、防雷、防强电测试记录及保护装置资料。
（2）光缆段应备有的技术资料
① 光缆线路维护图。
② 包线员无障碍月累计表。
③ 包线员每月维修工作计划及完成情况表。
④ 光缆气压登记分析表（指充气光缆）。
⑤ 光缆金属护套对地绝缘测试记录。
⑥ 光缆线路路由变动记录。
⑦ 冰凌、洪水等气象水文调查资料。
（3）光缆包线员应备有的技术资料
① 光缆线路路由简图。
② 光缆气压测试记录（指充气光缆）。
③ 光缆线路路由标石卡片。
④ 个人工作记录簿。
⑤ 巡回、联络情况记录。
⑥ 个人每月维修工作计划及完成情况表。
（4）线路站（局）维护光缆用主要仪表配备
① 光时域反射仪（带 V 型槽或裸光纤连接器）。
② 自动光纤熔接机（包括接续专用工具）。
③ 本地光功率注入和检测设备。
④ 光功率计（单模 LD、多模 LED）。
⑤ LD 稳定光源（按光纤传输波长配）。
⑥ 光缆路由探测器。
⑦ 接地电阻测试仪。
⑧ 高阻计。
⑨ 耐压测试器。
⑩ 护套绝缘测试仪。
⑪ QJ45 电桥。
⑫ 数字万用表。

高档仪表（一般指 5 000 元以上）及其附件由线务站（局）统一保管使用。操作人员经专门培训，考试合格者方可上机。建立专人管理、保养制度，一般每两周通电检查一次（潮湿季节适当增加通电次数）。一般仪表外借需经单位领导批准，高档仪表一般不外借，特殊情况需经上级主管领导批准，并由借出单位操作人员随机前往。

10.3 光缆线路常规维护

常规维护指不中断通信业务条件下，贯彻预防为主的方针，及时发现隐患和排除隐患，使设备线路经常处于良好的运行状态。

10.3.1 维修项目及周期

常规维护可分为"日常维护"和"技术修理",日常维护由光缆段组织包线员实施,必要时可派修理员协助,技术修理由线务站(局)光缆线路维护中心负责。常规维护的项目和要求列于表10-1。

表10-1 长途光缆线路主要维修工作项目周期表

类别	项目			周期	备注
日常护维	路面维护	巡回		每月至少一次	徒步巡回不少于二次,暴雨过后立即巡回
		标石	除草培土	每年一次	或用水泥沙浆将标石底部封固
			涂漆描字	每年一次	含标志牌、宣传牌等
	路由探测、砍草修路、管道人孔检查清洁			人孔每半年一次 全线每年一次	可结构徒步巡回进行
	架空光缆维护	杆路逐杆维修		每年一次	按长途明线维修质量标准
		吊线及保护装置检修		每年一次	
		整理更换挂钩		每年一次	
		清除光缆及吊线上的杂物修剪影响光缆的要枝			
技术维修	防雷防强电	接地装置和接地电阻的检查测试		每年一次	雨季前
	防蚀	金属护套对地绝缘测试		全线每年一次	
	防洪汛	检查过河光缆及易冲刷地段		每年一次	加固应在洪讯前完成,洪汛期及时检查
	光电特性测试	线路衰耗测量		备用系统一年一次	主用系统视需要确定
		后向散射曲线检查		同上	
		铜线直流特性测试		每年一次	远供主用线视需要确定
		备用光缆测试		每年一次	
		仪表通电检查		每两周一次	
	光缆修理	外护套修理			发现问题及时修理
		接头修理			

10.3.2 光缆线路的"三防"

(1)防蚀

大部分光缆都有塑料护层,光缆接头部分也有接头盒密封保护,能够抵御外界的化学和电化学腐蚀。光缆内的金属护层及金属防潮层乃至金属加强芯腐蚀是在光缆的塑料护层或接头盒的完整性遭到破坏时发生的。产生这种破坏的原因主要来自两个方面:

① 机械损伤。例如光缆布放时，由于操作不当，被地面上的硬物或者布放机械划破光缆的外护层，管道光缆敷设时未采用塑料子管，外护层被水泥管道的毛刺磨伤；直埋光缆回填土时被铁铲等工具或其他硬物顶伤；直埋光缆敷设时缺乏良好的保护被挖锄、机耕损伤等。

② 白蚁、老鼠啃咬。白蚁在啃咬过程中还分泌出蚁酸，加速光缆金属部件的腐蚀。防蚀措施可归纳为五个方面：

a. 工程设计时应尽可能选择避开下列地段的路由：

（a）有疏浚的沟渠和挖泥取肥、植藕的湖塘；机耕路、农村大道、市区易动土地段；汛期山洪冲刷严重的沙河。这些地段容易出现光缆的机械损伤。

（b）森林、村庄、草坪、木桥、坟场和堆有垃圾的潮湿地方。这些地方是白蚁可能滋生的地方。

（c）石砌涵洞、农田田埂、河溪和水田附近无水泥地缝的石料建筑及外露老根的树下等老鼠活动频繁的地方。

b. 工种施工时，应严格遵守操作规范并确保光缆防护物建设质量。

c. 光缆路由必须经过白蚁活动猖獗地区时，采取毒土处理（第五章已作介绍）。防蚁剂除砷合剂外，还可用0.25%艾氏剂或狄氏剂及1%七氯乳剂、1%的氯丹溶液等。光缆应选用防蚁光缆，一种是塑料外护层材料中渗有防蚁药物，另一种是在普通聚乙烯护套外再挤压一层聚酰胺材料被覆。

d. 光缆必须经过鼠类活动频繁地区时，进行如下防护处理：

（a）光缆尽量垂直通过田埂和经济作物坡地，减少在其边缘埋设的长度。

（b）沿山坡公路埋设时，光缆应在靠山坡一侧。

（c）用硬塑料管或钢管保护光缆。管道光缆应穿在子管内，子管两端用油麻或热缩管封堵。

（d）不用石块及硬物填塞光缆沟，埋土应夯实，做到沟内不留缝隙。

（e）采用铠装防鼠光缆或光缆外包扎防鼠忌避药套。

e. 光缆维护中，要及时清除线路路由上的腐蚀物质，定期通测试光缆金属护层对地绝缘性能，观察绝缘性能的变化，及时对光缆护层进行修理。

（2）防雷

雷击可能破坏含金属材料的光缆，造成通信中继，甚至通过光缆中的金属线（层）将雷击引入局机房（或中继房）造成终端设备及人身的重大事故。

① 雷击破坏光缆的机理

a. 光缆附近的地面和云层间放电，在光缆中的铜线或金属加强心与金属护层间产生过电压，致使介质击穿，赞成铜线短路入地。如果铜线是远供线，则远供势必中断，引起系统通信中断。

b. 雷击时闪电本身温度很高，引起光缆周围的水汽急剧膨胀，瞬间产生强大压力冲击光缆，造成纤芯折断或损伤乃至光缆折断。

c. 闪电使光缆的塑料护层形成室洞，引起受潮后的腐蚀，影响光缆的使用寿命。

② 防雷措施

a. 地下防雷线（排流线）。在直埋光缆上方距离光缆30cm处，平行敷设两条防雷导线，两线相距40cm，并将两端引伸至大地导电率较高的地方，或者在排流线两端及中间每隔200m装设接地装置。排流线的敷设长度每处应不少于2 000m，排流线的接地装置应离开光缆15m

以上。排流线最好采用导电性能好的有色金属线（但成本高），目前国内一般采用7/2.2镀锌钢绞线或ψ5镀锌钢线。

b. 消弧线。在防雷目标（例如单棵大树、电杆、高耸建筑、地下水出口处等）与光缆之间，用两根金属线做成半圆弧形围上防雷目标，其中一根金属线与光缆埋深相同，另一根的埋深为光缆埋深的一半。两根金属线的两端都焊接在接地装置上。接地装置在光缆一侧，与光缆距离不小于15m，接地电阻一般要求5Ω（土壤电阻率大于100Ω·m时，接地电阻可为10Ω）。消弧线与光缆的隔距不足5m时，消弧不能对光缆起保护作用，这时光缆应绕道敷设。

c. 系统接地或对地电位悬浮式接续。对于有金属护套，金属加强心及铜线的光缆，为防雷需要，在直埋光缆接头处，可采取三种连接方式。

（a）光缆接头处及光缆终端处，金属护套及金属加强心互相连通，并作系统接地，有利于光缆中雷感应电流迅速入地。

（b）接头两端的金属护套及金属加强芯不连通，并在光缆的A端或B端处将金属护套与金属加强芯电气连接后作接地处理，也可以避免光缆中雷感应电流的长距离积累。

（c）接头处两端光缆的金属护套与金属加强芯在电气上互相绝缘，终端处也对地呈绝缘状态。这就是对地电位悬浮接续方式。这种方式简化了接续工序，又节省了接地装置，可以大大减少工程费用和维护工作量。但光缆中的金属护层只能起机械防护作用，不能用做施工和运行中的任何电气通路。

d. 架空防雷地线。埋式光缆线路在雷击较严重的地方，可以采用架空防雷地线，其做法是：距光缆3~5m处，用木杆平行架设两条φ4镀锌铁线，铁线两端及每隔150~200m处均接地。

另外，在个别雷击重点地方，可以采用避雷针装置防雷。

e. 光缆结构选型时的防雷考虑。尽可能采用无金属光缆或无金属芯光缆。采用加厚PE护层光缆。

架空光缆大多利用现有架空明线杆路架设，杆上架空明线对光缆有一定的屏蔽作用，原明线杆路的防雷设施也同样对光缆起到保护作用。因此，架空光缆一般不设专门的防雷设施。为减少雷电对架空光缆的影响，可将光缆吊线每隔一公里接地，也可利用原明线电杆的地线接地。

f. 做好雷击资料的收集。出现雷击故障后应做详细记录，其内容包括：雷击当时的日期和时间、天气情况、雷击范围、光缆损坏程度、损坏部位和形态、雷击点附近地面和建筑破坏情况等。除做好记录外，还应现场拍摄照片，收集被雷击光缆样品，作为技术资料保存，以便于研究雷击光缆的规律，为采取有效的防雷措施提供依据。

已经发生过雷击的地段，应采取必要的防雷措施，防止重复雷击故障。

（3）防强电

无金属光缆的传输信道是光纤，光纤是非金属材料，传输的又是光信号，因而不需考虑外界电磁场的干扰问题。

① 有金属加强芯但无铜线的光缆线路，在工程设计中需采取如下措施：

a. 在光缆接头处，两端光缆的金属加强芯，金属护套不作电气连通，以缩短磁感应纵电动势的积累长度，可有效地减少强电的影响。

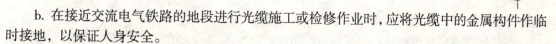

b. 在接近交流电气铁路的地段进行光缆施工或检修作业时,应将光缆中的金属构件作临时接地,以保证人身安全。

c. 在接近发电厂、变电站的地段,不应将光缆的金属构件接地,避免将高电位引入光缆。

② 有铜线的光缆线路的防强电措施有:

a. 选择路由避开强电干扰区。

b. 光缆外套金属管道,且金属管道接地。

c. 安装电磁感应抑制管。

为了充分发挥光纤通信不受电磁干扰的优势,不要将电缆通信受强电影响的困扰也加之于光缆。目前倾向于尽可能采取无金属光缆,如全介质自承式光缆(ADSS)尤其要尽量避免有铜线的光缆。将系统的遥控、遥测、公务联络信号直接由光纤传输,中继站的供电不采取远供方式,由本地电力网供电或采取蓄电池加小柴油机互补供电方式。不得已采取远距离供电方式时,应采取直流恒流供电方式。

10.3.3 光缆外护套的修复

光缆布放之前,如发现外护层已出现机械损伤,或者线路施工完成之后,以及系统已投入运行的情况下,通过光缆的绝缘性能测试发现外护层已出现破坏,应及时地对光缆外护层进行修理。其修理方法主要有如下两种:

(1) 采用热缩包封

在光缆可以穿入套管的情况下,光缆外护套损伤可采用 O 型热缩护套管包封。已运行的线路上出现外护层损伤,一般只能采用热缩包覆管包封。国产 O 型和 W 型热缩包覆管的规格列如表 10-2。

表 10-2　　　　　　　　　　国产热缩管规格

名　称	规　格	适用光缆外径(mm)
热缩护套管	O-27/9-400	10~23
	O-36/12-500	13~28
	O-42/14-600	15~34
	O-54/18-700	19~44
热缩包覆管	W-25/10-400	11~23
	W-45/15-500	16~40
	W-66/22-600	23~60

① O 型热缩套管包封操作要点

根据光缆外径选择合适规格的 O 型护套管,按光缆外护层损伤面的长度截取合适的热缩管长度。截下的热缩管套入光缆,并在光缆外皮上作好包封区长度记号。

用蘸有清洁剂(不得使用汽油)的清洁布擦去光缆包封区外约 10cm 长度上的垢。用砂布打毛包封区光缆外皮(横向打磨),用干净布擦去打毛时留下的灰末。

在光缆外皮受损伤处装上铝衬管(光缆护层操作不严重时可不装铝衬管),铝衬管用 PVC 胶带固定。

用涂有粘结剂的铝箔在记号部位紧贴光缆皮绕包。铝箔绕包前用喷灯稍烤铝衬管及光缆包皮，使之湿度上升至50～60℃，以利于与铝箔粘接。

将热缩套管移至包封处，对准位置，用喷灯由中间向两头缓慢均匀加热，加热湿度指示剂由浅蓝色（或白色）变为褐色时，停止加热。

最后对热缩管的两端再次加热，使之收缩完全，观察管口有胶液流出时，说明加热已足够。

热缩管自然冷却30分钟后，用PCV胶带将外露铝箔连同热缩护套管端头进行包扎。

② W型热缩包覆层的包封操作要点

光缆外的清洁、打毛等均与O型管的操作相同。W型包封用热熔胶带缠绕。装上W型包覆层后，用一条热熔胶带作为包覆层的搭接衬片，再用喷灯加热。

（2）采用粘接剂粘补

如光缆外护层损伤不严重，例如只出现一处切口或一处小洞的情况，可采用粘接剂简便修理。国产"795"粘接剂是目前应用较多的一种，它是一种黑色的半膏状物质，由聚氯乙烯配以稀释剂和粘接剂制成。常温下，可快速挥发、快速固化。"795"是一种低毒而粘接力强的粘接剂。用"795"修理光缆外护层的作用要点为：

根据光缆外径，选择合适规格的聚氯乙烯接续套管，截成所需长度，成45°剖开。

用清洁剂（丙酮或酒精）将光缆需包封的部分及包封管的内表面擦试干净。

用砂布将光缆的表面和包封套管的内表面打毛，再用毛刷或干净皮将打毛的粉末除净。

将"795"粘接剂从软管中挤出，沿被包光缆表面及套管内表面均匀涂上，操作时动作要迅速，粘接剂涂层约1.5～2.0mm，不宜涂得太厚。涂好后立即用剖开的包封管将光缆受损处包封，用软线或PCV胶带将套管监时缠扎。

半小时后，粘结剂已固化，解去缠扎线，再用粘接剂在套管的剖口和端头适当涂抹，稍待固化，最后用PCV胶带从套管端头的光缆起将套管包扎。

10.3.4 光缆接头的修理

（1）接头盒内发生的常见故障有：

① 接头盒密封不严破裂出现盒内进水；

② 盒内个别光纤断裂；

③ 因雷击和其他原因造成盒内铜导线断开。

出现上述故障时，都需要打开接头盒进行修复。打开接头盒的修理存在引起光纤新的断裂，造成全线通信中断的危险。因此，要求此项维修应事先报上级主管部门批准，实施前应制定严密的修复方案，准备好应急处理措施，带齐所需仪表及工具，指定预先经过培训的操作人员操作，单位技术主管应到现场指挥，预先通知端局机房人员注意监视，现场应与机房保持有效的联络。

（2）接头盒的修复方法要点为：

① 接头盒进水的修理。打开接头盒后，观察分析进水原因，移开接头盒外壳，倒出积水，作清洁处理，用热吹风机吹干接头盒及盘纤板。进行密封，如施工时未装密封圈，或密封圈移位或损坏，接头盒破裂等，均需进行修复处理，再装配接头盒。修理过程中应与机房联络。

② 打开接头盒后，移开接头盒外壳，根据机房的提示仔细寻找断纤的部位和断纤原因，查找可从光纤熔接头的热缩加固管处开始（热缩加固管两头出现断纤的机率较高）。查出断头后，应小心将断纤从光纤预留盘上抽出，重新制作端面后，用熔接机焊接，并用热缩管加固。断纤接续后，应与机房成端处的OTDR操作人员联络，证实断纤故障已消除，再将断纤盘入

预留板，固定后，重新封装接头盒。

③ 铜线故障的修理。铜线故障的判断和修理，一般地讲比较容易，其要点是防止修复铜线接续时，弄断光纤。要强调指定人员操作，操作时应移开接头盒外壳。修复后应得到机房证实后，再重新封装接头盒。

10.4 光缆线路障碍及处理

10.4.1 线路障碍的定义

线路障碍：由于光缆线路原因造成的通信阻断。
一般障碍：光缆系统部分业务的阻断。
重大障碍：光缆系统全部业务的阻断。

10.4.2 线路障碍的统计

① 因长途光缆线路原因，造成通信质量不良，使用单位同意继续使用的，称为光缆线路的勉通状态，不作为光缆线路障碍。但维护单位应积极设法排除。勉通的次数和历时应如实统计报省（市、区）长途主管部门，作为分析光缆线路质量，改进维护工作的依据。

② 长途光缆线路的主用系统发生障碍可由备用系统倒通或者备用系统及远供系统发生障碍而未影响通信业务的也不计为线路障碍。但线路维护部门要积极查找原因，拟定修复方案报省局批准后实施，而线路障碍的实际次数和历时仍需如实记录，作为分析和改进维护工作的依据。

③ 长途光缆线路的障碍次数以开通业务的光纤为准，同一条光缆同时在一处无论阻断几对光纤，均只记障碍一次。

④ 障碍的历时以系统业务出现阻断时开始计算，至光缆线路修复（或倒通）经机务部门验证可用时为止。

⑤ 平均障碍次数与平均障碍历时的计算(见长途光缆线路维护管理规定，附后)。
长途光缆线路系统总长度为所辖长途光缆线路在用业务系统总公里数，计算单位为系统公里。

10.4.3 线路障碍处理的一般规定

查修光缆线路障碍必须在相关机务部门的密切配合下进行。
长途光缆线路维护单位应经常保持一定的抢修力量。抢修专用的器材、工具、仪表、机具和交通车辆，必须随时做好抢修准备，一般不得外借和挪用。
查修光缆线路障碍应不分白天黑夜、不分天气好坏、不分维护界线，用最快的方法，临时抢修恢复通信，然后再尽快修复，线路障碍未排除之前，查修不得中止。
光缆系统发生障碍，有人站应尽快判明中继段落，并通知线务站（局）机线双方均应立即出查。
长途光缆线路发生障碍，线务站（局）长和技术主管应到现场组织抢修。
省界长途光缆线路发生障碍，两省相关维护单位应同时出发抢修。
长途光缆线路障碍修复以介入或更换光缆方式处理时，应采用同一厂家同型号的光缆，要尽可能减少光缆接头和尽量减少光纤接续损耗。

长途光缆线路发生障碍应及时上报,线务站(局)应认真做好障碍查修记录。

长途光缆线路修复后,必须进行严格测试,测试合格立即通知机务站验证后恢复通信。

长途光缆线路障碍,由线务局(局)于障碍修复后三日内填写"障碍单"连同维护过程与机务部门核对后上报。维护单位应及时组织相关人员对障碍进行分析,整理技术资料,总结经验教训,提出改进措施。

10.4.4 光缆线路障碍的一般特点

光缆产生故障的原因很多,不同原因导致其故障的特点也不相同,只有抓住这些特点,才能迅速准确地判定故障所在,从而及时进行修复。光纤故障主要有两种形式,即光纤中断或损耗增大。

(1)光纤中断障碍

光纤中断障碍是指缆内光纤在某处发生部分断纤或全断,在光时域反射仪(OTDR)测得的后向散射信号曲线上,障碍点有一个菲涅尔反射峰。

① 人为因素造成的障碍

架空光缆会受到汽车撞杆、挂断、倒树倒杆砸断、鸟枪击断、放炮炸断等因素影响而造成障碍。汽车撞杆或挂断光缆其特点是全部光纤同时在一处折断。撞杆多发生在马路拐弯处或交通繁忙路段,如果又是下坡处或雨天,发生的概率就更大。汽车载货超高挂断光缆多发生在中等级路面的公路面的公路交叉处。高等级干线公路交处光缆架设较高,一般不会发生挂断事故。

维护人员应当熟记光缆与公路交叉的次数、地点、杆号、距离、路面等级及车流量,以及易发生撞杆的路段。当出现上述故障时,如果当时没有大风或暴雨,则主要考虑是汽车挂断或撞杆引起的。结合OTDR仪测定的距离(要换算成光缆的皮长)就能立即判定故障点,抢修人员可直接将车开到相应的位置找到断缆处。

施工、伐树造成倒杆、倒树砸断光缆故障,其特点与汽车撞杆、挂断光缆相同。维护人员应熟悉线路沿途的电杆、大树分布情况。

汽枪子弹击断光缆的特点也是全部光纤同时在一处中断,这种情况多发生在晴天野外树林或多鸟处,一般春、秋季节多见。

放炮炸断光缆的特点也是全部光纤同时在一处中断,这多发生在晴天的午饭和晚饭前,采石场或砖瓦厂附近取土处以及修公路(或铁路)处。这是因为雨天不利于爆破作业,放炮时间通常安排在下班时作业人员疏散后进行。因此在维护资料中应准备标出各采石场、砖瓦厂的位置和距离,以便于分析判断。

直埋光缆会因各类施工被挖断,一般都是光纤在一处全断。这种故障地面有开挖痕迹,容易查找。只要加强巡线,即可避免此类故障的发生。

管道光缆会因修建高层建筑深挖基坑造成塌方而断缆。其最大的特点是同管道敷设的其他缆均在同一处发生故障。这类故障修复难度大,应力求避免。

② 气象因素造成的故障

大风暴雨会造成倒杆、倒树砸断架空光缆。其特点是除光缆在一处全断外,故障发生时多伴有大风或暴雨。分析时要根据当时的情况和沿线路由两侧的地物分布情况判断故障点的位置。

敷设在地势较低处如谷地、河岸、水库下游等地带的光缆线路易被突发的洪水冲毁。其特点是线路损坏的不是一点而是一段,一般发生在雨季汛期,查找容易,修复难。

雷击地下光缆多会造成护层破损、挡潮层接地、金属加强芯接地、缆内铜线接地或混线。当电弧较强时，可能将一根或几根光纤熔化变形甚至熔断。熔断时后向反射信号曲线上会在同一处出现较小的菲涅尔反射峰。

③ 地形地貌变化造成的故障

直埋光缆会受到塌方、滑坡、地陷的危害而发生故障。其特点是光缆全断、挡潮层、加强芯有接地现象。多发生在土质山坡，且发生故障时下了较长时间的大雨。地陷则多发生在沙质土地势平坦的地段。判定时应结合当时的天气情况、沿线地形和地质等情况综合分析。地陷还会造成管道光缆因管孔错位而发生故障，其特点是同管道敷设的其他线缆会同一处发生故障。

④ 虫鼠造成的故障

架空光缆会受到木蜂的危害。木蜂为了寻找繁殖或越冬场所，会误将光缆当做竹子蛀咬。其故障特点是护层先被咬破，接着啃咬光纤，使单根光纤的损耗逐渐增大，最后完全中断。整个过程大约3~4个小时。发生故障后，应向机务人员了解故障发生的时间和过程，以便作出判断。这类故障多发生在4~5月和9~10月间，但在我国南方，因天气暖和，全年各个季节均可发生。木蜂蛀咬的孔洞一般在光缆的下部，站在地面用望远镜可观察到。

老鼠和白蚁会咬坏敷设在地下的光缆，故障现象及过程与木蜂蛀咬类似。被老鼠咬坏的故障点通常在种植各类谷物、甘薯或甘蔗的旱地以及公路边、桥边、涵洞等地段，在钢带铠装的光缆很少被咬坏。在地下水位较高处，因为白蚁及鼠类能在地下1.2米处生存，故不会发生类似故障，维护人员应熟悉光缆线路沿线的旱地作物种植情况以及地下水位和白蚁、鼠类的分布，以便于分析判断。

⑤ 振动与静态疲劳造成的接头断纤

架空光缆及其吊线由于受风的影响经常振动，使得光缆及光纤接头处长期受力而疲劳，进而发生断纤故障。另一方面接头盒内光纤如果盘放不当，会使光纤接头补强管根部的光纤长期受力疲劳导致断纤。这类故障的特点是只一根或少数光纤断根，在断纤前可能有损耗增大的现象。OTDR仪上显示的障碍点菲涅尔反射峰明显且紧挨着光纤接头处的台阶，所以很容易判定。断纤点多发生在光缆与接头护套交界处或光纤与接头补强管交界处。

直埋光缆靠公路或铁路及其他振动源处极易发生断纤故障。管道光缆位于车辆流量大的路段接头容易断纤。

（2）光纤衰减增大障碍

光纤衰减增大是指光缆接收端可以接收到光功率低于正常值，OTDR仪上的后向散射信号曲线上有异常台阶或大损耗区（曲线局部变陡），轻则使通信质量下降，严重时则中断通信。

① 光缆制造质量引起的损耗增大

光纤在制造过程中可能有杂质混入，随着时间推移这些杂质会使损耗逐渐增大。这种故障的特点是缆内所有光纤在某一个或几个制造长度上损耗都增大，后向散射信号曲线上该段变陡，并且其损耗是逐渐变大的。这些故障容易判定，但修复工作量大。

② 弯曲或微弯引起的损耗

弯曲损耗是指光纤弯曲半径过小所产生的附加损耗，光纤传输系统在使用过程中发生的弯曲损耗一般是发生在新增接头处（因故打开过的接头内）。其特点是缆内一根或几根光纤在上述部位OTDR仪上显示有异常损耗台阶，即原"下台阶"变大，"上台阶"变小或消失，甚至变成"下台阶"。

微弯曲损耗是光纤受到侧压力而产生的。系统在运行过程中出现这种故障的原因有两个，一是改道段或换缆段回填时，二是光缆进水结冰后使光纤受到挤压所产生的。其特点，前者是发生在改道或换缆之后，损耗台阶都在改道（换缆）；后者是发生在冬天气温很低时，管道光缆多见，直埋光缆只要敷设在冻土层以下就不会出现这种情况。另长江以南没有这种故障。

③ 雷击造成的损耗增大

光缆遭雷击时，电弧可能将光纤烧熔变形，并破坏光纤表面的套塑层，使损耗增大。其特点是缆内一根或多根光纤同时在某一点损耗增大，后向散射信号曲线上光纤在同一处出现较大的非接头台阶。这种故障，通常伴有挡潮层等接地故障。

④ 光缆进潮引起的损耗增大

光缆进潮后，使钢加强芯与铝箔层之间产生电痊差。从而电解出氢。氢对 $1.3\mu m$ 波长的光会产生吸收损耗。另一方面扩散进光纤的氢形成 OH（氢氧）根，使工作在 $1.4\mu m$ 以上波长的系统损耗增大。这类故障的特点是所有的光纤损耗都上升，后向散射信号曲线上有一小段曲线变陡，这种损耗是随时间增长而逐渐变大的，同时伴有挡潮层与加强芯间绝缘下降和挡潮层接地故障。通常以查挡潮层接地故障为主，找到了接地故障也就找到了进潮故障。

10.4.5 光缆线路障碍处理

当故障在性质和位置确定以后，一般应及时组织检修，但对于发生在管道中间的单纤故障，若系统仍有备用光纤时，可不急于处理，以便下一步观察和分析故障的原因。

对光缆线路典型故障的修复，可按如下方法和步骤进行：

（1）光纤接头故障

这种故障的修复，首先将接头附近的余留光缆小心松开，接头盒外部清洁后置于工作台上。打开光缆接头盒，将盘绕的余留光纤轻轻散开，找出有故障的通道，注意核对该通道配接纤号，并在离故障点较近的端局用 OTDR 对该通道光纤进行监测。然后在怀疑的故障接头的增强保护件前面约 1cm 处剪开，并将这端头浸入匹配液中，若 OTDR 上的菲涅尔反峰消失，就证实了故障是发生在接头部位。

采用熔接法重做固定接头，OTDR 上曲线应恢复正常。对照原来的 OTDR 曲线，其接头处的台阶高度应比较接近。否则应该重接。新的接头做好后，进行增强保护并重新装入接头盒。经密封紧固后装回原固定架。

如 OTDR 上无异常反应，即可打印或拍照故障修复后的背向散射曲线，并将之存入技术档案，最后用衰耗测试仪测量该光纤通道的全程衰减并记录数据存档。若系统一切恢复正常，则线路修复完毕。

（2）光缆中间部位的故障处理

对于非接头部位的故障，若故障点在离端局第一个接头点附近，且局内余缆有富余，可采用从局内往第一个接点放的方法。当故障点离端局较远时，若光纤各通道总衰减有富余，则可更换管道光缆一个入孔间距的长度，对架空光缆更换的长度就更为灵活了。当然这种只更换一段光缆而不更换整段光纤必须付出的代价就是会使光缆接头增加。若通道总衰减已接近边缘而不允许再增加新的光缆接头时，应采用更换整段光缆的办法，即将已经断定存在故障的这根光缆整段更换下来。值得注意的是，无论更换一段还是整段光缆，都应考虑所更换的光缆的特性（如湿度性能、衰减、多模光纤的数值孔径或单模光纤的模场直径、几何尺寸等），都要与被换下来光缆的对应特性和参数相近，以符合系统原来总体设计的要求。

直埋光缆与管道光缆不一样，它被土层严密包裹，埋在离地面一米多深的地方。当汽车驶过时，地面会有振动，但光缆在地下一米多的地方，受到的影响极其微小，加上光缆埋在地下没有活动的余地，相对于管道光缆来说，可以说是较稳定的。因此，直埋光缆振动断纤的机会是甚少的。

光缆的自然断纤不常发生，故障点多在光缆接续处，一般来说，可打开接头盒修复。但是，断纤障碍一旦发生在光缆内，则需要更换一段光缆，而且需要停电路才能进行换接，损失很大。经验表明，在接头内断纤，多为工种施工时操作者不熟练或不小心，以致光缆受损伤所造成。因此，操作者应勤练开剥光纤和接续技术，做到技术精益求精，确保光纤工程的施工质量，避免损伤光纤而留下隐患。当发现光纤接头衰耗增大时，多是光纤断裂的预兆，要及早排除，粤港光缆就曾出现过几次接头衰耗增大（有的甚至增大至 10 多个 dB），需重新接续的事例。因此，在光缆线路逐年增多的形势下，对于光缆附挂在明线杆路上的振动情况（特别是跨越河流，山谷的长杆档飞线），冰凌聚结在光缆上对光纤机械强度的影响，光缆通过（附挂或敷设）桥梁时防振措施等，都是值得我们特别注意的问题。

10.5 光缆线路应急抢修

光缆线路障碍直接影响网络稳定性，信号传输中断给通信运营商与客户带来巨大损失。因此，对线路障碍准确定位与快速修复，是一项急迫而艰巨的工作任务。我国光缆线路运营 20 多年来，各地工程人员积累了许多有价值的经验。

本章结合工程实际，对光缆线路的障碍定位与抢修施工中的具体操作进行介绍。

10.5.1 障碍性质判定

如前所述，在确认出现线路障碍后，线路测试人员要携带 OTDR、光功率计等测试仪表迅速赶往临近机房，协助机务人员判断障碍性质。测试人员可首先将机线交界的第一个活动夹连接器打开，酒精清洗后用光功率计测一下光端机的激光器有无光功率输出。如无，则属设备障碍，机务人员应重点检测设备情况；如有，则可判定该障碍属线路障碍。此时需迅速分清该障碍为部分障碍还是全阻障碍，为障碍点的测查提供思路。

10.5.2 障碍点的测查方案

OTDR 是判定光缆障碍点最有力的工具，它是根据瑞利反射的原理构成的，通过采集后向散射信号曲线来分析光纤各点情况。菲涅尔反射是瑞利散射的特例，它是在光纤折射率突变时出现的特殊现象。在障碍的经验测试中，菲涅尔反射的高低对障碍点的判定起着不可低估的作用。

光缆线路工程抢修中根据障碍现象与工作经验进行分析、判断，可采取如下步骤：

（1）断纤障碍点的测查

如障碍是某一系统阻断，可初步判断该障碍为接头盒断纤障碍，此种障碍是由于施工接续工艺不完善及接续材料质量差造成的，接续点在光纤热缩管内及管边或容纤盘上余纤断裂。用 OTDR 观察断点有明显的菲涅尔反射峰，可进一步证实该障碍为接头盒断纤障碍。因为光纤断面若在光缆内的油膏中，其菲涅尔反射会消失，所以有较大菲涅尔反射的光纤断点一般不会落在有油膏的光缆部分，而会落在已将光纤上油膏清洗干净的接头盒中（注：光纤受应力所产生的断裂一般不是粉磁性断裂，而是镜面性断裂，有较大的菲涅尔反射）。用 OTDR

仔细测量断点位置，查找线路资料，找出相应的障碍点接头，并打开该接头。

对于接续点脱落断纤，找出断纤，从热缩管处掐断，用打火机点燃掐下的热缩管，看光纤在不受外力的情况下能否从接续点脱落，可初步断定点是否在接续点；把两边掐断的光纤作好端面，用光纤耦合器连接，在机房观察 OTDR 曲线是否变成全程曲线，从而进一步证实是否为接续点脱落障碍。

对于余纤断裂障碍，可把余纤从容纤盘上挑出，仔细观察余纤是否有明显伤痕，并轻轻拉拽来证实。为进一步准确确定其位置，一般是让 OTDR 不移动，认真做一下属于 OTDR 那个方向的余纤端面，再把端面放入折射率匹配液中，如此同时在 OTDR 仔细观察光纤曲线末端的菲涅尔反射峰有无变化。若有变化，说明朝 OTDR 方向的光纤链路无故障；否则，在此附近有光纤断裂点，可剪除另一端光纤重做上述检查，直至证明无故障为止。为了证明光纤接头另一方向的余纤链路有无故障，可将 GTDR 移至中继段的另一端，重作上述判断。

（2）损耗突变障碍的测查

用 OTDR 测试系统障碍纤芯，如发现该障碍损耗突变造成通信阻断，可基本断定障碍点位于某接头处，多是由于弯曲损耗突变造成的。（弯曲损耗：光纤曲率半径小于一定数值，会使光的传播途径改变，由传输模变为辐射模，造成光能的损失，从而引起的损耗。光纤在 1550nm 窗口对弯曲损耗尤为敏感。）造成弯曲损耗突变的原因是接续施工工艺不完善，如接头盒内光缆松套客固定不牢，随时间推移而弹起，牵动余纤使其曲率半径变小；接头盒内进水，或架空光缆接头处松动，在风力作用下，扯动盒内余纤围绕接头盒内构件绕小圈，导致弯曲损耗突变，等等。通过资料对比，查找出相应的接头盒，打开发现接头盒内余纤曲率半径变小的异常情况。为进一步证实，可将该余纤绕在手指上（使曲率半径变得更小），将 OTDR 置于实时检测状态，可形象地看到障碍台阶在迅速下降，直到看不到后半段曲线，松开光纤，曲线即恢复正常。

（3）光缆全阻障碍的测查

对于突然出现的全阻障碍，测试人员要保持清醒的头脑，可初步判定障碍为外力障碍或自然灾害障碍。利用光缆相对折射率法及 OTDR 的放大功能，反复测试障碍纤，并与原始资料相对照，测查出与此距离相对应的标石号。如有必要，可在再生段对端反向测试，进行综合评估。与此同时，指挥人员到相应的线路段仔细步巡，查看线路附近有无异常情况，可找到障碍点。

对架空光缆而言，全阻障碍也有可能是冰冻引起的接头盒 障碍。此种障碍的特点是随温差变化而反复多次，直至通信阻断，测查时要充分考虑此种障碍的"反复"特性，利用 OTDR 的对比测试功能，拿障碍曲线与原始曲线做仔细比较，看原始曲线在断纤处是否是接头，即可判定此障碍点。

（4）终端障碍的测查

如出现障碍曲线长度与正常曲线长度基本相同，可初步判断该障碍为远端终端障碍，在远端将活接头置入匹配液中，观察 OTDR 曲线的菲涅尔反射峰有无变化，如无变化，即可初步证实障碍在线路中；如有变化，可证明此障碍为远端设备障碍。如出现近端 OTDR 光注入不进现象，应考虑其为近端线路障碍，把 OTDR 移至对端机芯，重复上述操作，即可证实。

10.5.3 OTDR 测查定位误差分析

OTDR 在光缆线路的维护与应急抢修工作中的应用无处不在，光缆敷设施工，日常维护及线路检修工作中，OTDR 对光纤的测试误差时有发生，不但对备用光纤的测试有误差，对突如其来发生的光纤障碍的测试更有误差,如何尽量保证光纤光缆的测试准确,找出光纤障碍点的位置,迅速排除障碍,弄清 OTDR 测量误差产生的原因,是光缆线路应急抢修的重要前提。

光纤光缆测试误差的原因有:
（1）测量参照误差
① 纤长度与光缆皮长的差异;
② 直埋光缆与地面长度的差异;
③ 架空光缆与杆路长度之间的偏差。

首先,由于光缆的制造盘长一般为 1~3 公里,在一个再生段内需要进行光纤接续。每接一个光缆头,需要将两端的光缆各开剥 1 米左右,接一个头就要开剥 2 米光缆外护套。这样,光纤要比光缆皮长多 2 米,例如,40 公里架空光缆内有 19 个光缆接头,累计加起来光纤要比光缆长 28 米左右。

架空线路中光缆的实际长度与路由长度也存在偏差,附挂光缆杆路基本上是 50 米一档的杆档长度,光缆在每一根电杆上预留 20~30 公分和光缆架空的本身自重垂度长度,加上光缆接头每两边电杆上预留 8~10 米的光缆,每一杆档的光缆长度要比杆路一档长度多 0.8 米。

直埋光缆的长度与地面长度存在误差,直埋光缆敷设在田野、山林、村庄、集镇,地势高低起伏不平,光缆在坡度大于 20°,坡长大于 30 米的山坡上采用"S"形敷设,加上光缆敷设时的自然弯曲和特殊地段的盘留。光缆接头坑内的预留使地面长度与直埋光缆的实际皮长存在着较大偏差。

（2）光缆结构存在偏差

光缆生产厂家在制造光缆时考虑到光缆在敷设施工和运营过程中承受拉力、扭转力、弯曲力以及侧压力应尽量小一些,光缆内的松套光纤管在层绞型、骨架型光缆中都是需经绞合的,这种经绞合形成的光缆,光纤在缆芯中呈螺旋状布置,故而缆中的光纤会比光缆的皮长长出许多（由扭绞系数决定）。实际上光纤与光缆皮长相比,大约 50 公里的光缆线路中,光纤可比皮长约长 100 米左右。

（3）仪表操作者本身产生误差的因素

仪表操作人员本身产生误差的原因主要有:身体位置不正,两眼不是正视测试仪表而是斜视仪表,从而产生对 OTDR 上的光标定位不同所产生的误差,所以测试光纤时,仪表操作人员应身体坐正在仪表前,正视光标定位,以此克服本身产生误差的因素。

（4）光纤折射率取值不对产生的偏差

仪表操作人员进行光纤测试时,要掌握光纤的实际折射率,往往有些操作人员把所有的光纤折射率都看成是一样的,光纤折射率不是恒定的,它随光纤的材料而异,不同厂家生产出的光纤折射率存在着差别,使用 OTDR 仪表时置定的折射率与光纤的本身固有折射率若不同,所测试光纤的长度就会产生误差,其误差大小由下列公式计算:

$$\Delta L = L_0 \frac{n - n'}{n}$$

式中,L——测定的光纤长度（米）

n——被测光纤的折射率

n'——OTDR 所置定的折射率

上式计算结果为正值,说明光纤测试长度比实际长度要长。反之,光纤长度比实际长度要短。

例：某中继段光纤长度为 40 公里，其光纤的折射率为 1.4690。操作人员设置 OTDR 仪表上的折射率为 1.5，结果造成的测试误差为：

$$\Delta L = L_0 \frac{n-n'}{n} = 4000 \times \frac{1.4690-1.5}{1.4690} = -844.10 \text{米}$$

以上计算结果表明折射率的取值不同所造成光纤测试长度比实际长度短 844.10 米，误差比较大，实际查找光纤障碍点困难就较大了。

（5）不同仪器间的误差

不同的 OTDR 对同一条光缆线路测量的结果可能不一样，这就需要我们做到：

① 建立完整、准确的竣工资料

光缆的皮长都有每隔 1 米的长度标记，架空光缆在工程施工时，随工验收人员要仔细查看光缆长度标记与相应的电杆杆号，特别是架空光缆杆路中的飞线杆、跨越杆、分线杆、大吊背杆等特殊设备电杆上的光缆皮长标记，并记录好接头，预留的光缆尺寸。

直埋光缆敷设工程中，要详细登记好标石与标石的地面长度，标石之间下的直埋光缆长度，光缆皮长标记与相应的标石编号，沿线的村庄、集镇等特殊地段，每个光缆接头抗、管道光缆，进线室等处光缆盘留长度及接头盒、终端盒、分配架等部位光纤盘留长度，并以此尺码为基础，计算出端站尾纤至各标石的累计长度，填入中继段维护图。

② 认真做好"光纤长度累计"及"光纤衰减"的测试工作

光纤长度、光纤衰减此项测试工作非常重要，它是建立永久技术资料的基础工作，应专人负责此项工作，必须认真对待。光纤长度的累计，主要是在光纤接续工程中严格把好关，用 OTDR 测试记录光缆终端至各个光纤接头点的光纤传输长度，并将光缆在各个光纤接头点的皮长公里与光缆在该点的光纤传输长度，分别登记记录好，进行比较，拟定出修正系数，可以减少测度误差。

测试工作中应把测试仪表型号，光纤折射率和被测光纤芯号详细登记，然后测出中继段光纤传输总长度，光纤总衰耗数数值填入光缆竣工资料。

③ 保持与原始资料参数的一致性

光纤光缆的日常维护测试、光纤障碍的测试所用仪表最好就是原来建立原始测试资料时所用的仪表，键钮的定位、测试的档位应与原始测试资料保持一致，特别是光时域反射仪上的折射率的置定与被测光纤的实际折射率必须一致。

④ 熟悉技术资料，进行双向测试

光缆中继段维护图，不仅在于能够看懂，而且要比较熟悉，维护图中的线路示意表内，光缆标石的编号，维护地段的划分，沿线驻段线务员的分布，光缆配盘图，光缆皮长的起讫尺码，光缆 A、B 端的规定，线路图示等内容与实地情况都要熟练掌握。

在光缆线路障碍抢修中，有时出现某些光缆路由无异常、较隐蔽的障碍点。为了快速定位，缩短抢修时间，工程实践中摸索出了一些经验。下面介绍光缆障碍定位的相对距离法。

相对距离法定位，即利用光纤障碍点与离该点最近的前后两接头间的相对距离，来对故障进行定位，相对纤长的测量与相对距离的计算，是相对距离法定位的关键。

相对纤长的测量过程如下：

① 通过 OTDR 直接测量断纤的纤芯长度，再使用自动扫描（一般 OTDR 都有该项功能）得到断点前一系列接头，记下距断点最近接头点的纤长，两纤长之差即为相对纤长。但最近

的接头有可能由于熔接质量好而看不到,此时可将游标标志放在该接头的预计位置,然后缩小 X、Y 轴单位,使用"Around marker"("游标附近")进一步仔细查找。

② 在纤芯有备用时,测量备用纤,取得最近接头的纤长。

③ 测量与断纤配合使用的业务未中断的纤芯,测量多芯断时的其余纤芯。

④ 提取距今时间最近的、处理该线路时的历史记录。

⑤ 如果条件允许,从中继段的另一端进行以上测量。

测量中注意使用与竣工资料相同的折射率,此种情况下,测试曲线与原始资料符合最好,便于做对比参考。通过以上几次测量,一般可以获得断点与最近接头点间的相对纤长。

由相对纤长计算地面上的相对距离,通过以上测量及记录可得到如下数据,如图 10-1 所示。

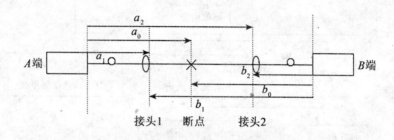

图 10-1　相对纤长法障碍定位

图中,$a_0-a_1=b_1-b_0$ 是断点至前接头的相对纤长; $a_2-a_0=b_0-b_2$ 是断点至后接头的相对纤长。

由于距离越短误差越小,故计算时采用距断点最近的相对纤长,又综合到光缆特点及预留情况,可得下面算式:

相对距离=相对纤长/(1+绞缩率或弯曲率)-该接头处的 1 个预留。其中,绞缩率一般为 1%~3%,弯曲率约为 0.2%~0.8%,由相对距离依照杆号—距离表,就可较快而准确地找到障碍点在线路上的具体位置了。

因为光缆一盘的长度一般约为 2km(目前少数为 3~4km),所以即使断点在两接头中间,相对距离最大,也仅为盘长的一半约 1km 左右,避免了大误差的长距离计算,消除了绝大部分的误差,使得结果比较准确。

在施工和日常维护中,维护人员要按照维护规程定期测试并及时储存 OTDR 测试的曲线资料,杆号—距离对照表及其他线路资料应测量准确,在每次发生变动后,注意订正,保证资料符合实际情况,各项数据有很高的可靠性。这对光缆障碍的定位查找都是十分有益的。

10.6　线路障碍应急抢修程序

按照《长途通信光缆线路技术维护管理规定》,长途光缆线路出现障碍,一般应按图 10-2 示意的抢修程序处理。

在中间站测试障碍点的同时,抢修现场指挥应指定专人(一般为当地包线员)组织开沟民工待命,并安排好后勤服务。

找到障碍点的准确位置后,一般应使用应急光缆或其他应急措施,首先将光纤通道抢通。

直埋光缆线路障碍抢修程序如图 10-2 所示。

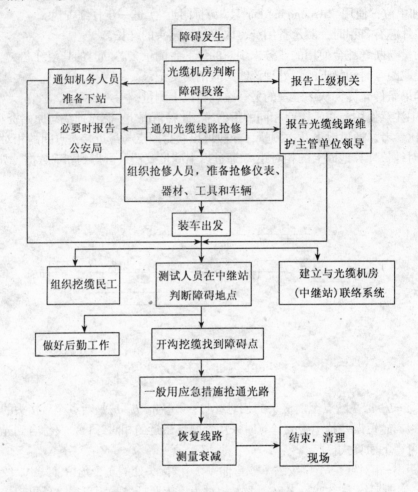

图 10-2 直埋光缆线路障碍抢修程序

10.6.1 应急抢通信道

（1）临时调纤

① 某方向光缆线路中个别光纤阻断

光缆线路有备用光纤，应立即启用备用光纤。无备用光纤但有迂回通道的可用迂回通路临时恢复通信业务。光缆中无备用光纤，又无迂回通路可按电信通道指挥调度规定的原则处理，保证重要电路畅通，暂停次要电路。

② 某方向光缆线路多根光纤阻断

可挑选无阻断光纤临时配对。例如，某 12 芯光缆，开通五主一备，原配对线序为：

```
#1-#2      Ⅰ系统      开重要电路
#3-#4      Ⅱ系统      开重要电路
#5-#6      Ⅲ系统      开次要电路
#7-#8      Ⅳ系统      开次要电路
#9-#10     Ⅴ系统      开次要电路
```

#11-#12 备用系统

若出现线路障碍#1、#4、#6、#7光纤中断，则采取如下措施应急处理：
- 用#11-#12光纤临时调通Ⅰ系统电路；
- 暂停Ⅴ系统电路，用#9-#10光纤临时调通Ⅱ系统电路；
- #2-#5光纤配对，临时承担Ⅲ系统业务；
- #3-#8光纤配对，临时承担Ⅳ系统业务。

作调线时应注意：

a. 光纤的临时调对，必须由机线双方共同商议好调度方案，报上级主管部门批准后，在机线双方密切配合下执行。

b. 光纤临时调对，由障碍线路段端的机务站同时从站内光分配架或终端盒的活动连接器上进行调接。

c. 如果主用光纤原接有衰减器，而备用光纤未接衰减器，用备用光纤代替主用光纤时，应接上相应的光衰减器，或者在临时调纤配对时，加用光纤跳线。例如上例中，原来由#3-#4光纤作Ⅱ系统通道，现调#9-#10光纤临时调通Ⅱ系统。若Ⅱ系统的#3-#4光纤原接有衰减器，#9-#10光纤原不接衰减器，调作Ⅱ系统通道时也要接上衰减器。这是因为同一根光缆中各条光纤的中继段衰耗值一般相差不大，线路是否接衰减器主要取决于系统的发送单元的输出功率和接收单元的动态范围。

（2）布放应急光缆

布放应急光缆的目的是用应急光缆代替原线路中严重受损或具体障碍点暂不明确的故障光缆，使通信快速临时性恢复，以尽可能地缩短通信中断的时间，减小运营商和客户损失。线路障碍的排除是采取直接修复，还是先布放应急光缆，再作原线路修复，取决于线路修复所需的时间。线路抢修指挥应根据现场情况作出判断，并报上级批准后迅速作出决定。

一般在下述情况下，可不布放应急光缆，进行直接修复：

① 能够临时调通电路，满足通信需要时。

② 故障定位在接头盒处，无需更换光缆时（一般熟练操作人员，可在两小时内完成接头修复）。

③ 架空光缆只有个别障碍点，虽不在接头处，直接修复比较容易时。

下列情况，需要先布放应急光缆抢通电路，再作修复：

① 遇连续暴雨或发生地震等重大灾害，原线路的修复暂无法进行或者线路的破坏因素尚未消除时。

② 光缆线路已遭严重破坏，如地下管道破坏，岸滩崩塌等，需要修复路由或考虑更改路由时。

③ 管道光缆故障在管孔内，或者地埋光缆出现多处障碍，而不得不更换光缆，更换光缆耗时较长时。

④ 线路故障一时难以定位时。

应急光缆与原线路的接续视具体情况而定，可以采取插件作活动连接，也可临时熔接。

图10-3为管道光缆障碍使用应急光缆的示意图。应急光缆已预先与应急接头盒连在人孔内与原线路临时连接。接，再在人孔内将线路通过接头盒接续。现场无专用应急光缆时，也可用普通光缆代替。

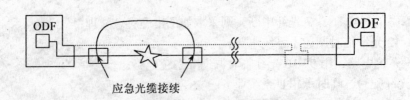

图10-3 管孔内光缆故障时应急光缆的应用

10.6.2 线路修复

（1）故障在接头处的修复

如果故障定位在接头处，其修复步骤和方法为：

① 松开接头附近的余留光缆，清洁接头盒的外部。

② 将接头盒引至工作台，打开接头盒，并将接头盒两侧光缆在工作台上作临时固定。

③ 在最近端站建立 OTDR 的远端监测。

④ 寻找障碍点。由于原接头焊接前必须剥除光纤的涂覆层，由裸纤对接，前面已作叙述。有涂覆层的光纤的断裂强度是裸纤断裂强度的 20 倍，因此接头盒内光纤最脆弱的环节是裸纤部位。寻找光纤断点时，应以接头热缩保护管为中心，按照故障定位提示的光纤序号仔细观察。最常见的故障情况有：

a. 裸纤段太长或者热缩保护管加热时，光纤移位，造成一部分裸纤露在保护管外，接头盒受振时引起裸纤处断裂。

b. 热缩保护管的加热温度不够或加热时间不够，裸纤段与保护管未完全结合，保护管实际上不能对裸纤段有效保护。在外部因素影响下发生断纤。

c. 裸纤段虽已得到有效保护，但熔接时端面有杂质或剥纤时裸纤有轻微创伤，长时间后损伤扩大，造成断裂或者接头损耗显著增大。

d. 接头盒内的余纤在其他部位出现障碍，如盘纤时局部弯曲半径过小，盘纤固定不良，或者余纤在盘纤板边缘或盘上螺钉处，当盘纤板与接头盒有相对运动时被挂断。

上述 a、b、d 三种情况，打开接头盒后不难发现。c 情况目视一般难以觉察。如果接头盒内未发现断纤时，可将怀疑有障碍的光纤接头保护管一头（远离 OTDR 的一侧）距热缩管 1cm 处剪断，并将断面插入匹配液中，此时若 OTDR 监测的 CRT 显示无变化，说明障碍点在剪断之前。再将热缩管靠 OTDR 一侧距热缩管 1cm 处也剪断，将光纤断面浸入匹配液中，若 OTDR 的 CRT 的断点显示改变（断点位置看不出变化，但断点附近的曲线形状会有变化），便可认定障碍点在保护管内，否则仍需继续查找。

障碍定位为个别光纤障碍时，可以不解散光纤余留盘。只有断纤较多，或者目视未发现障碍时，才需要轻轻将盘余光纤部分散开检查。

a. 在 OTDR 的监测，利用接头盒内的余纤重新做固定接头。

b. 重新装好接头盒，OTDR 作中继段全程衰耗，测试合格后将线路接入系统。

c. 系统若恢复正常，则固定接头盒，整理现场，修复完毕。

（2）故障在非接头盒部位的修复

当线路故障不在接头处时，故障的排除修理方法需根据故障位置，光缆故障范围线路衰耗富余度，以及修理的费时程度等多方面因素综合考虑。要求现场指挥对线路的传输特性和施工技术有良好的知识准备。

常见的光缆修理方法有如下三种：

① 利用线路的余缆修复

这种修复方法适用于光缆故障只是个别点，剪去该点前后一小段，可以利用光缆布放的预留余缆代替的情况。架空光缆的新增接头的放置位置限制很小，放出余缆也很容易。管道光缆不允许在道孔内安排接头，因此只有光缆的障碍点靠近人孔时才能直接利用余缆修复，直埋光缆是否能利用余缆修理，取决于故障点的位置及放出余缆的难易程度。利用余缆，排除故障点的修复方式，不增加光缆衰耗，只增加一个接头。

② 更换光缆修复

当光缆受损为一段范围，或者 OTDR 检出故障为一个高衰耗区时，需更换光缆处理。一种方式是更换整盘光缆，另一种方式是更换一段光缆。前一种情况不增加通路的接头，施工比较方便，抽除原光缆，重新布放接续同程式的新光缆，不会增加线路段的总衰耗。但若原来的单盘光缆长度较长，或者备用光缆长度不能满足要求时，则采用后一种方式，后一种方式一般会增加两个接头，但可以节省光缆。

更换光缆的长度考虑足以排除故障段外，还应考虑如下因素：

a. 考虑到光缆修复施工中必须采用 OTDR 监测，或者日常维护中便于分辨测量曲线上邻近两个接头的位置，介入或更换光缆的最小长度应大于 OTDR 的两点分辨率，一般宜大于 200 米。

b. 管道光缆的更换长度必须是两人孔之间的段落。

c. 介入或更换光缆的长度接近接头时，应尽量将更换长度延伸布放至接头处，以便减少一处接头。

③ 开"天窗"处理

当故障光缆只在同一点损伤 1~2 根光纤或须进行光缆分支时，系统本身须保持通信，要求修复在不中断通信的条件下进行，则采取开"天窗"方式处理，其修理方法为：

a. 根据 OTDR 的故障定位，找到光缆受损的怀疑部位，仔细观察光缆外形，由光缆的外伤痕判断出故障点，用手"按摸"该点，若 OTDR 的显示有相应反应，则确诊该点为故障点的准确位置。

b. 将线路光缆从故障点两侧轻轻拉回 60cm 左右。

c. 在不剪断光缆的条件下，小心地以故障点为中心，将光缆的护层剥除 60cm 左右，露出光纤。

d. 将缆内钢丝加强芯截去 30cm，并用套筒压接法将加强芯连接。

e. 根据故障光纤的编号，找出故障光纤及其故障点，将故障光纤在故障点处剪断（注意别损伤了其他正用的好光纤）。制作端面。

f. 采用熔接机将断开的故障光纤重新固定连接（在 OTDR 监测下进行）。

g. 光纤新接头用热缩保护管加强。

h. 采用 W 型热缩包覆管对接头部位进行保护。先将全部光纤盘入包覆管内，用不干胶干胶带对光纤限位。再作密封和加固处理。

i. 固定护套位置（按接头盒方式处理）。OTDR 作中继段全程衰耗测量，打印存档。整理现场，完成修复。

附：长途光缆线路维护管理规定

目　录

第一部分　总则
第二部分　光缆线路维护职责
第三部分　光缆线路维护内容
第四部分　障碍处理和程序
第五部分　维护管理质量统计
第六部分　安全与保密规定
附件一　光缆线路障碍抢修流程
附件二　光缆线路割接流程

第一部分　总　则

第1条　光缆线路是光传送网的重要组成部分。光传送网具有全程全网联合作业的特点，维护管理人员必须牢固树立"质量第一、为用户服务"的管理理念，加强全网观念，服从业务领导，全网密切配合，做好本职和全程维护管理工作。本文件是光缆线路维护管理执行文件。

第2条　光缆线路维护工作的基本任务

光缆线路维护人员应保持光缆线路设备完整良好及正常运行，传输性能符合维护指标要求。障碍发生时通过设备维护人员通知或光缆线路人员自己发现应能迅速准确地判断和排除故障，尽力缩短障碍历时；日常维护应勤巡视、及时排除障碍隐患；始终保持光缆线路设备清洁和良好的工作环境，延长使用年限；在保证通信质量的前提下，节省维护费用。

第二部分　光缆线路维护职责

第3条　维护人员必须掌握长途光缆线路的网络路由状况，定期检查长途光缆线路设备的质量情况，发现薄弱环节及时采取措施解决。

第4条　组织好长途干线网光缆线路设备的预检预修、积极主动采取有效措施消除隐患，保持长途光缆线路设备的完整、良好；应加强与铁路、地质、气象、水文等部门的联系，确保各方面的变化趋势，及时采取预防措施。

第5条　光缆线路维护应加强与设备维护的协作配合。光缆线路与设备维护双方按需召开机线联系会议，共同做好光传送网的维护工作。

第6条　对长途光缆线路发生重大障碍、全阻障碍时，应组织人员尽快赶到现场处理和恢复通信，并及时与相有关人员沟通事故处理进展情况。

光缆线路维护人员应根据以往事故积累经验，制定有关技术安全措施，全网组织贯彻落实。确保通信干线网络的稳定可靠、安全畅通。

第7条 光缆线路与设备之间维护责任的划分

光缆线路以光缆进入传输机房的第一个连接器为界,光缆中金属线对以进入机房的第一个接线端子为界。界线以外线路负责,界线以内设备负责。

已介入光缆线路自动监测系统的光缆线路,以进局的第一个ODF架上的连接器为界,监测系统机架、光波分复用器和滤光器(含端子)及外线部分由线路维护,连接器以内由设备维护。

光缆无人中继机房、光中继器及其配套设备及机房安全和环境保护工作由线路部门负责。

有源器件与电力维护分工:以电源进入机房的第一个端子为界,线缆由电力人员维护,端子由线路维护。

第8条 当长途光缆线路发生障碍或进行迁改、割接时,由光缆线路维护负责处置,设备维护组织协调。并在光缆线路人员查找障碍、迁改或割接的全过程中予以密切配合。

第9条 代维人员按维护要求每月第十个工作日前提交上月维护报告给主管部门。

第10条 代维人员负责编报长途干线网大修、更新、改造计划,报主管部门审核,经审核批准后组织实施。

第三部分 光缆线路维护内容

第11条 长途光缆线路由长途光缆及附属设备(巡房,水线房、瞭望塔;标石,标志牌,宣传牌;水线倒换开关;光缆线路自动监测系统;长线维护管理系统;防雷设备等)组成。

第12条 长途光缆线路维护人员应熟悉长途线路路由、埋深、周围环境及线路设备状况;发现危及线路设备安全情况时,应尽力排除并及时报主管部门。

做好护线宣传、对外联系和施工配合工作,确保光缆线路设备的安全。严格按维护周期进行各项预检预修工作,保证光缆线路设备完好。并做好长途光缆线路设备的原始记录、变动登记和反馈工作。

长途光缆线路设备的技术档案和资料应齐全、完整、准确(内含图纸资料)。应有辖区内所有长途线路工程的设计文件、竣工资料、验收文件及工程遗留问题的处理意见。长途光缆线路传输性能统计分析资料、障碍报告表等。防雷、防蚀、防强电、防蚁及防鼠等资料;灾害性和维护有关的气象、水文资料。

第13条 长途光缆线路设备的维护工作分为日常维护和技术维护两大类。日常维护和技术维护均应根据质量标准,按规定的周期进行,确保长途光缆线路设备经常处于完好状态。日常维护的内容及周期如表1所示。

路面维护:长途光缆线路应坚持定期巡回。在市区、村镇、工矿区及施工区等特殊地段和大雨之后,重要通信期间及动土较多的季节,应增加巡回次数。

主要工作:检查长途光缆线路附近有无动土或施工等可能危及光缆线路安全的异常情况,检查直埋光缆线路路由上有无严重坑洼或裸露光缆的情况及护坡等防护措施有无损坏情况;检查标石、标志牌和宣传牌有无丢失、损坏或倾斜等情况;发现问题时应详细记录及早处理,遇有重大问题时及时上报,当时不能处理的问题,应列入维修计划尽快解决;开展护线宣传及对外联系工作。

表1　　　　　　　　　　日常维护的内容及周期

项目	维护内容		周期	备注
路面维护	巡回		1~2次/周	不得漏巡；徒步巡回每月不得少于2次，暴风雨后或有外力影响可能造成线路障碍的隐患时，应立即巡回。高速公路中线路巡回周期为2~3次/月。
	标石（含标志牌）	除草、培土	按需	标石周围50厘米内无杂草（可结合巡回进行）
		油漆、描字	年	可视具体情况缩短周期
	路由探测、砍草修路		年	可结合徒步巡回进行
	管道线路的人孔、手孔检修		半年	高速公路中人孔的检修按需进行
	抽除管道线路人孔内的积水		按需	

第14条 直埋光缆线路的维护工作

1. 标石：分为直线、转角、接头、监测、预留和地下障碍物等标石。标石应位置准确、埋设正直、齐全完整、编写正确、字迹清楚，并符合以下规定：标石尽量埋在不易变迁位置。直线标石埋在线路的正上方，面向传输方向；转角处的标石埋在线路转角的交点上，面向内角；接头处的标石埋在直线线路上，面向接头；监测金属护套对地绝缘电阻的接头处采用监测标石；预留标石埋在预留处的直线线路上，面向预留；地下障碍物标石面向始端。

2. 标石的编号以一个中继段为独立编号单位，编号顺序自A端至B端，或按设计文件/竣工资料规定；标石一般埋深为60厘米，出土部分为40厘米。

3. 障碍处理后，在增加新的线路设备点处应增加新标石。

第15条 管道光缆线路的维护工作

1. 定期检查人孔内的托架、托板是否完好，标志是否清晰醒目，光缆的外护层及接头盒有无腐蚀、损坏或变形等异常情况，发现问题及时处理。

2. 定期检查人孔内的走线排列是否整齐、预留缆和接头盒固定是否可靠。

3. 发现管道或人孔沉陷、破损及井盖丢失等情况，及时采取措施进行修复。

4. 清除人孔内缆上的污垢并配合管道维护人员抽取人孔内的积水。

第16条 架空光缆线路的维护工作

1. 整理、添补或更换缺损的挂钩，清除线路上和吊线上的杂物。

2. 检查光缆外护套及垂度有无异常情况，发现问题及时处理。

3. 检查吊线与其他线缆交越处的防护装置是否齐全、有效及符合规定。

4. 逐杆检修。检查架空光缆线路接头盒和预留处是否可靠。

第17条 长途光缆线路主要技术维护指标及要求

测试项目、维护指标及其周期要求如表2所示。

有关测试项目及维护指标说明如下：

1. 中继段光纤通道后向散射信号曲线检查：

仪表测试状态与前次测试状态相同；当发现光纤通道损耗增大或后向散射信号曲线上有大台阶时，应适当增加检查次数，组织技术人员进行分析，找出原因，及时采取改善措施；发现缆中有若干根光纤的衰减变动量都大于0.1dB/km时，应迅速进行处理。

第十章 光缆线路维护与应急抢修

表2　　　　　　　　　技术维护项目、指标及周期

序号	测试项目		维护指标	维护周期
1	中继段光纤通道后向散射信号曲线检查		≤竣工值+0.1dB/km（最大变动量≤5dB）	主用光纤：按需备用光纤：半年（特殊情况时，适当缩短周期）
2	防护接地装置地线电阻	$\rho \leq 100$	≤5Ω	半年（雷雨季节前、后各1次）
		$100 < \rho \leq 500$	≤10Ω	
		$\rho > 500$	≤20Ω	
3	金属护套对地绝缘电阻		≥2MΩ/单盘	半年（按需适当的缩短周期）
4	直埋接头盒监测电极间绝缘电阻		≥5MΩ	

2. 对地绝缘电阻：

当金属护套对地绝缘电阻低于2MΩ/单盘时，需用故障探测仪查明外护套破损的位置，及早修复。

第18条　每年对代维光缆线路的所有空余光纤测试一次。测试内容：衰减、色度色散和偏振模色散。

1. 衰减常数指标

用于系统设计的各类光纤的典型衰减常数如表3所示。

表3　　　　　用于系统设计的各类光纤的典型衰减常数

光纤类别	波长区	衰减常数技术指标(dB/km)
G.652	1260~1360nm	0.5dB/km
	1530~1565nm	0.28dB/km
	1565~16XXnm	0.35dB/km
G.655	1530~1565nm	0.28dB/km
	1565~16XXnm	0.35dB/km

注：典型值仅供参考，维护值应根据施工验收实测值来确定。

2. 色度色散指标（根据实际情况确定是否测试）

G.652光纤的零色散波长范围为1 300~1 324nm，最大零色斜率为0.093ps/(nm²·km)，在1 288~1 339nm范围的最大色散系数应不大于3.5ps/(nm·km)，在1 271~1 360nm范围最大色散系数应不大于5.3ps/(nm·km)，在1 550nm范围的最大色散系数应不大于18ps/(nm·km)。

G.655光纤C波段的非零色散区为1 530~1 565nm，在非零色散区范围内的色散系数的绝对值应处于1.0~10.0ps/(nm·km)，色散符号可以为正或负，Dmax-Dmin应不大于5.0ps/(nm·km)。G.655光纤L波段的非零色散区为1565~16XXnm，在非零色散区范围内的色散系数的绝对值待定，色散符号为正。

3. 偏振模色散（根据实际情况确定是否测试）

为了保证10Gbit/s速率的传输性能，根据需要进行测试，要求敷设的干线光缆的偏振模

色散系数不得大于 $0.5 \text{ ps}/\sqrt{\text{km}}$。

第19条 光缆线路大修改造

当光缆段中多数光纤的实际衰耗值劣于工程的寿命终了值时,应对该段光缆进行大修更新。

第四部分 障碍处理和程序

第20条 由于长途光缆线路原因造成通信阻断的叫做长途光缆线路障碍。

1. 由于长途光缆线路原因造成传输质量不良、经主管部门同意继续使用的,不作为长途光缆线路障碍,但光缆线路部门应积极设法消除不良现象。

2. 主用系统发生障碍由备用系统倒通或备用系统发生障碍,虽未影响通信,但光缆线路维护应积极查找原因,拟定修复方案报主管部门批准后实施。光缆线路障碍的实际次数及历时均应记录,作为分析和改进维护工作的依据。

第21条 长途光缆线路障碍分为重大障碍、全阻障碍和一般障碍。

1. 重大障碍:在执行重要通信任务期间发生全阻障碍,影响重要通信任务并造成严重后果的为重大障碍;

2. 全阻障碍:在用系统光缆全部阻断或同一光缆线路中备用系统的倒通时间超过10分钟的为全阻障碍;

3. 一般障碍:除以上两种障碍的其他障碍称为一般障碍。

第22条 障碍处理

1. 当长途光缆线路发生障碍时,设备维护人员应在10分钟内努力设法调通备用光纤,同时在20分钟内判明障碍光缆线路段落,通知有关光缆线路维护人员下站配合查修;若难以判明是无人中继器或光缆线路障碍时,设备与线路维护人员双方应同时出查,直至确定故障段落。

2. 遵循"先抢修、后修复"的原则,不分白天黑夜、不分天气好坏、不分维护界限,用最快的方法临时抢通传输系统,然后再尽快修复。光缆线路障碍未排除之前,查修不得中止。障碍一旦排除并经严格测试合格后,代维人员立即书面通知主管部门对光缆线路的传输质量进行验证,并尽快恢复通信。

3. 障碍处理中介入或更换的光缆,其长度一般应不小于200米,尽可能采用同一厂家、同一型号的光缆,单模光纤的平均接头损耗应不大于 0.1dB/个。迁改工程中和更换光缆接头盒时单模光纤的平均接头损耗应不大于 0.1dB/个。障碍处理后和迁改后光缆的弯曲半径应不小于15倍缆径。

4. 光缆线路发生障碍,临时抢通后系统恢复正常,至最终按要求完全恢复。在临时抢通到正式恢复的倒换中,应不影响正常业务,否则将视为又一次中断。

第五部分 维护管理质量统计

第23条 质量监督检查

由设备维护人员及相关人员对代维的光缆线路设备进行联合检查,每年一次。通过联合检查,了解光缆线路设备质量及各项维护制度的执行情况,提高光缆线路设备的维护质量。

第 24 条 障碍次数的计算

1. 除不可抗力外，长途光缆线路中光纤、光缆中断或光纤性质劣化造成一个及以上系统同时发生障碍，记障碍一次；同一中继段内，同一在用通信系统同时阻断多次，记障碍一次。

2. 平均每年千公里光缆线路障碍次数的计算

平均每年千公里障碍次数 $M=$ 障碍总次数÷线路总长度（皮长公里）×1 000。

在一年中，允许长途光缆每千公里障碍最多为四次。

第 25 条 障碍历时的计算

1. 障碍历时

从设备维护交出光缆线路障碍开始计算，至光缆线路修复或倒通并经设备维护验证可用时为止。全阻障碍历时从设备维护交出全阻光缆线路障碍开始计算，至抢通系统，并经设备维护验证其光路恢复正常可用时为止。

2. 平均每千公里光缆线路障碍历时的计算

平均每千公里障碍历时 $T=$ 障碍总历时÷线路总长度（皮长公里）×1 000。

第六部分　安全与保密规定

第 26 条 机房管理

为保证光传送网设备的正常运行，须有良好的工作环境。传输机房须有良好的防尘措施和空调设备。机房温度应保持在 20±5℃ 范围内，相对湿度为 30%~75%，空气中直径大于 5μm 灰尘浓度不大于 3×10^4 粒/m³。机房建筑可为全封闭式或双层窗户，防止导电、导磁粉尘和腐蚀性物质的渗入。机房其他要求应与移动交换机房等同。

无人机房必须具有良好的防御自然灾害的能力。应具有抗雷击、抗地震、防强电入侵、防火、防水、防鼠、防小动物入侵等可靠的隔离防护措施。无人机房的工作温度、相对湿度、空气洁净度和防尘防静电要求原则上与有人通信机房一致。无人机房须逐步装备防烟雾、防火、门禁、照明电源、安全保卫等项自动报警及监视装置系统。无人机房的供电系统和空调设备应具有遥控、遥测和遥信功能和油机自动启闭功能。

机房内应备有灭火器和安全防护用具、应装设烟雾报警器，应有专人负责定期检查。每个维护人员应熟悉一般的消防和安全操作方法。

各种测试仪表和电器设备的外壳要接地良好，数字设备插拔电路盘应使用抗静电手环。高压操作时应使用绝缘防护工具，注意人身和设备安全。

雷雨季节前，应全面检查机房的防雷设施，如避雷器、避雷金属网体等是否性能良好、可靠，接地电阻是否符合要求。

机房内禁止吸烟，严禁存放和使用易燃易爆物品。

第 27 条 安全保密

所有维护和管理人员，均应熟悉并严格执行安全保密规则。保密资料的范围：通信发展规划、总体布局、网络组织、基建等方案、系统软件、应急通信、机要通信、党政专用通信、边海防通信、为党和国家领导人以及外国政府要员提供的通信手段和保障措施，为党、政、军重要部门特殊需要提供的通信保障措施和通信密码；具有国际先进水平的通信科技成果等。

附件一　　光缆线路障碍抢修流程

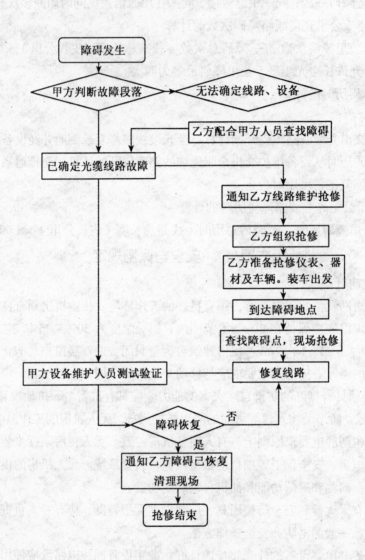

附件二 光缆线路割接流程

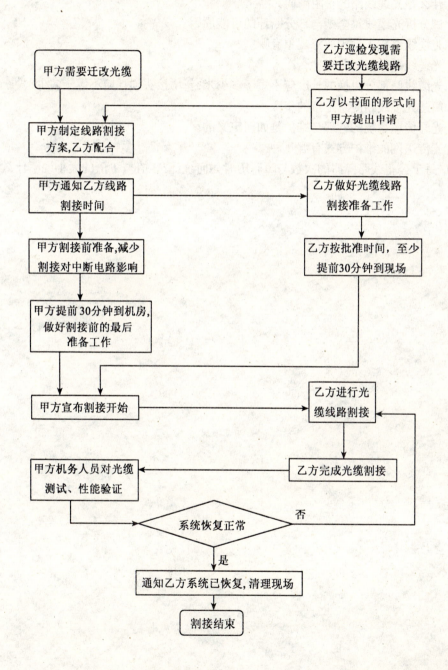

复习与思考

1. 光缆线路维护应遵循哪些原则?
2. 什么是光缆线路的全阻障碍?
3. 试分析光缆线路全断与部分断纤的可能原因。
4. 光缆线路接头盒中故障现象有哪些?
5. 光缆线路的三防是指什么?
6. 光缆线路部分更换的长度应不短于多少米?新增接头损耗应不大于多少?
7. 简述光缆线路应急抢修的步骤。
8. 光纤传输系统的管理与维护是如何定义的?
9. 光传送网的维护方式有哪几种?
10. 每千公里线路障碍的次数与障碍历时如何统计?M 值与 T 值的大小说明什么问题?

第十一章 光缆工程设计简介

11.1 工程设计概述

11.1.1 光缆工程设计的一般要求

光纤传输工程设计，是通信基本建设的重要环节，其一般要求是：

① 设计工作必须全面体现国家的有关方针、政策、法规、标准和规范，并进行多种方案比较，提出优选方案。保证建设项目安全、适用、经济合理，满足施工和使用要求。

② 设计工作要站在国家的立场上，坚持客观性、科学性和公正性，处理好局部与整体、近期与长期、技术与经济效益、主体与辅助的关系，从通信发展的全程全网出发，努力提高工程建设的投资效益。

③ 设计工作中必须推行技术进步的方针，积极采用先进技术、工艺和设备。但是工程建设中不得采用未经正式鉴定、尚待开发的产品。

11.1.2 设计阶段的划分

光缆通信工程设计一般按两阶段进行，即初步设计和施工图设计；对于工程规模小、技术成熟或套用标准设计的项目，可以按一阶段设计进行；而对规模较大、技术复杂的工程，可按三阶段设计进行，即在初步设计之后进行技术设计或方案设计。必要时，还应在初步设计之前进行工程项目建设的可行性研究。

11.1.3 设计文件的组成

设计文件是进行工程建设、指导施工的重要依据，它一般包括设计说明、工程投资概预算和设计图纸三部分。

设计说明一般以文字表述，其包含的内容应有以下几点：

（1）设计依据

说明该设计文件是根据什么文件进行编制的，如批准的可行性研究报告，设计任务书，有关工程设计的会议纪要及其他有关文件，原始资料等，并扼要说明这些文件的重点内容及文号。

（2）地区发展概况及原有线路设备概况

说明工程建设所涉及地区的政治、经济地位和发展情况，原有线路、设备程式、通信容量、使用情况及存在的问题等。

（3）工程概况

简要说明本工程的性质、规模、主要建筑程式、传输方式、传输媒介、传输速率等内容。

（4）设计范围及分工

说明本工程的设计范围，与建设单位及其他设计单位的设计分工，以及本工程中各单项工程的分界与职责范围。

（5）主要工程量表

列表说明本期工程主要工程量、光缆条公里数、杆路杆程公里数、管道管程公里、管孔公里数、直埋公里数、光缆接头数、光缆成端接头芯数、光缆测试段以及局、站设备安装等内容。

（6）技术经济分析

说明本工程总投资及构成的主要费用、单位工程造价以及投资回收期限预测。

（7）维护体制及人员、车辆的配备

说明维护体制建立的原则和方案，配备的人员、车辆及仪表的管理方案。

11.2 初步设计的内容与要求

初步设计应根据经批准的可行性研究报告或设计任务书编制。它的作用是编制基本建设计划和进行施工图设计的依据。

初步设计文件应按综合(总体)、线路安装、设备安装、电源安装、机房土建等单项工程分册出版，有关分册的主要内容与要求如下。

1. 总体

本项目各单项工程编册及设计范围分工；建设地点；现有通信设备状况及社会需求情况；本项目需要配合和解决的问题；表列各单项工程规模和新增通信能力、工程量、增员人数；工程投资金额；单位工程造价；传输质量指标及系统总体设计方案包括光功率预算等。

光缆传输工程设计分为光缆线路与设备配置安装两大单项工程。

2. 光缆线路工程

（1）设计说明

说明设计依据；设计范围及分工；主要工程量；技术经济分析；维护机构及人员配备。论述所选路由方案，沿线自然、地理和交通条件；主要技术标准和措施；光缆线路安装方式；光缆结构选型及主要技术条件；光缆接续及接头保护措施；光缆线路和防护措施；施工图设计注意事项。

（2）工程投资概算

说明概算编制依据及有关费率取定标准，编制工程建设概算表格。

（3）设计图纸

绘制线路由图、传输系统配置图、光缆线路进局路由图。

3. 设备安装工程

（1）设计说明

说明设计依据；工程概况及规模；设计范围及分工；主要工程量；技术经济分析；维护机构及人员配备；论述设计方案、系统构成；局站设置；通路组织；供电方式；

主要设备选型原则、型号及主要技术条件；监控方式及业务联系系统；网管系统；机房土建工艺要求等。

（2）工程投资概算

说明概算编制依据和有关费率取定标准，绘制工程建设概算表格。

（3）设计图纸

绘制系统构成图、通路组织图、机房列架排列示意图、机房、机架布线示意图、电源供给示意图、监控系统构成图。

11.3 施工图设计的内容与要求

施工图设计应根据已批准的初步设计编制，它用以指导施工。其施工图预算则是确定工程预算造价，签订工程施工合同(或工程总承包合同)和办理工程结算的依据。

1. 光缆线路工程

（1）设计说明

说明设计依据、设计范围及分工。如本设计对初步设计有变更，应说明变更情况和理由。列出主要工程量表，确定维护体制及人员配备。论述光缆线路路由、沿线地理交通情况，穿越障碍物情况及采取的技术措施，各地段所用光缆程式及敷设方式、要求光缆的技术条件、光纤色标要求，各种敷设情况下光缆的防护措施，进局光缆安装方式、光缆接续点选择原则，光纤接续技术指标，光中继段内光纤衰减分配，施工时注意事项。

（2）工程投资预算

说明预算编制依据及有关费率的取定，施工图设计预算不得突破初步设计概算，当确实需要突破时，要说明原因、并报主管部门批准。编制预算表格：主要材料表、维护仪表及工器具表、安装工程预算表、安装工程费用预算表、工程建设其他费用表和预算总表。

（3）设计图纸

施工图设计图纸的深度应能顺利指导施工。其图纸设计有：详细线路路由图、光缆线路敷设安装图(管道敷设时应标明经由人孔名称、本工程占用管孔位置；架空敷设时应标明经由杆号、杆面形式、光缆加挂位置和加挂方式；直埋敷设时应标明各地段参照物位置、埋深要求、土质和地理状况、光缆防护措施图、光缆接头及保护图、光缆纤芯分配图、光缆结构剖面图、光纤色谱图、局内光缆布放安装图等)。

2. 光通信设备安装工程

（1）设计说明

说明设计依据、设计范围及分工、工程建设规模、变更初步设计情况及理由、主要工程量、维护体制及人员配备。论述本工程的系统构成及应达到的主要技术指标、局站设置及设备配置、设备选型和主要技术条件、监控及业务联络方式、机房平面布置方案、机房铁件及机架安装方式、电缆布放方式、电源供给方式、网管及其他有关问题说明、施工注意事项。

（2）工程投资预算

说明预算编制依据及有关费率的取定。编制预算表格：设备表、维护仪表及工器具表、主要材料表、安装工程预算表、安装工程费用预算表、工程建设其他费用表、预算总表。

（3）设计图纸

光通信设备安装施工设计图纸有：系统构成图、局站设备配置图、通路组织图、监控系统构成图、机房平面布置图、机房铁件安装图、机架安装图、设备接线端子板图、电缆布放图、电源馈线布放图、地线布放图等。

11.4 光缆线路设计

11.4.1 光缆线路路由选择

① 光缆线路路由的选择，要服从通信网络发展的规划，满足通信需要，使线路安全可靠，经济合理，便于施工和维护，并在满足干线通信要求的条件下，考虑沿线区间通信的要求。

② 光缆线路路由，不仅要以现有地形、地物和建筑设施为依据，还应考虑城建、交通、工矿企业的发展规划。

③ 光缆线路路由一般宜避开干线铁路和重大的军事目标。

④ 光缆线路应沿公路或可通行机动车辆的大路建筑，以便于施工和维护。但路由应顺公路取直，并避开公路用地和规划改造地段。距公路不宜小于50米。

⑤ 光缆线路路由应选择在地质稳固、地势尽可能平坦的地段，并避开湖泊、沼泽、水库、沟壑、滑坡、泥石流以及有洪水危害、水土流失的地段。

⑥ 光缆线路穿越河流，必须敷设水线时，应选择在河床稳定、水流平缓的地段，并在航行和灌溉中，能保证光缆的安全；光缆线路必须通过水库位置时，应选择在水库的上游，否则应考虑水库泄洪或者堤坝发生事故时的光缆保护措施。

⑦ 光缆线路不宜穿过城镇、村庄、森林、果园、茶林、苗甫及其他经济林场。

11.4.2 光缆线路敷设方式选择

① 市话光缆线路或长途光缆线路进入市区的部分，应尽可能采用管道敷设方式，只有在没有管道又无条件新建管道时，可采用直埋敷设方式。当直埋敷设也困难时，可采用架空方式作短期过渡。

② 长途光缆线路在郊外一般要采用直埋敷设方式(国外多采用硬塑料管管道敷设)，但是在下列情况下可采用架空敷设：

a. 个别山区地段地形特别复杂或大片石质，埋设十分困难地段。

b. 水网地区无法避让，直埋十分困难的地段。

c. 跨越河沟、峡谷，直埋特别困难而使施工费用过高的地段。

d. 省内二级干线以下的通信网络，已有杆路可资利用的地段。

③ 农村本地网光缆线路，除县城地段采用管道敷设外，其余地段一般采用现有的农话杆路加挂方式。

④ 跨越河流的光缆线路，尽可能利用固定桥梁上的管道或槽道敷设，如没有管道和槽道时，可与有关部门协商，在桥上安装支架敷设。当上述条件无法满足，或命名线路迂回距离太长时，则采用水线敷设。

为保证光缆线路安全稳定运行、提高线路敷设的施工效率，目前正探索推广长途管道气送光缆的敷设方式，在具备条件的情况下，可与建设单位协商，采用此种敷设方式。

长途管道气送光缆的敷设方式将在后续章节专门介绍。

11.4.3 光缆与光纤选型

目前，我国通信业务量呈现持续快速的增长，各电信运营商与专用通信网的光纤网络建设飞速发展，我国的电信网规模与用户数量已跃居全球第一。公用传输网与专用传输网的光缆线路长度(含长途干线与本地网等)已达200余万公里，未来5~10年，我国光缆干线的传输容量将达到 Tb/s 数量级，发展潜力巨大。因此，在新建或改造光缆网络中，如何根据路由情况与敷设方式选用合适的光缆，针对传输容量的大小、传输性能的优化同时结合价格成本的比较选用合适的光纤，是光传输系统设计的一个重要问题。

下面提出几条光缆与光纤选择的原则与思路。

（1）光缆结构选择

① 在市话管道或长途硬塑料管道敷设的条件下，一般采用 PE 或 PVC 护套、层绞式或中心管式结构光缆，缆中以镀锌钢丝绳作加强芯，通常在护套和缆芯之间加 A/PE 防水层。

② 在架空敷设条件下，一般采用与管道敷设条件下结构相同的光缆，而在农村本地网架空光缆线路建设中也可以选用束管式光缆或自承式光缆，以降低工程造价。

③ 在直埋敷设条件下，选用光缆结构除满足管道敷设条件外，还应加钢带铠装或钢线铠装层，也有的是加皱纹钢管层，以增加光缆的抗侧压力等机械强度。

④ 在水线敷设条件下的光缆，选用钢丝铠装层光缆，以更好地保证机械强度。

⑤ 电力部门使用的光缆可选用复合光缆，它是把光纤置于缆中间，外面是满足强电输送条件的金属构件，即架空复合地线光缆(OPGW)亦可采用全介质自承式光缆（ADSS）。

⑥ 在强电场区域或雷击特别严重的地段可选用无金属光缆，即全介质自承式光缆(ADSS)。它能有效地防止电磁感应。

⑦ 在计算机房及数据通信或用户光通信网中可选用带状光缆或室内光缆。

⑧ 室内光缆宜采用具有阻燃性能的外护层结构，如聚氯乙烯外护层或无卤阻燃外护层等。不论采用哪种敷设方式和选用哪种结构的光缆，凡在野外敷设条件下的光缆都必须使光纤防水、防潮，所以光缆中应该填充防水油膏或具有其他防潮层，以阻挡水分或潮气进入光缆、保证光缆长年使用，传输性能不致劣化。

（2）光纤类型的选用

各类光纤的主要性能与应用特点：

① G.652 光纤。1310nm 波长性能最佳单模光纤(或称非色散位移光纤)，是目前最常用的单模光纤，主要应用在 1310nm 波长区开通长距离 2.5B/s 及以下系统，在 1550nm 波长区开通 2.5Gbit/s，或 N×2.5Gbit/s 波分复用系统。而有 PMD 要求的 G.652B 则可支持 N×10Gb/s 系统。

② G.653 光纤。1550nm 波长性能最佳单模光纤(或称为色散位移单模光纤)是将零色散波长由 1310nm 移到最低衰减的 1550nm 波长区的单模光纤，在 1550nm 波长区，它不仅具有最低衰减特性，而且又是零色散波长，因此，这种光纤主要用于在 1550nm 波长区开通长距离 10Gbit/s 及其以上系统，但由于工作波长零色散区的非线性影响，并产生严重的四波混频效应，其不支持波分复用系统。故仅用于单信道高速率系统。由于目前新建或改建的大容量光纤传输系统均为波分复用系统，故 G653 光纤基本弃用。

③ G.654 光纤。1550nm 波长衰减最小单模光纤。一般多用于长距离海底光缆系统。陆地传输一般不采用。

④ G.655 光纤。非零色散位移单模光纤。其中，G.655A 用于带放大器的单信道系统，而 G.655B 同时克服了 G.652 光纤在 1550nm 波长色散大和 G.653 光纤在 1550nm 波长产生的非线性效应不支持波分复用系统的缺点。这种光纤主要用于在 1550nm 波长区开通 10Gbit/s 及以上速率的波分复用高速传输系统。

光纤是传输网络的基础，在光纤系统设计中，必须要考虑未来 15~20 年寿命期仍能满足传输容量和速率的发展需要。从我国的国情与未来发展需要看，我国东部发达地区的新干线建设多采用以 10Gbit/s 速率为基础的波分复用系统。在这种情况下，对于新敷设的大容量光缆线路采用 G.655B（或部分 G.655B）光纤是合适的。另一方面，我国又是一个经济发展高度不平衡的国家，我国西部地区的通信业务需求在很长时间内都难以赶上东部地区，因而采用以 2.5Gbit/s 速率为基础的 WDM 系统将足以满足相当长时间的干线业务量需求。在这一速率前提下，采用 G.655 光纤的必要性和急迫性没有那么强。除非 G.655 光纤的价格有较大幅度的降低，新敷光缆线路继续采用 G.652 光纤是符合地区与网络具体情况的合理选择。

G.655 光纤技术发展很快，目前有朗讯 G.655(真波光纤)、康宁 G.655(大有效面积)光纤以及我国长飞公司的 G.655 保实光纤等。至于具体哪一种 G.655 光纤更适合中国的网络，目前尚无定论，应具体分析。但可预计的是：第二代 G.655 光纤的低色散斜率、非零色散位移和大有效面积光纤在性能上足以支撑我国未来至少 15 年的容量和速率的发展需要。

从城域网角度看，为了适应未来多业务多速率的环境需求，需扩大可用光谱的范围，新敷光纤逐渐转向价格适宜，工作波长范围扩大的低水峰光纤(波长扩展的非色散位移单模光纤)即全波光纤。这样可以大大拓宽城域网波分复用的光波长范围(约 1280~1620nm)，利于采用 CWDM（粗波分复用）技术，可使用更多的光信道以满足城域网传输的多业务、多信道要求。

对于数据网络与某些专用局域网，其特点是传输距离短，信号速率低，传输分配路由多(一般为星形、树形或总线形网络)，对光纤的衰减与色散要求较低。但这些网络由于支分复杂，固定接头与活动连接多，一般以多模光纤为宜(A1a,50/125nm)。其芯径粗(约为单模光纤的 5 倍)，故固定接续损耗低，活动连接器件简单，可降低工程成本。多模光纤的大芯径、大通光面积允许很大光功率传输，利于多支路分配，不会产生对传输不利的非线性效应。

另外，多模光纤数值孔径 NA 值大(约为单模光纤的 2~3 倍)，故其与光源的耦合效率高。多模光纤系统原来采用发光管为光源，传输带宽小，现在新型的垂直腔面发射激光器（VCSEL）已应用于多模光纤网络，传输带宽可达数 GHz。

11.4.4 光缆线路防护设计

（1）防机械损伤

① 直埋敷设方式的光缆线路中，穿越铁路或主要公路必须采用顶管施工的地段应用内径不小于 80mm 的无缝钢管或对边焊接镀锌钢管保护，并在钢管内穿放 2~4 根塑料子管，子管内径为光缆外径的 1.2~1.5 倍；穿越一般公路或简易公路采用破路埋设时，可用内径不小于 50mm 的聚氯乙烯等塑料保护，也可用钢筋混凝土平板保护；在河流岸滩、沿村镇街道及基建工地附近可用覆盖红砖或水泥瓦保护；在有雨水、溪流冲刷威胁或高坎地段，应砌石坡保护。

② 管道敷设方式光缆线路中，市话管道如果为水泥管孔，光缆布放前应清洗管孔。每孔布放三根塑料子管，其子管的等效总外径不大于水泥管孔内径的 85%，而光缆外径为子管内径的 70%左右。三根塑料子管应捆扎在一起同时一次布放，且两入孔之间不能有接头。每根子管内可分别各布放一根光缆。在市话管道内穿放塑料子管的方法，不仅提高了管孔的利用率，而且对于管道内的光缆防鼠咬等很有效，在使用和维护中，抽、放光缆时，也不会损坏其他光缆。

光缆在人孔里应靠人孔壁安放，绑扎在电缆托板上，以防线路维护人员蹬踩、搬运电缆时挤压而损坏光缆。

直埋或管道光缆引上电杆时，采用内径不小于 50mm 的钢管并于钢管内穿放塑料子管保护。钢管靠电杆固定，露出地面高度应不少于 2m。

光缆在人孔或进线室敷设部分，采用蛇形塑料软管纵剖包扎保护，光缆弯曲时，其曲率半径不应小于光缆外径的 20 倍。

（2）防强电影响

光纤由石英材料制成，是电绝缘体，所以由它构成的通信线路，其本身是不受电磁干扰影响的，这是光纤通信的优越性之一。目前在光缆结构中，一般不加铜线，但是光缆中的加强件通常是由钢绞线构成的，有时光缆中还有金属防潮层或金属铠装层，所以光缆中一般仍然具有金属构件。此外，架空光缆的吊挂物，如吊线等一般也是金属构件。

当有金属构件的光缆线路与高压电力线路、交流电气化铁道接触网、发电厂或变电站地线网等强电设施接近时，需要考虑由电磁感应、地电位升高等因素对光缆线路产生的危险影响。这种影响主要考虑强电设施发生故障时，产生强大的短路电流和正常运行时由于不平衡电流在无铜线光缆的金属构件上感应的纵向电动势对施工、维护人员和设备造成危险。

光缆线路防强电影响措施如下：

① 在接头处，相邻光缆间的金属物件不作电气连通，以减短影响的积累长度。

② 通过地电位升高区域时，光缆中的金属构件不作接地。

③ 在接近交流电气铁道地段，当进行施工或检修时，将光缆中的金属构件作临进接地，以保证人身安全。

④ 精心选择光缆线路路由，尽量增大与强电设施的隔距。在不得已要与高压线路交越和平行敷设时，要根据光缆金属构件上容许的感应纵向电动势、高压线路电压和土壤的电阻率进行核算。当平行敷设长度为 10km、高压线路电压为 220kV、土壤电阻率为 500Ω·m 时，光缆线路与高压线路的隔距在 100m 以上是可行的。

（3）防雷电

在市区管道敷设的光缆线路上，不用考虑雷电的影响，这是因为市区高层建筑多，防雷设施很完善，雷电不至于影响到光缆上来。但是在郊外直埋和架空的敷设情况下，雷电的防护措施是必不可少的。

同样地，光纤本身是不存在雷电影响的，而光缆中的金属构件和架空光缆的吊挂物会受到雷电影响。据有关文献介绍，在直接遭受雷击时，光缆线路的损坏几乎无法避免，好在直接遭受雷击的情况是极少的。大都是光缆中的金属构件或光缆的吊挂物由于雷电感应而产生强大的感应电动势，它在泄放时，强大的泄放电流产生的热效应引起燃烧、熔化光缆或是雷击大地路由中的水分，瞬间汽化膨胀而产生的冲击现象损坏光缆。

在目前一般光缆中不含铜线回路，但具有金属加强芯等构件和架空吊挂物为金属材料的条件下的防雷电措施如下：

① 缆中的金属物件不作接地，使之处于浮动状态。局站内的光缆金属构件互相连通接保护地线。

② 接头处，相邻光缆间的金属物件不作电气连通，光缆内各金属构件之间也不作电气连通。直埋光缆在接头处两侧光缆的金属铠装层各用一根监测线，分别由接头盒两端引出接至监测标石，供线路维护人员监测 PE 护套的绝缘性能用，监测线平时不接地，只是测试时才临时接地。

③ 直埋光缆时，土壤电阻率小于 100Ω·m 或年雷暴日少于 20 天的地段，可以不采取防雷措施，年雷暴日在 20～80 天，土壤电阻率为 100～500Ω·m 的地段，可在光缆上方 0.3～0.4m 处敷设一根 φ6mm 的钢筋作防雷线；全年雷暴日大于 80 天，土壤电阻率大于 500Ω·m

的地段，应敷设两根防雷线。雷击特别严重的地段可选用非金属加强芯光缆或无金属光缆。

精心选择直埋光缆线路路由，使光缆避开孤立大树树干、高耸建筑物及其保护接地装置等引雷目标的净距不小于15米。

④ 在架空敷设光缆情况下，光缆中的金属构件的处理与直埋光缆相同之外，光缆加挂在吊线的下方，利用吊线对光缆起屏蔽作用，而且光缆吊线作间断接地(2km左右一次)。在雷击特别严重或铁路屡遭雷击的地段，在电杆上方架设架空地线。或另设避雷针。

需要说明的是，对于光缆线路的防雷与防强电，历来存在两种观点：一种是采取悬浮的方式，而另一种观点则是采取处处接地方式，两种意见对于不同条件均有道理。

（4）防腐蚀

不论是管道、架空光缆，还是直埋的铠装光缆外层都挤有一层塑料护套，它具有良好的防蚀性能，但是如果在光缆的生产、运输或施工过程中，由于操作不当，会造成塑料护套层的缺陷或损伤，致使光缆对地绝缘性能下降，甚至会形成透潮渗水的隐患。所以光缆出厂验收和施工竣工验收时，要有一个光缆中的金属构件对地绝缘指标，它在单盘制造长度下宜不小于$1\,000M\Omega \cdot km$；光缆中继段宜不小于$100M\Omega$。光缆在化学腐蚀特别严重地段敷设时，也有在原有塑料护套外层再加挤一层较厚的护套的做法，这是相当有效的。

光缆防腐蚀问题，主要是针对直埋和管道敷设方式而言，架空敷设情况下则没有那么严格。不过保护好光缆护套的完好状态，对延长光缆的使用寿命是具有重要意义的。

（5）防蚁蛀及鼠害

白蚁在寻找食物过程中，啃咬光缆的PE护层并分泌蚁酸，加速对光缆中金属构件的腐蚀。老鼠也有啃咬光缆护套的习性，这都是对直埋和管道敷设光缆的危害。克服的办法首先是精心勘察直埋光缆线路路由，设法避开白蚁丛生的地段，或者增加埋设深度，过去曾采用过施工中回填土时掺毒土驱杀白蚁的做法，但毒土多为对人畜有害的物质，不易推广使用。国外生产的有防蚁光缆，那是在PE护套外加挤一层尼龙12的被覆物，或者修改PVC护套配方，目的都是使光缆最外层成为白蚁不爱咬或咬不进去的材料，从而可以防蚁蛀。

在管道敷设情况下防鼠咬的有效办法目前是在管道中加放塑料子管，并在人孔中将管孔口严密堵塞好，使老鼠无法进入管道。在直埋情况下防鼠咬最好的办法是光缆加钢带或钢丝铠装。

（6）直埋光缆监测问题

目前，对于光缆直埋线路是否设置监测标石，在必要性与经济性上存在一定矛盾，分析如下：

有关资料表明，光缆铝护套钢铠装层7~15年就可以被腐蚀成孔洞，造成水汽、潮气的掺入，对光缆可造成以下影响：

① 光缆外护套破损后，将会减弱甚至丧失对光缆的机械保护作用，使光缆受到各种机械作用或白蚁、鼠类的直接危害，PE内护层也将迅速遭到破坏，甚至直接侵入破坏光纤。

② 光缆内部的有机混合物填充料将会遭到物理、化学和生物的作用而变性损坏，逐渐失去防水防潮性能，继而影响到光纤本身。

③ 缆芯、光纤涂覆层渗水后会很快遭到破坏，失去涂覆层保护的光纤对水和潮气产生的OH离子极为敏感、水和潮气会使光纤表面的微裂纹扩张，从而造成光纤强度显著下降。降低其使用寿命；此外，由于光缆金属护套的选材问题，部分光缆会由于水分子与金属材料之间的化学反应的氢而引起光纤的氢损，导致光纤的传输损耗增加。而接头盒内进水后，因

光纤裸露，一旦进水涂覆层会更快地遭到破坏，使纤芯极易断裂。

由此可见，金属护套及接头盒破损后，光纤必将受到各种因素的影响，但这些影响也是一个缓慢的过程。

通过以上分析可以看出，设置监测标石是出于以下考虑：

① 从维护原则和目的说，光缆线路的维护原则是积极预防，将各种故障消灭在萌芽状态。维护的目的是，在光纤的使用寿命期内，保证线路传输的可靠性。

② 光缆长期埋于地下，受各种因素的影响，其腐蚀过程是一个缓慢过程。而通过设置监测标石和使用光缆金属护套接地故障测试仪，可将破损点准确定位，及时修理，排除水分及氢损对光纤的影响。在一定程度上避免护套破损引起光纤老化，延长光缆使用寿命；而在接头盒处通过缩短监测周期，也可及时发现接头盒进水状况，降低光纤损坏程度。

③ 环境特殊如鼠害和白蚁活动猖獗地段，虽然采取了防鼠、蚁措施，但由于其措施的有限性，光缆护层或接头盒极易受破损。因此，在白蚁猖獗地段，通过设置监测标石和缩短其测试周期，是可以及时发现破损套并采取积极措施，保证线路传输不中断的。

不设置监测标石是出于以下考虑：

① 测石所监测的是光缆受缓慢因素和潜在因素所造成的破坏，而护层破损或接头盒进水后，不会立即出现断纤现象，因此完全可以通过监测其光功率变化情况，及时采取措施，保证线路不中断。

② 光纤传输通信网的建成，可以保证即使两地之间线路中断，也可以通过通信网的迂回倒换保证两地通过的不中断。

③ 由于护层材料对环境的适应能力，以及光缆制造工艺的发展，光缆受缓慢因素和潜在因素的影响将变得越来越小。

结论：

我国的一级光缆干线连通的是首都至各省会、各省会之间和国际长途光缆线路，其重要性不言而喻。一旦中断造成的损失是非常巨大的，为了确保一级干线的安全性和可靠性，积极防预，延长其使用寿命，对于一级干线光缆的外护套和接头盒实施监测是必须的。同时，对护套的监测应克服其不足，即缩短其测试周期。根据相关资料，水进入光缆 8 个月后，在 $1.3\mu m$ 波段，光纤衰减将急剧增加，建议测试周期为：次/季度或次/半年，最好为次/季度，特别是在我国水乡、多鼠虫、白蚁、多雷电的地区。

我国的二级及二级以下光缆干线连通的是各省省会（直辖市）至各地、市、县以及地、市、县之间的连接，由于光缆或接头盒进水后光纤损耗增加是一个缓慢过程，不会立刻造成通信中断，而且由于各地通信网的建成，即使某地之间线路中断，也可通过通信网迂回倒换来迅速实现通信恢复。鉴于此，对于二级及二级以下光缆干线监测标石设置与否，可视其具体情况来定。

11.4.5 线路传输指标设计

光传输再生段距离由光纤衰减和色散等因素决定。不同的系统，由于各种因素的影响程度不同，再生段距离的设计方式也不同。在实际的工程应用中，设计方式分为二种情况，第一种情况是衰减受限系统，即再生段距离根据 S 和 R 点之间的光通道衰减决定。第二种是色散受限系统，即再生段距离根据 S 和 R 点之间的光通道色散决定。

光纤数字传输系统的再生段长度计算应首选最坏值设计法计算，即在设计时，将所有光参数指标都按最坏值进行计算，而不是设备出厂或系统验收指标。优点是可以为工程设计人员及设备生产厂家，分别提供简单的设计指导和明确的元部件指标，不仅能实现基本光缆段上设备的横向兼容，而且能在系统寿命终了，所有系统和光缆富余度都用尽，且处于允许的最恶劣的环境条件下仍能满足系统指标。

中继段距离的确定

（1）衰减受限系统

光缆线路衰减受限系统的再生段距离传统上一般用下式计算：

$$L = \frac{P_s - P_r - M_e - 2A_c}{A_f + A_s + M_c} \quad (\text{km})$$

式中，L——衰减受限再生段长度(km)；

P_s——S 点发送光功率(dBm)，已扣除设备连接器 C 的衰减和 LD 耦合反射噪声功率代价；

P_r——R 点接收灵敏度(dBm)，已扣除设备连接器 C 的衰减；

M_e——设备富余度(dB)，考虑了收、发器件的性能劣化，温度影响等因素引起的光功率代价；

M_c——光缆富余度(dB)，是指光缆线路运行中的变动(维护时附加接头和光缆长度的增加)，外界环境因素引起的光缆性能劣化，S 和 R 点间其他连接器(若配置时)性能劣化在设计中应保留必要的富余量；

$2A_c$——S 和 R 点之间其他连接器衰减之和(dB)，PC 型平均 0.5dB/个；

A_f——光缆光纤平均衰减(dB/km)，厂家一般提供标称波长的平均值和最大值，设计中按平均值增加 0.05～0.08dB/km 取值；

A_s——光缆固定接头平均衰减(dB/km)，与光缆质量、熔接机性能、操作水平有关。工程中取 0.05dB/km。

① 在高速率 SDH 传输系统中，还需考虑通道功率代价 P_L，它是传输通道中码间干扰、光源啁啾、传输反射、模分配噪声等因素引起的信号波形畸变，造成接收判决困难，为保证规定的误码指标而需将接收光功率提高（即接收灵敏度降低的代价）。

② 对于 SDH 与 DWDM 光纤传输系统，各项设计参数相对比较规范，可将上式中的 A_f、A_s、M_c 三项合并在一起考虑，即要求光缆线路在每 km 长度上的衰减不大于 0.28dB，此外，M_e 亦可考虑在 P_L 之内，故而，上式可简化为：

$$L_D = \frac{P_s - P_r - P_L}{0.28} \quad (\text{km})$$

光纤传输系统在不同工作条件下的最大衰耗受限距离见表 11-1。

表 11-1　　　　　不同工作条件下的最大衰减受限距离

速率等级	STM-4		STM-16		STM-64	
工作波长（nm）	1 310	1 550	1 310	1 550	1 310	1 550
最大衰减受限距离（km）	65	98	56	88	45	70

光传输系统的接收灵敏度与接收探测器类型、系统传输速率以及规定的误码指标

有关。一般系统的接收灵敏度列于表 11-2。

表 11-2　　　　　　　光接收机在不同条件下的接收灵敏度

速率等级	34Mbit/s	STM-4	STM-16	STM-64
BER	10^{-9}	10^{-10}		10^{-12}
优扰比 Q	6	6.36		7.04
接收机灵敏度 P_r	-42dBm	-32dBm	-28dBm	-22dBm

（2）色散受限系统

色散受限系统再生段距离用下式计算：

$$L = \frac{\varepsilon \times 10^6}{B \times D(\lambda) \times \Delta\lambda} \quad (km)$$

式中，L——色散受限再生段长度；

ε——光源系数：对于多纵模激光器（MLM）　$\varepsilon = 0.115$；

对于单纵模激光器（SLM）　$\varepsilon = 0.306$；

B——线路传输速率(bit/s)；

D——光纤色散系数(ps/nm·km)；

$\Delta\lambda$——光源谱线宽度(nm)。

在规范化的 SDH 系统和 DWDM 系统设计中，传输速率、光源性能以及误码指标等因素，确定了系统的最大色散容限 D_{max}。色散受限再生段距离亦可用下式估算：

$$L = \frac{D_{max}}{D}$$

式中，D_{max}——S 点与 R 点之间允许的最大色散值(ps/nm)；

D——光纤色散系数（ps/(nm·km)）。

SDH 系统在不同条件下的色散受限距离见表 11-3。

表 11-3　　　　　　　SDH 系统在不同条件下的色散受限距离

速率等级	STM-4			STM-16			STM-64	
T_b（ps）	1 600			400			100	
D_m（ps/(nm·km)）	1 310		1 550	1 310		1 550	1 310	1 550
	3.5		20　3.5	3.5		20　3.5	20 G.652	3.5 G.653
光源类型	MLM		SLM	MLM		SLM		SLM
均方根谱宽（nm）	1.0		—	1.0		—		—
-20dB 谱宽(nm)	—		1.0	—		1.0		0.5
$\Delta\lambda_{3db}$(nm)	2.355		0.388	2.355		0.388		0.194
L_m(km)	62	65	373	15	16	93	8	47

实际设计中，应根据衰减受限式及色散受限式分别计算，取其两者中较小值确定为最大中继段距离。

（3）设计举例

某 STM-16(2.5Gb/s)光纤传输系统，使用原线路 G.652 光缆，工作波长 $\lambda=1\,550\,\text{nm}$，系统中其余各项参数如下：

发送光功率	P_s	$-2\,\text{dBm}$
接收灵敏度	P_r	$-28\,\text{dBm}$
允许最大色散值	D_{max}	$1\,200\,\text{ps/nm}$
活动连接损耗	A_c	$0.3\,\text{dB}$
光纤平均衰耗	A_f	$0.22\,\text{dB/km}$
光纤色散系数	D	$17\,\text{ps/(nm·km)}$
接续平均损耗	A_s	$0.02\,\text{dB/km}$
设备富余度	M_e	$3\,\text{dB}$
线路富余度	M_c	$0.1\,\text{dB/km}$

衰耗受限距离为：

$$L_\alpha = \frac{-2-(-28)-2\times 0.3 - 3}{0.22+0.02+0.1} = 81\,(\text{km})$$

色散受限距离为：

$$L_D = \frac{1200}{17} = 70.6\,(\text{km})$$

确定此系统的最大再生段距离为 70.6km，为色散受限系统。

11.4.6 光纤传输的色散补偿

光纤传输中的信号衰减由于光放大器的应用而在很大程度上获得解决，但传输色散引起的脉冲展宽则严重限制着信号速率和再生距离，成为传输设计中的主要矛盾。特别是在系统传输速率已达数十 Gb/s，再生距离要求更长的今天，这一矛盾则更加突出。因而，研究光纤的传输色散，并采用相应措施消除或减少色散的影响，成为传输设计中的重要问题。目前，光纤传输设计中采用的色散调节技术主要有如下几种：

- 采用色散补偿光纤
- 应用光纤光栅
- 对光源实现预啁啾
- 利用自相位调制效应(SPM)。

前两项措施为无源补偿方式，而后两项则为有源补偿方式。

在密集波分复用(DWDM)系统中，采用 1 550nm 波长对于 G.652 与 G.655 光纤而言，由于存在或大或小的色散的作用,四波混频的非线性效应不易产生，但色散引起的脉冲展宽则会限制信道传输速率,故高速率 DWDM 系统的传输需考虑色散补偿的问题。

（1）色散补偿光纤(DCF)的应用

光纤的传输色散有正负之分，而正负色散可互相补偿(抵消)。这就是 DCF 的作用机理。DCF 是专门为色散补偿制作的具有大的负色散系数的单模光纤。如 DCF 的色散系数可达 $-65\,\text{ps/(nm·km)}$，如使用 12.3km 即可补偿 G.652 光纤 40km 的正色散。因而可以将色散受限距离提高 40km。DCF 通常不成缆，盘在一个终端盒中作为一个单独的无源器件。当然如果将其成缆作为传输光缆的一部分，还可以再增加色散受限距离 12.3km。这取决于 DCF 生产水平的提高和其他色散补偿技术的进展。因为 DCF 作为一个无源器件时是放在机房内，调整和更换都很方便。

DCF 补偿方式有两个问题：一是它的衰耗系数大，12.3km 将引入约 5.6dB 的衰耗，需要 EDFA 的增益来补偿，从这个角度看，这种补偿方法的成本代价也存在疑问；二是它的色散斜率的绝对值与 G.652 光纤的色散斜率并不吻合，因此 DCF 的实际长度需要现场调整。

DCF 补偿方式由于技术上简单易行，尤其在 WDM 系统中应用时其成本是由多个波长系统分担的，因此是目前最实用的色散补偿方法。

色散补偿光纤与传输光纤的长度及各自的色散系数可按下列关系考虑：

$$D_1 L_1 = D_2 L_2$$

式中：D_1——传输光纤色散系数　　　　L_1——传输光纤长度
　　　D_2——补偿光纤色散系数　　　　L_2——补偿光纤长度

DCF 在系统中的配置位置在发送侧应放在 EDFA 与发送终端之间，这有三个好处：一是便于对 DCF 调整和更换；二是 DCF 先衰耗有利于减轻 OA 的功率饱和限制；三是避免 DCF 中出现非线性效应。在接收机侧 DCF 放在 EDFA 与接收终端之间。这时，信号的微弱已成为主要矛盾，需要 EDFA 将信号光功率提升。这时与发送侧不同，放大后的信号光也仍然较弱，不会在 DCF 中引起明显的非线性效应(如图 11-1 所示)。

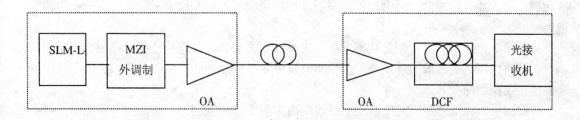

图 11-1　传输设计中 DCF 的配置

（2）光纤光栅的应用

光纤光栅制作的基本原理是用紫外光束在光纤中形成的微缺陷，有无微缺陷的部分呈现折射率的差异，光纤中折射率的周期变化就构成了光纤布拉格光栅。一定的光栅周期对应一定的光反射波长。通常在正色散光纤中光信号中的高频成分群速大于低频成分的群速，因而光信号在光纤中传播时不同波长成分之间时延差的积累就造成了光脉冲的逐渐展宽。如果在一段光纤的前端刻上周期与长波长对应的布拉格光栅，并通过光环行器与传输光纤连接。光信号中的长波长成分在光栅光纤的前端便反射进下面的传输光纤。而光信号中群速较快的短波长成分将透过光栅直到光纤光栅的末端才反射回来。这样短波长成分的光比长波长成分的光在光纤光栅中多走了一个来回，这一时延差就可以补偿传输光纤中的时延差(如图 11-2 所示)。

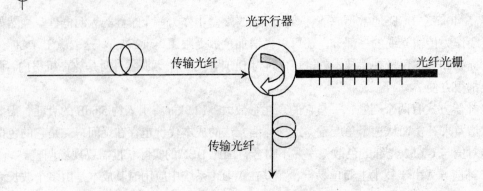

图11-2 光纤光栅的色散补偿应用

（3）预啁啾技术(PCH)

预啁啾是一种有源补偿方式，是色散补偿方案中较简单易行的一种。其基本思路是在光发送端运用光均衡的方法，在光源上加一个额外的正弦调制，使发送光信号的频谱产生预畸变，然后畸变的光信号在传输过程中由光纤的色散特性逐渐修正，光信号到达接收端时，希望光纤色散正好将畸变的频谱完全恢复，因而就可以获得一个无展宽的光脉冲。这种频谱预畸变方法之所以称为预啁啾，是因为上述的光均衡方法是通过使光源产生负啁啾效应来实现的。通常的啁啾现象是光脉冲的前沿产生蓝移，后沿产生红移。正啁啾在光纤中传播时光纤色散会使光脉冲进一步展宽。负啁啾则相反，使光脉冲的前沿频率下降，产生红移，后沿频率上升，产生蓝移。而光纤的色度色散表现为短波长成分的群速比长波长成分的群速大，因此负啁啾引入使光脉冲前、后沿向脉冲中间靠拢的倾向就可以补偿光脉冲在传输过程中的色散展宽。

采用预啁啾技术时要采用低功率发送，接收端加放大器，以避免预啁啾和SPM（自相位调制）同时作用造成色散的过度补偿。预啁啾技术要求光源采用外调制，且应根据传输距离来确定正弦调制深度。

一般而言，在低速率系统中，光中继段距离主要受衰耗限制，而在高速率系统中，则主要受色散限制。

在许多实际工程设计中，特别在我国南方人口稠密的农话网工程设计中，往往是乡、镇(再生站)之间距离已经给定，而且一般较短，这就需要反过来计算并提出对光纤衰减、光纤色散与光源的合适要求，以便降低产品指标或等级，降低工程成本。

（4）采用自相位调制（SPM）技术

在光纤传输中应用光放大器加大光功率，产生自相位调制（SPM）的非线性效应，此时在正色散光纤中，光信号脉冲的前沿会出现"红移"，即光频变低而速度变慢，光信号脉冲的后沿则会出现"蓝移"，即光频变高而速度变快，这样，脉冲的前、后沿向中间聚拢，从而达到将光纤色散造成的信号脉冲展宽进行压缩的目的。这也是"光孤子"传输的基本原理。

自相位调制（SPM）产生于传输光纤中，条件是信号能量达到其"阈值"，一般在靠近光发送机或光放大器的部位效果较好。而上面谈到的预啁啾技术则是在光源中实现的，二者有所区别。

11.5 光传输设备配置设计

1. 系统设计的主要技术问题

工程设计往往是先在局部地区,甚至是在点对点之间进行的,它们建成之后是可以在局部地区或点对点之间完成通信任务的。然而这种局部地区或点对点之间的光通信系统必须符合下列进网要求,以便保证公用数字通信全程全网畅通。

在我国的实际情况是,早年建设的光传输系统多半为准同步数字系列的 PDH 系统,特别是在某些本地网或某些二级干线中。目前,这些系统正逐渐淘汰。

随着通信技术的发展、多种业务传输的要求以及传输系统标准的演进,近年建设的光纤传输系统均为 2.5Gb/s(本地网或二级干线)、10Gb/s 或 N×2.5Gb/s、N×10Gb/s WDM 系统(一级干线),因此:

① 通信系统应符合 ITU-T 规范并结合我国数字通信系统各级接口参数的有关技术标准,以保证数字信号网络互联、互通的实现。

② 在系统设计、特别是干线系统设计中要遵循国家对数字段平均长度的要求,以保证全程数字段数的限制。否则全程数字段过多,数字信号劣化可能超过容许指标。

③ 光通信系统主要技术指标是为工程竣工验收、维护和管理提供依据,在工作设计中,必须按国家有关技术规范予以明确。

④ 随着通信容量需求的快速增长,目前新建的光纤传输系统均为以 SDH 为基础的密集波分复用系统(DWDM)。很多原来建设的光纤传输系统亦在陆续进行波分复用改造,以扩大系统的传输容量。这些系统的设计与指标确定应按照 ITU-T 相关标准与应用代码执行。

普通 SDH 系统与 DWDM 系统的分类及相关应用代码列于表 11-4、表 11-5。

表 11-4　　SDH 系统光接口分类与应用代码

应用类型	局内	局间					
		短距离		长距离			甚长距离
光源波长(nm)	1310	1310	1550	1310	1550		
光纤类型	G652	G652	G652	G652	G652	G653	G655
目标距离(km)	<2	15		40	80		
等级代码 STM-1	I—1	S—1.1	S—1.2	L—1.1	L—1.2	L—1.3	V—16.5
等级代码 STM-4	I—4	S—4.1	S—4.2	L—4.1	L—4.2	L—4.3	V—64.5
等级代码 STM-16	I—16	S—16.1	S—16.2	L—16.1	L—16.2	L—16.3	
等级代码 STM-64	I—64	S—64.1	S—64.2	L—64.1	L—64.2	L—64.3	

表 11-5　　WDM 系统光接口分类与应用代码

应用类型	长跨距段(80km)	甚长跨距段(120km)	超长跨距段(160km)
跨距段数	5	6	3
8 波长系统	8 L5 — y.z	8 V 6 — y.z	8 U 3 — y.z
16 波长系统	16 L5 — y.z	16 V 6 — y.z	16 U 3 — y.z
32 波长系统	32 L5 — y.z	32 V 6 — y.z	32 U 3 — y.z

注：WDM 系统的应用代码格式为：nWx — y.z

    n：信道（波长）数　　　W：跨距段长度（L-80km、V-120km、U-160km）

    x：跨距段数　　　y：信道速率等级　　　z：光纤类型（2-G.652、5-G.655）

2. 通路组织

通路组织与局址设置是密切相关的，在通路组织时，应注意如下几个原则：

① 首先要进行业务需求预测。根据当地国民经济发展、城镇人口增长和市话普及率以及传输业务类型进行规划，并考虑系统使用寿命 20 年左右终期的通信业务需求量，从而计算出各业务点(局、站)之间所需的电路数，并按此来确定系统配置。当一个以上低次群不能满足要求时，尽量采用高次群系统，而不采用多个低次群系统。目前国内不少厂家提供的设备，可在工程建设初期、业务量不足的情况下，少配机盘。待业务逐年发展，逐步将机盘配齐的做法是可取的。这样通信容量可以满足远期要求，又可以减少初期投资，避免资金积压。

② 满足干线电路需要的情况下，尽可能考虑支线和区间通信的要求。目前我国在电路管理等级、产权和维护体制诸方面，干线电路、区间电路是有差别的。但是为了节省投资，避免重复建设，综合考虑、统筹安排是必要的。目前，SDH 系统的光纤网络结构多采用配备 ADM 的环形结构，以满足网络保护与区间电路的要求。

③ 在进行通路组织时，不仅要考虑电话业务的需要，还要根据通信发展的前景，考虑非话业务的需要。

3. 网管与公务电话

随着通信网络的现代化和复杂化，网管在光缆通信系统中是不可缺少的部分，借助它可以实现对一个系统或网络的遥测、遥控、故障点定位、系统状态的预置等功能，极大地方便了维护和管理。在工程设计中，网管系统的设计应符合如下要求：

① 一般是监控段与维护段相结合，且通常是一个数字段即为一个监控段，在上一级的终端站设主监控站，另一终端站为辅监控站，中继站为被监控站。目前一个基本的监控系统能容纳 15 个被监控站，不论在主监控站、辅监控站还是被监控站，应将属于本系统的光、电设备全部纳入监控范围。

② 在某一级电路中心(省、地、县局)，如有多方向光通信系统，那么应在此设网管中心，将各方向的光通信系统纳入本中心监控范围之内进行集中监控。

③ 监控中心应分几级，上一级监控中心的计算机与若干个下级监控中心的计算机联网交换数据，这就要求上下各级监控系统有统一的标准和通信方式。

④ 内容一般应有监视量(含信号中断、发无光、收无光、失步、电源故障等)、监测量(误码率、LD 偏流、电源电压等)和控制量(含倒换控制、环路控制等)。

⑤ 主监控站和各级监控中心，均配备监控主机和打印机。主机带有显示屏幕，能循环显示或选择显示，必要时能启动打印机，实时记录监控数据备查。

⑥ 监控信息的传输通常不必在光缆中另加铜线对，而应采用光线路编码时插入的冗余毕特或 SDH 系统中的段开销传送。

在密集波分复用(DWDM)系统中,则采用某一固定光波长传送监控信号。

光通信系统的公务电话联络是保证系统各局站之间在施工、调测和维护中互相联络的需要，这在系统采用集中维护方式时显得更为重要。

同样地，公务电话联络信号不宜要求在光缆中另加铜线对传送，对于 PDH 系统，应该利用光线路编码时插入的冗余毕特或主信号调顶方式，而对于 SDH 系统，则是利用段开销信号方式传送。因为光缆内加铜线对损害了光通信的优越性。

4. 设备选型

工程设计中必须选用取得进网许可证、已定型且批量生产的设备，这不仅能保证设备有良好的技术性能，在设备使用寿命期内的运行、维护中还可提供备件和机盘。

在设备选型中，还应注意到我国现行的技术体制，选用符合进网要求的设备。

在早期的准同步数字网建设中，设备的光接口没有统一的规范，这与各生产厂家所采用的光线路码型有关。光接口统一规范问题，在同步数字网建设中得到了解决。但光接口规范不统一并不妨碍在工程建设中使用，因为数字信号的转接、调度和测试都在电接口上进行。ITU-TG 703 建议对于各级标准电接口规范都有明确的规定。

SDH 传输设备的制造与选用应符合 ITU-T957 建议的规范及相关的应用代码。带关放大器的单信道系统应符合 ITU-T691 建议，而带光放大器的多信道系统则应符合 ITU-T692 建议的规范及相关的应用代码。具体选用可参照相关的技术文件。

光传输系统速率等级与对应的话路容量列于表 11-6。

表 11-6　　　　　　　　　　**SDH 系统速率系列与话路容量**

等级	STM-1	STM-4	STM-16	STM-64
标称速率	155.52Mb/s	622.08Mb/s	2488.32Mb/s	9953.28Mb/s
工程简称	155M	622M	2.5G	10G
话路容量	2016 ch	8064 ch	32256 ch	129024 ch

根据不同工程规模和电路等级，工程设计中还必须选用一些辅助设备。比如，在县局以上的电路中心，就应该配备光配线架和数字配线架，以便于光路和电路的调度和测试；承担比较重要的通信业务的光通信设备中，应该安排倒换设备，通常采用 1+1、1：1 或 1：n 的方案，并按此配备主、备用系统，当主用系统因意外原因发生故障时，将自动或人工方式倒换到备用系统工作，维护通信业务。

5. 机房安装和布线设计

当今数字通信设备的电路集成度越来越高，机架占地面积很小，设备架数也越来越少，这为机房安装带来了方便。在同一机房内安装设备不多的情况下，往往在现成的列内安装。但要注意的是光通信设备有单面排列与双面排列之分，所谓单面排列是机架背面在施工布线和维护中要开门，不可能两架设备背靠背安装，而双面排列的设备则在背面不开门，可以背靠背安装。光通信设备的机架高度为标准的 2.0m、2.2m 和 2.6m 三种。在设计中，凡县局和县局以上的机房，宜选用 2.6m 架高的设备，在农村支局选用 2.0m 架高的设备安装更为方便，往往可以与载波机或交换机共一列，采用靠装的方法，可以不在上方安装走线架，这样省工、省料，机房又显得很清爽。

对于新建机房的机架排列，其列间、离墙距离都要按规范考虑，便于维护和自然采光。机房内架间电缆布放方式，基本上是两种：一种是在架顶走线架或槽道布放，这样电缆从机顶出线；另一种是在架底地槽布放，电缆从机底出线。两种方式各有优点。究竟采用哪种方式，只能按机房所具条件处理。

架间连接电缆的选用必须满足阻抗匹配、衰减不能超过标准和传输衰减频率特性与传输信号相适应这三个条件。

ITU-T 建议在 2048Kb/s 数字口上，容许有 120Ω 和 75Ω 两种阻抗任选，120Ω 使用平衡对称电缆，75Ω 则使用不平衡同轴电缆，设计中必须了解清楚，并且要做到电缆两端的设备(如光电端机与交换机)插入/输出阻抗是一致的，否则要更改某一端设备的输入/输出阻抗。在其他标准速率的数字口上，ITU-T 建议一律为 75Ω 的输入/输出阻抗。

6. 电源馈线和地线

光通信设备供电电源都采用标准电源，有-24V、-48V 和-60V 三种，目前推荐使用-48V。由于光通信设备负荷很小，所以设计中有的可根据机房现有电源条件来选用光通信设备共电电压，而不必单独配置电源设备，当然新建局站例外。

在选用馈电电缆时，要根据设备的负荷，选用合适的横截面积电缆，且要按设备满容量时负荷来考虑。

目前通信局站电源均为正极接地而且大都是工作地与保护地合一，这时一般不要求在光通信设备安装时另行敷设保护地线(机架必须与机房保护地线良好接续)。但是当机房电源工作地与保护地分开或工作地与保护地合一而地线在电池间或机房接地很差时，则应另行从设备向电池室敷设地线。此外，工作地线不得与避雷线、高压防护地线、交流供电零线共线。进入机房的光缆中的金属构件，不得与机架接触，而应从光缆中的金属构件引保护地线至机房总地气。

对于大的局、站机房，则其工作地与保护地一般是分开的。

复习与思考

1. 光纤通信工程设计一般分为哪几阶段？
2. 光纤通信工程设计文件应包括哪些内容？
3. 试写出光密集波分复用（DWDM）系统的应用代码。
4. 衰耗限制的光纤中继距离如何确定？
5. 色散限制的光纤中继距离如何确定？
6. STM-1、STM-4、STM-16、STM-64 的传输速率各为多少 Gb/s？
7. 光纤通信设备的供电电压一般为多少？
8. 光纤传输色散补偿的方式有哪几种？试分别画出色散补偿示意图。

附录一　光纤通信工程常用图形符号

图形符号	说明	图形符号	说明
	雪崩光电二极管		光纤或光缆线路
	光电转换器		光纤固定接头
	电光转换器		光纤活动连接
	光中继器		光开关
	采用发光二极管的光发送机		固定光衰减器
	采用激光二极管的光发送机		可变光衰减器
	光接收机		光隔离器
	混模器（搅模器）		光滤波器
	分束器	λ_1 ... λ_n → $\lambda_{1\cdots n}$	光合波器
	包层模消除器	$\lambda_{1\cdots n}$ → λ_1 ... λ_n	光分波器
	光纤滤模器		光在大气中的传输通道
	激光二极管	a — b, c	光调制器、光解调器

序号	名称	符号	序号	名称	符号
1	终端站		12	房屋或村镇	
2	转接站		13	城墙	
3	有人站		14	桥梁	
4	无人站		15	标石和标记点	210
5	巡房		16	埋式光缆	
6	水线房		17	管道光缆	
7	铁路		18	水底光缆	
8	火车站		19	光缆余留	
9	公路		20	普通接头	
10	输电线		21	地线接头	
11	通信线		22	其他地下管线	

附录二 光功率单位换算表

绝对功率	dBm	绝对功率	dBm
$1pW=10^{-12}W$	−90	$1mW=10^{-3}W$	0
$10pW=10^{-11}W$	−80	2mW	+3
$100pW=10^{-10}W$	−70	2mW	+6
$0.001\mu W=10^{-9}W$	−60	5mW	+7
$0.01\mu W=10^{-8}W$	−50	8mW	+9
$0.1\mu W=10^{-7}W$	−40	$10mW=10^{-2}W$	+10
$1.0\mu W=10^{-6}W$	−30	20mW	+13
$2.0\mu W$	−27	40mW	+16
$4\mu W$	−24	50mW	+17
$5\mu W$	−23	80mW	+19
$8\mu W$	−21	$100mW=10^{-1}W$	+20
$10\mu W=10^{-5}W$	−20	200mW	+23
$20\mu W$	−17	400mW	+26
$40\mu W$	−14	500mW	+27
$50\mu W$	−13	800mW	+29
$80\mu W$	−11	1000mW=1W	+30
$100\mu W=10^{-4}W$	−10	2W	+33
$1000\mu W=10^{-3}W=1mW$	0	4W	+36
		5W	+37
		8W	+39
		10W	+40
		1000W	+50
		1000W=1kW	+60
		10kW	+70
		100kW	+80
		1000kW	+90

说明：(1) 本表按下式计算：

$$P_m = 10\lg\frac{P}{1\mathrm{mW}} \quad (\mathrm{dBm})$$

(2) 已知功率值可从表中直接查出 dBm 数

例：50mW 查表得 P_m=+17dBm

附录三 光纤标准对照与光纤工作波段

一、光纤标准对照表

光纤类型		ITU—T(2000) G.65x	IEC 60793-2 (1998)	
多模		G.651	A_{1a} 50/125	渐变折射率
			A_{1b} 62.5/125	
			A_2	阶跃折射率
单模		G.652(A、B、C)	B1.1(常规)、 B1.3(全波)	
		G.653	B2 (零色散位移)	
		G.654	B1.2 (截止波长位移)	
		G.655(A、B)	B4 (非零色散位移)	

注：G.652B 相对于 G.652A 增加了偏振模色散要求，二者均归为 B1.1 类。

二、光纤工作波段

工作窗口	波段	标称波长	波长范围(nm)
第一窗口		850	
第二窗口	O 波段	1 310	1 280~1 360
第三窗口	S 波段	1 550	1 460~1 530
	C 波段		1 530~1 565
第四窗口	L 波段		1 565~1 625
第五窗口	E 波段	波长扩展	1 360~1 460

注：ITU-T ——国际电信联盟电信标准部
　　IEC ——国际电工委员会

附录四　各类单模光纤的性能、参数及应用

表一　常规单模光纤的性能及应用（G.652）

性能	模场直径（μm）	截止波长 λcc（nm）	零色散波长（nm）	工作波长（nm）	最大衰减系数（dB/km）	最大色散系数（ps/(nm·km)）
要求值	1310nm 8.6～9.5±0.7	$\lambda_{cc} \le 1260$ $\lambda_c \le 1250$ $\lambda_{cj} \le 1250$	1310	1310 或 1550	1310<0.40 1550<0.35	1310nm：0 1550nm：17
应用特点	大量用于长途通信、数据通信和模拟图像传输媒介，是目前应用最为广泛的光纤。其缺点是工作波长为1550nm时色散系数高达17 ps/(nm·km)，限制了高速率、远距离传输。					

表二　色散位移单模光纤（G.653）

性能	模场直径（μm）	截止波长 λcc（nm）	零色散波长（nm）	工作波长（nm）	最大衰减系数（dB/km）	最大色散系数（ps/(nm·km)）
要求值	1550：8.3	$\lambda_{cc} \le 1270$ $\lambda_c \le 1250$ $\lambda_{cj} \le 1270$	1550	1550	1550nm≤0.35	1525～1575nm：3.5
应用特点	在1550nm工作波长衰减系数小，色散系数接近于零。适用于单信道高速率海底系统和长距离陆地系统。但在多信道系统中，其零色散会产生FWM影响。					

表三　1550nm截止波长位移单模光纤（G.654）

性能	模场直径（μm）	截止波长 λcc（nm）	零色散波长（nm）	工作波长（nm）	最大衰减系数（dB/km）	最大色散系数（ps/(nm·km)）
要求值	1550nm：10.5	$\lambda_{cc} \le 1530$ $1350 < \lambda_c < 1600$	1310	1550	1550nm≤0.20	1550nm：20
应用特点	在1550nm工作波长衰减系数极低，色散与G652相同。主要用于远距离、无中继放大的海底光纤通信系统，其缺点是制造困难，价格昂贵。					

表四　非零色散位移单模光纤（G.655）

性能	模场直径（μm）	截止波长 λcc（nm）	零色散波长（nm）	工作波长（nm）	最大衰减系数（dB/km）	最大色散系数（ps/(nm·km)）
要求值	1550nm 8～11±0.7	$\lambda_{cc} \le 1480$ $\lambda_c \le 1470$ $\lambda_{cj} \le 1480$	1530～1565	1530～1565	1550nm：0.25 1625nm：0.30	$0.1 \le |D| \le 10$
应用特点	在1550nm处有较低的色散，保证抑制FWM等非线性效应，用于支持EDFA和波分复用结合的传输速率在10Gbit/s以上的DWDM高速传输系统。					

附录四 各类单模光纤的性能、参数及应用

表五　　　　　　　　　色散补偿单模光纤（DCF）

性能	模场直径（μm）	截止波长 λ_{cc}（nm）	零色散波长（nm）	工作波长（nm）	最大衰减系数（dB/km）	最大色散系数（ps/(nm·km)）
要求值	1550nm：6	≤1260	>1310	1550	1550nm≤1.00	1550nm −80～−150
应用特点	在1550nm工作波长范围内有很大的负色散，其主要作用是对G.652光纤工作波长由1310nm扩容升级到1550nm时进行色散补偿。					

表六　　　　　　　　　色散平坦单模光纤（通俗名称）

性能	模场直径（μm）	截止波长 λ_{cc}（nm）	零色散波长（nm）	工作波长（nm）	最大衰减系数（dB/km）	最大色散系数（ps/(nm·km)）
要求值	1310nm：8 1550nm：11	≤1270	1310和1550	1310～1550	1310≤0.25 1550≤0.30	1310nm：0 1550nm：0
应用特点	在1310～1550nm工作波长范围内均有较低色散。					

表七　　　　　　　　　全波单模光纤（通俗名称）

性能	模场直径（μm）	截止波长 λ_{cc}（nm）	零色散波长（nm）	工作波长（nm）	最大衰减系数（dB/km）	最大色散系数（ps/(nm·km)）
要求值	1310nm 9.3±0.5 1550nm 10.5±1.0	λ_{cc}≤1260 λ_c≤1250 λ_{cj}≤1250	1300～1322	1280～1625	1310<0.40 1550<0.35	1310nm：0.35 1385nm：0.31 1550nm：0.21～0.25
应用特点	在1280～1625nm波长区间均有较低衰耗，故工作波长范围大大拓宽。其主要用于波分复用的城域网传输系统，可提供数百个以上的波长信道。					

附录五 各类 EDFA 主要性能指标

一、OBA（光功放）主要性能指标

特性	条件	单位	最小	典型	最大
输入光功率 P_{in}		dBm	−10	0	3
光谱工作范围		nm	1535		1565
输出光功率 P_{out}		dBm	13		18
输出光功率稳定度	全温度范围，全偏振状态	dB			0.3
3dB 谱宽		nm		30	
噪声指数	$P_{in}=0.1$dBm	dB		5	
偏振灵敏度		dB			0.2
偏振模色散		ps/$\sqrt{km}$			1
增益平坦度		dBm	1		1.5
输入/出泵浦光泄漏		dB		−35	
输入/出回波衰耗	UPC、APC 连接器	dB	50		
工作温度		℃	0		50
储存温度		℃	−25		70

二、OPA（光前放）主要性能指标

特性	条件	单位	最小	典型	最大
输入光功率 P_{in}		dBm	−40	−30	−25
光谱工作范围		nm	1540		1565
小信号增益	$P_{in}=-35$dBm	dB	30	35	40
增益稳定度	全温度范围，全偏振状态	dB			0.3
噪声指数	$P_{in}=-35$dBm	dB		4.5	
偏振灵敏度		dB			0.2
偏振模色散		ps/$\sqrt{km}$			1
增益平坦度		dB			1.5
输入/出泵浦光泄漏		dBm		−40/−50	
输入/出回波衰耗	UPC、APC 连接器	dB	50		
工作温度		℃	0		50
储存温度		℃	−25		70

三、CATV 用 OBA 主要性能指标

特性	条件	单位	最小	典型	最大
输入光功率 P_{in}		dBm	−10	−0	−10
光谱工作范围		nm	1535		1565
输出光功率 P_{out}	P_{in}=0dBm 单泵	dBm	13	14	15
	P_{in}=0dBm 单泵		16	17	18
输出光功率稳定度	全温度范围，全偏振状态	dB			0.3
噪声指数	P_{in}=0dBm	dB		4.5	
偏振灵敏度		dB			0.2
偏振模色散		$ps/\sqrt{km}$			1
输入/出泵浦光泄漏		dB		−30	
输入/出回波衰耗	UPC、APC 连接器	dB	50		
工作温度		℃	0		50
储存温度		℃	−25		70

附录六 常用光缆型号、名称及应用场合

(YD/T 908—2000)

名 称	型 号	结 构 特 点	敷 设 方 式
中心管式光缆	GYXTY	室外通信用、金属加强构件、中心管、全填充、夹带加强件聚乙烯护套光缆	架空、农话
	GYXTS	室外通信用、金属加强构件、中心管、全填充、钢-聚乙烯粘结护套光缆	架空、农话
	GYXTW	室外通信用、金属加强构件、中心管、全填充、夹带平行钢丝的钢-聚乙烯粘结护套光缆	架空、管道、农话
层绞式光缆	GYTA	室外通信用、金属加强构件、松套层绞、全填充、铝-聚乙烯粘结护套光缆	架空、管道
	GYTS	室外通信用、金属加强构件、松套层绞、全填充、钢-聚乙烯粘结护套光缆	架空、管道、也可直埋
	GYTA53	室外通信用、金属加强构件、松套层绞、全填充、铝-聚乙烯粘结护套、皱纹钢带铠装聚乙烯外护层光缆	直埋
	GYTY53	室外通信用、金属加强构件、松套层绞、全填充、聚乙烯护套、皱纹钢带铠装聚乙烯外护层光缆	直埋
	GYTA33	室外用通信用、金属加强构件、松套层绞、全填充、铝-聚乙烯粘结护套、单细钢丝铠装聚乙烯外护层光缆	爬坡直埋
	GYTY53+33	室外通信用、金属加强构件、松套层绞、全填充、聚乙烯护套、皱纹钢铠装聚乙烯套+单细钢丝铠装聚乙烯外护层光缆	直埋、水底
	GYTY53+333	室外通信用、金属加强构件、光纤带中心管、全填充、聚乙烯护套、皱纹钢带铠装聚乙烯套+双细钢丝铠装聚乙烯外护层光缆	直埋、水底
光纤带光缆	GYDXTW	室外通信用、金属加强构件、光纤带中心管、全填充、夹带平行钢丝的钢-聚乙烯粘结护层	架空、管道、接入网
	GYDTY	室外通信用、金属加强构件、光纤带、松套层绞、全填充聚乙烯护层光缆	架空、管道、接入网
	GYDTY53	室外通信用、金属加强构件、光纤带松套层绞、全填充、聚乙烯护套、皱纹钢带铠装聚乙烯外护层光缆	直埋、接入网

续表

名 称	型 号	结 构 特 点	敷 设 方 式
光纤带光缆	GYDGTZY	室外通信用、非金属加强构件、光纤带、骨架、全填充、钢-阻燃聚烯烃粘结护层光缆	架空、管道、接入网
非金属光缆	GYFTY	室外用、非金属加强构件、光纤带、全填充、聚乙烯护层光缆	架空、高压电感应区域
	GYFTY05	室外通信用、非金属加强构件、松套层绞、全填充、聚乙烯护套、无铠装、聚乙烯保护层光缆	架空、槽道、高压电感应区域
	GYFTY03	室外通信用、非金属加强构件、松套层绞、全填充、无铠装、聚乙烯套光缆	架空、槽道、高压电感应区域
	GYFTCY	室外用、非金属加强构件、松套层绞、全填充、自承式聚乙烯护层光缆	自承悬挂于杆塔上
电力光缆	GYTC8Y	室外通信用、金属加强构件、松套层绞、全填充、聚乙烯套8字形自承式光缆	自承悬挂于杆塔上
阻燃光缆	GYTZX	室外通信用、金属加强构件、松套层绞、全填充、钢-阻燃聚烯烃粘结护层光缆	架空、管道、无卤阻燃场合
防蚁光缆	GYTA04	室外通信用、金属加强构件、松套层绞、全填充、聚乙烯护套、无铠装、聚乙烯护套加尼龙外护层光缆	管道、防蚁场合
	GYTY54	室外通信用、金属加强构件、松套层绞、全填充、聚乙烯护套、皱纹钢带铠装、聚乙烯护套加尼龙外护层光缆	直埋、防蚁场
室内光缆	GJFJV	室内通信用、非金属加强件、紧套光纤、聚乙烯护层光缆	室内尾纤或跳线
	GJFJZY	室内通信用、非金属加强件、紧套光纤、阻燃聚烯烃护层光缆	室内尾纤或跳线
	GJFDBZY	室内通信用、非金属加强件、光纤带、扁平型、阻燃聚烯烃护层光缆	室内尾纤或跳线

附录七 架空复合地线光缆(OPGW)安装金具

一、金具种类及用量配置

名 称	安装部位	数 量
1. 耐张线夹（单、双）	首端、终端塔	1套/塔
	中间耐张塔	2套/塔
	转换塔（大于25℃）	2套/塔
	光缆接续塔	2套/塔
2. 悬垂线夹（单、双）	线路中间塔	1套/塔
3. 引下线夹	光缆引上或引下塔（螺栓型用于铁塔，抱箍型用于电杆）	间隔1.5~2m一套
4. 防震锤		根据实际需要

（当OPGW光缆运行张力大于缆的破断强度25%，建议按下表设防护措施）

缆径(mm) \ 防振锤数量 档距(m)	1	2	3
<1.2	≤300	≤600	≤900
12.1~18.0	≤350	≤700	≤1000
18.0~38.0	≤450	≤900	≤1400

二、金具订货应提供的线路技术参数

1. 光缆外径（±0.3）　　　　　mm
2. 光缆破断强度　　　　　　　kN
3. 光缆运行张力　　　　　　　kN
4. 光缆最大允许张力　　　　　kN
5. 光缆抗侧压强度　　　　　　N/10cm
6. 运行档距　　　　　　　　　m
7. 光缆最外层绞丝的绞向　　　左/右
8. 短路电流容量　　　　　　　I^2t/KA^2S
9. 计算横截面积　　　　　　　mm^2

附录七　架空复合地线光缆(OPGW)安装金具

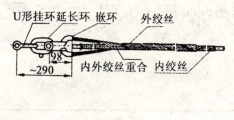

耐张线夹

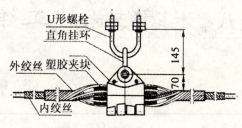

悬垂线夹

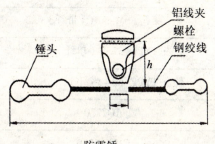

防震锤

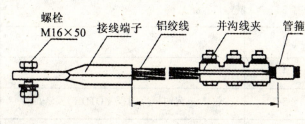

接地线夹

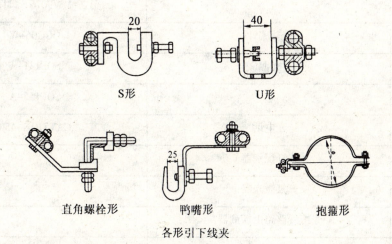

S形　　U形

直角螺栓形　　鸭嘴形　　抱箍形

各形引下线夹

附录八 光缆线路施工维护常用仪器与工具

（仪　器）

序　号	仪器名称	型号示例
1	光纤熔接机	藤仓 FSM-50S（单纤）
2		藤仓 FSM-50R（带纤）
3		住友 TYPE-37SE（单纤）
4		住友 TYPE-65（带纤）
5	光时域反射仪（OTDR）	AQ7270
6		CMA-4500
7		安立-MW9076、MT-9080
8	光功率计	QGG06-W
9	光源	SOF131-A
10		SOF155-A
11	光电话	CAVTION-450
12	光纤识别器	
13	氦氖激光器	
14	光缆线路路由探测器	
15	接地电阻测试仪	
16	高阻计	
17	耐压测试器	
18	金属护套对地绝缘故障探测仪	
19	直流电桥	
20	数字万用表	

（工 具）

序号	工具名称	用 途
1	双口光纤剥皮钳	剥离光纤涂覆层/紧包层
2	大力钳	自动锁紧工件
3	组合套筒扳手	安装光缆接续盒/终端盒
4	卷尺	测量开剥开缆长度
5	刀具	开剥光缆辅助工具
6	蛇头钳	剪断光缆加强芯
7	综合开缆刀	纵向横向开剥光缆
8	应急灯	夜晚施工照明用
9	洗耳球	清洁光纤熔接机镜头
10	束管割刀	切割光缆束管
11	开缆刀	开光缆外护套
12	钢丝钳	剪断光缆中钢丝
13	尖嘴钳	接续用辅助工具
14	微型螺丝批	紧固螺丝用
15	内六角扳手	安装内六螺丝
16	活动扳手	接续用辅助工具
17	组合螺丝批	装卸光缆接续盒
18	宝石刀	切割光纤
19	镊子	盘光纤
20	记号笔	标记光纤号
21	剪刀	剪断光纤
22	酒精泵瓶	清洁光纤
23	耦合器	耦合光纤
24	光纤切割器	切割光纤
25	工具箱	装放上述工具

1. 常用光时域反射仪（OTDR）型号系列与外观图

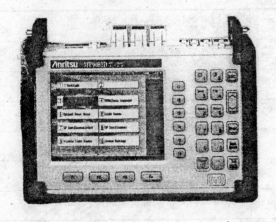 

图附录 8-1　MT9080 系列 OTDR　　　　　　图附录 8-2　MW9076 系列 OTDR

2. 常用光纤熔接机型号系列与外观图

图附录 8-3　藤仓 FSM-50S 熔接机　　　　　　图附录 8-4　藤仓 FSM-50R 熔接机

图附录 8-5　住友 TYPE-37SE 熔接机　　　　　　图附录 8-6　住友 TYPE65 熔接机

附录八 光缆线路施工维护常用仪器与工具

3. 常用光缆施工工具

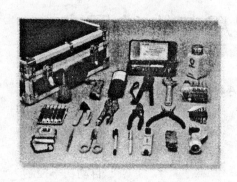

图附录 8-7

图附录 8-8

4. 常用光纤切割器、熔接机电极、机用刀片型号系列与外观图

光纤切割

KL-20切割刀　　　KL-20C切割刀　　　KL-21切割刀　　　KL-06切割刀

电　极

爱立信电极　　　藤仓电极　　　古河电极　　　住友电极

刀　片

  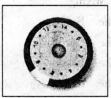 

吉隆刀片　　　藤仓刀片　　　古河刀片　　　住友刀片

光纤通信技术常用英文缩写

(按英文字母顺序排列)

AN	Access Network	接入网
AON	All Optical Network	全光网
APC	Automatic Power Control	自动功率控制
ATC	Automatic Temperature Control	自动温度控制
AWG	Arrayed Wave Guide Grating	阵列波导光栅
APD	AValanche Photo Diode	雪崩光电二极管
ADSS	All Dielectric Self-Support	全介质自承式光缆
ASON	Automatic Switched Optical Wetwork	自动交换光网络
ATM	Asynchronous Transfer Mode	异步传送模式
BA	Booster (power) Amplifier	功(率)放(大器)
BER	Bit-Error Ratio	比特误码率
CPM	Cross Phase Modulation	交叉相位调制
CP	Connection Point	连接点
DSF	Dispersion Shift Fiber	色散位移光纤
DCF	Dispersion Compensation Fiber	色散补偿光纤
DST	Dispersion Supported Transmission	色散支持传输
DWDM	Density Wavelength Division Multiplexed	密集波分复用
DBR	Distributed Bragg Reflection	分布布拉格反射
DXC	Digital Cross Connection	数字交叉连接
DFB	Distributed FeedBack Bragg	分布反馈(激光器)
DDF	Digital Distribution Frame	数字配线架
EDFA	Erbium-Doped Fiber Amplifier	掺铒光纤放大器
EX	Extinction Ratio	消光比
FWHM	Full Width at Half Maximum	半高全宽
FWM	Four-Wave Mixing	四波混频
FTTB	Fiber To The Building	光纤到大楼
FTTC	Fiber To The Curb	光纤到路边
FTTH	Fiber To The Home	光纤到户
FTTO	Fiber To The Office	光纤到办公室
HFC	Hybrid Fiber Coax	混合光纤同轴缆
IEC	International Electrical technical Committee	国际电工委员会

ITU-T	International Telecommunication Union-Telecommunication Standardization Section	国际电信联盟——电信标准化部
LA	Line Amplifier	线路放大器
LD	Laser Diode	半导体激光器
LED	Light-Emitting Diode	发光二极管
LEAF	Large Effect Area Fiber	大有效面积光纤
MLM	Muiti-Longitudinal Mode	多纵模
MPI	Main Path Interface	主通路接口
MPN	Mode Partition Noise	模分配噪声
MAN	Metropolitan Area Network	城域网
MQW	Multi Quantum Well	多量子阱
NE	Network Element	网络单元（网元）
NZ-DSF	Non Zero-Dispersion Shift Fiber	非零色散位移光纤
NRZ	Non Return to Zero	不归零（码）
OA	Optical Amplifier	光放大器
OADM	Optical Add and Drop Multiplexer	光插分复用器
ODF	Optical Distribution Frame	光配线架
OEO	Optical-Electrical-Optical Converter	光-电-光转换
OFA	Optical Fiber Amplifier	光纤放大器
OFDM	Optical Frequency Domain Multiplexing	光频分复用
OSC	Optical Supervisory Channel	光监控通道
OSNR	Optical Signal-Noise Ratio	光信噪比
OTDR	Optical Time Domain Reflectometer	光时域反射仪
OPGW	Optical Fiber Composite Ground Wire	光纤复合地线缆
OTN	Optical Transport Network	光传送网
OXC	Optical Cross Connection	光交叉连接
PON	Passive Optical Network	无源光网络
PA	Pre-Amplifer	预放
PCH	Pre Chiep	预啁啾
PDC	Passive Dispersion Compensator	无源色散补偿器
PDH	Plesiochronous Digital Hierarchy	准同步数字体系
PIN	P-type-Intrinsic-N-type	光电二极管
PMD	Polarisation Mode Dispersion	偏振模色散
RX	Optical Receiver	光接收机
SES	Severely Errored Second	严重误码秒
SBS	Stimulated Briliouin Scattering	受激布里渊散射
SDH	Synchronous Digital Hierarchy	同步数字体系
SLM	Single-Longitudinal Mode	单纵模
SMF	Single-Mode Fiber	单模光纤
SNR	Signal to Noise Ratio	信噪比

SOA	Semiconductor Optical Amplifier	半导体光放大器
SPM	Self-Phase Modulation	自相位调制
SRS	Stimulated Raman Scattering	受激拉曼散射
STM	Synchronous Transport Module	同步传送模块
TX	Optical Transmitter	光发送机
TDM	Time Division Multiplexing	时分复用
UI	Unit Interval	单位间隔
VCSEL	Vertical Cavity Surface Emitting Laser	垂直腔发射激光器
WDM	Wavelength Division Multiplexng	波分复用

参 考 文 献

[1] 马声全. 高速光纤通信系统设计. 北京：北京邮电大学出版社，2003
[2] 胡先志. 光纤光缆工程测试. 北京：人民邮电出版社，2001
[3] 毛 谦等. 光纤数字通信. 北京：人民邮电出版社，1991
[4] 张宝富等. 全光网络. 北京：人民邮电出版社，2002
[5] 黄章勇. 光电子器件与组件. 北京：北京邮电大学出版社，2001
[6] 解金山. 光纤数字通信技术. 北京：电子工业出版社，1998
[7] 林学煌. 光无源器件. 北京：人民邮电出版社，1998
[8] 纪越峰. 现代光纤通信技术. 北京：人民邮电出版社，1997

电子信息工程系列教材书目

电信技术专业英语　　　　　　　　　　　　　　　　江华圣

光纤通信技术　　　　　　　　　　　　　　　　　　王加强